教育部职业教育与成人教育司推荐教材

中文 Visual Basic 6.0 程序设计案例教程

（第三版）

沈大林　主　编

张　伦　沈　昕　曾　昊

杨　旭　马巧焕　姜明月　　副主编

中国铁道出版社有限公司

CHINA RAILWAY PUBLISHING HOUSE CO., LTD.

内 容 简 介

Visual Basic 语言是由 Microsoft 公司在 BASIC 语言的基础之上推出的可视化程序开发工具。Visual Basic 6.0 因其简单易学、开发快捷、功能强大的特点深受广大计算机程序开发人员喜爱，成为当今世界上使用最为广泛的程序开发语言之一。

本书共分 9 章，讲解了 58 个案例，提供了 100 多道思考与练习题。全书以案例设计为主线，采用知识带动案例的方式，按节细化，一节为一个教学单元，充分注意知识与案例相结合，注意知识的相对完整性和系统性。

本书适合作为中等职业技术学校计算机专业或高职非计算机专业的教材，也可以作为初、中级培训班的教材，还适于作为初学者的自学用书。

图书在版编目（CIP）数据

中文 Visual Basic 6.0 程序设计案例教程/沈大林
主编. —3 版. —北京：中国铁道出版社，2013.9（2021.1 重印）
教育部职业教育与成人教育司推荐教材
ISBN 978-7-113-16863-6

Ⅰ. ①中… Ⅱ. ①沈… Ⅲ. ①BASIC 语言—程序
设计—职业教育—教材 Ⅳ. ①TP312

中国版本图书馆 CIP 数据核字（2013）第 144384 号

书　　名：	中文 Visual Basic 6.0 程序设计案例教程
作　　者：	沈大林

策　　划：	刘彦会	编辑部电话：	（010）83527746
责任编辑：	刘彦会　姚文娟		
封面设计：	刘　颖		
封面制作：	白　雪		
责任印制：	樊启鹏		

出版发行：中国铁道出版社有限公司（100054，北京市西城区右安门西街 8 号）
网　　址：http://www.tdpress.com/51eds/
印　　刷：三河市宏盛印务有限公司
版　　次：2004 年 9 月第 1 版　2009 年 7 月第 2 版　2013 年 9 月第 3 版　2021 年 1 月第 4 次印刷
开　　本：787mm×1092mm　1/16　印张：15.75　字数：407 千
书　　号：ISBN 978-7-113-16863-6
定　　价：43.00 元

教育部职业教育与成人教育司推荐教材

审稿专家组

审稿专家：（按姓名笔画排列）

丁桂芝（天津职业大学）　　　　王行言（清华大学）

毛一心（北京科技大学）　　　　毛汉书（北京林业大学）

邓泽民（教育部职业技术教育中心研究所）

艾德才（天津大学）　　　　　　冯博琴（西安交通大学）

曲建民（天津师范大学）　　　　刘瑞挺（南开大学）

安志远（北华航天工业学院）　　李凤霞（北京理工大学）

吴文虎（清华大学）　　　　　　吴功宜（南开大学）

宋文官（上海商学院）　　　　　宋　红（太原理工大学）

张　森（浙江大学）　　　　　　陈　明（中国石油大学）

陈维兴（北京信息科技大学）　　钱　能（杭州电子科技大学）

徐士良（清华大学）　　　　　　黄心渊（北京林业大学）

龚沛曾（同济大学）　　　　　　蔡翠平（北京大学）

潘晓南（中华女子学院）

教育部职业教育与成人教育司推荐教材

丛书编委会

主　编：沈大林

副主编：苏永昌　张晓蕾

编　委：（按姓名笔画排列）

马广月　马开颜　丰金茹　王　玥

王　戚　王　爱　王浩轩　王　锦

王　翠　曲彭生　朱　立　刘　璐

杜　金　杨　旭　杨　红　杨素生

杨继萍　肖柠朴　沈　昕　沈建峰

迟　萌　迟锡栋　张凤红　张　伦

张　磊　陈恺硕　罗红霞　郑　原

郑　瑜　郑淑晖　郑　鹤　赵亚辉

袁　柳　高立军　陶　宁　崔　玥

董　鑫　曾　昊

PREFACE 丛书序

本套教材依据教育部办公厅和原信息产业部办公厅联合颁发的《中等职业院校计算机应用与软件技术专业领域技能型紧缺人才培养指导方案》进行规划。

根据我们多年的教学经验和对国外教学的先进方法的分析，针对目前职业技术学校学生的特点，采用案例引领，将知识按节细化，案例与知识相结合的教学方式，充分体现我国教育学家陶行知先生"教学做合一"的教育思想。通过完成案例的实际操作，学习相关知识、基本技能和技巧，让学生在学习中始终保持学习兴趣，充满成就感和探索精神。这样不仅可以让学生迅速上手，还可以培养学生的创作能力。从教学效果来看，这种教学方式可以使学生快速掌握知识和应用技巧，有利于学生适应社会的需要。

每本书按知识体系划分为多个章节，每一个案例是一个教学单元，按照每一个教学单元将知识细化，每一个案例的知识都有相对的体系结构。在每一个教学单元中，将知识与技能的学习融于完成一个案例的教学中，将知识与案例很好地结合成一体，案例与知识不是分割的。在保证一定的知识系统性和完整性的情况下，体现知识的实用性。

每个教学单元均由"案例效果"、"操作步骤"、"相关知识"和"思考与练习"四部分组成。在"案例效果"栏目中介绍案例完成的效果；在"操作步骤"栏目中介绍完成案例的操作方法和操作技巧；在"相关知识"栏目中介绍与本案例单元有关的知识，起到总结和提高的作用；在"思考与练习"栏目中提供了一些与本案例有关的思考与练习题。对于程序设计类的教程，考虑到程序设计技巧较多，不易于用一个案例带动多项知识点的学习，因此采用先介绍相关知识，再结合知识介绍一个或多个案例。

丛书作者努力遵从教学规律、面向实际应用、理论联系实际、便于自学等原则，注重训练和培养学生分析问题和解决问题的能力，注重提高学生的学习兴趣和培养学生的创造能力，注重将重要的制作技巧融于案例介绍中。每本书内容由浅入深、循序渐进，使读者在阅读学习时能够快速入门，从而达到较高的水平。读者可以边进行案例制作，边学习相关知识和技巧。采用这种方法，特别有利于教师进行教学和学生自学。

PREFACE

　　为便于教师教学，丛书均提供了实时演示的多媒体电子教案，将大部分案例的操作步骤实时录制下来，让教师摆脱重复操作的烦琐，轻松教学。

　　参与本套教材编写的作者不仅有在教学一线的教师，还有在企业负责项目开发的技术人员。他们将教学与工作需求更紧密地结合起来，通过完全的案例教学，提高学生的应用操作能力，为我国职业技术教育探索更添一臂之力。

沈大林

第三版前言

　　Visual Basic 6.0 是 Microsoft（微软）公司推出的，它继承了 BASIC 语言面向普通使用者和易学易用的优点，同时又引入了可视化图形用户界面的程序设计方法和面向对象的机制，因为 Visual Basic 6.0 简单易学、开发快捷、功能强大的特点，深受广大计算机程序开发人员喜爱，成为当今世界使用最为广泛的程序开发语言之一。

　　本书共 9 章，第 1 章简单介绍 Visual Basic 6.0 基础知识，通过一个简单实例的制作，说明如何使用 Visual Basic 6.0 集成开发环境进行程序的开发等。第 2 章介绍窗体的使用、多窗体和多工程的创建方法。第 3 章介绍 Visual Basic 6.0 编程基础。第 4 章介绍变量、常量以及表达式的使用。第 5 章介绍选择结构语句和选择类控件。第 6 章介绍循环结构语句和一些常用内部控件。第 7 章介绍数组、自定义数据类型和过程。第 8 章介绍通用对话框、菜单与程序界面的设计方法。第 9 章介绍多媒体和数据库的设计方法。

　　全书具有较大的知识信息量，讲解了 58 个案例，提供了 100 多道思考与练习题。全书按照每一个教学单元将知识按节细化，一节为一个教学单元，包含相关知识、案例和思考与练习内容，展现全新的教学方法。本书采用知识带动案例的教学模式，通过学习实例掌握相关的知识、软件的操作方法和操作技巧以及程序的设计方法。

　　本书由浅及深、由易到难、循序渐进、图文并茂，理论与程序设计相结合，可使读者在阅读学习时知其然还知其所以然，不但能够快速入门，而且可以达到较高的水平，有利于教师教学和学生自学。

　　建议教师在使用该教材进行教学时，可以指导学生在计算机前一边按照书中案例的操作步骤进行操作，一边学习各种相关知识和实用技术，将它们有机地结合在一起，轻松地掌握 Visual Basic 6.0 程序设计的方法和技巧。采用这种方法学习的学生，掌握知识的速度快、学习效果好，可以提高灵活应用能力和创造能力。

　　本书由沈大林任主编，由张伦、沈昕、曾昊、杨旭、马巧焕、姜明月任副主编。参加本书编写工作的主要人员还有：王爱赪、姜树昕、王浩轩、曲彭生、张磊、马开颜、陈一兵、关点、肖柠朴、毕凌云、董鑫、赵亚辉、关山、胡野红、李征、王玲、闵光岳、郝侠、刘庆荣、崔元如、于金霞、季明辉、

FOREWORD

康生强、郭鸿博、李瑞梅、李稚平、赵艳霞、石淳等。

本书适合作为中等职业技术学校计算机专业或高职非计算机专业的教材，也可以作为初、中级培训班的教材，还适于作为初学者的自学用书。

由于编者水平有限，加上出版时间仓促，书中难免有疏漏和不妥之处，恳请广大读者批评指正。

编　者
2013 年 4 月

目　录

CONTENTS

第1章　Visual Basic 6.0简介

Visual Basic 6.0 是基于 BASIC 的可视化的程序设计语言，它使编写程序更加直观、简单，极大地提高了广大编程爱好者的编程兴趣。本章重点介绍 Visual Basic 6.0 的特点和工作环境，以及通过一个实例的设计了解 Visual Basic 6.0 的一些基本操作方法。

1.1　Visual Basic概述

Visual Basic 语言简称 VB，是在 BASIC 语言的基础之上推出的，具有面向普通用户和易学易用的优点。Visual 的英文原意是"可视的"，在这里是指开发图形用户界面（GUI）的方法，即"可视化"程序设计。Visual Basic 6.0 包括三个版本，分别为学习版（Learning）、专业版（Professional）和企业版（Enterprise）。对大多数用户来说，专业版可以满足需要。本书使用的是 VB 6.0 企业版（中文），介绍的内容与版本基本无关。

1.1.1　Visual Basic 6.0的特点

可视化与面向对象程序设计是当今最流行的编程技术，BASIC 语言则是最易于学习使用的语言，Visual Basic 作为二者的最佳结合的工具，一方面继承了其早期 BASIC 语言所具有的程序设计语言简单易用的特点，另一方面在其编程系统中采用了面向对象、事件驱动的编程机制，用一种巧妙的方法把 Windows 的编程复杂性封装起来，提供了一种所见即所得的面向对象、事件驱动的可视化程序设计工具，使得程序设计不再只是程序开发者的专长，任何一个对程序设计有兴趣的人，只要愿意学习，很快就可以掌握编程的方法，用 Visual Basic 6.0 开发出有用的程序。下面介绍 Visual Basic 6.0 程序设计的特点。

1. 事件驱动

传统的程序设计是一种面向过程的方式，程序总是按事先设计的流程运行。在 VB 6.0 中，事件掌握着程序运行的流向，每个事件都能驱动一段程序的运行。事件（Event）是指发生在某一对象上的事情，是 VB 6.0 中预先设置好的，可以被对象识别的动作。

例如，命令按钮（CommandButton）可以响应鼠标单击（Click）等鼠标事件，又可以响应键盘按下（KeyDown）等键盘事件；而窗体则还具有加载（Load）等事件。

在事件过程中，可以输入相应的程序代码，当产生该事件时，这些代码得到执行，完成相应的动作，对该事件做出回应。例如，可以在命令按钮的 Click 事件中添加显示文字、打开文件、关闭窗口等所需要执行控件动作的程序代码。

2. 面向对象

面向对象的程序设计方法（OOP），把具有共性的程序和数据封装起来视为一个对象，每个对象都作为一个完整的独立组件出现在程序中，在程序中只要针对该对象进行简单的语句调用，就能执行所需要完成的功能。

对象（Object）是 VB 应用程序的基本单元，是代码和数据的集合，用 VB 编程是用对象组装程序。在现实生活中，所有的实体都是对象，例如，人、小鸟、树木花草、计算机、电视等。对象都具有属性（数据）和方法（作用于对象的操作）。对象的属性和方法被封装成一个整体，供程序设计者使用。对象之间的作用通过消息传送（事件驱动）来实现。

在 VB 6.0 程序设计中，整个应用程序就是一个对象，应用程序中还包含着窗体（Form）、命令按钮（CommandButton）和菜单等对象，以及对这些对象进行操作的程序代码。

对象的属性（Property）用来描述对象的名称、位置、大小、颜色、字体等特性。例如，人具有身高、体重、肤色、性别、年龄、学历等属性。再如，VB 中的窗体对象具有 Caption（标题）、名称、Width（宽度）、Height（高度）、字体（Font）等属性，这些属性决定了 VB 窗体对象的相应内容。可以通过改变对象的属性值来改变对象的属性特性。对象属性的设置可以有两种方法，一种是在程序设计时使用"属性"窗口修改其属性值来完成，另一种是在程序中使用代码，在程序运行时进行改变。

3. 开发迅速

在 VB 6.0 中，设计程序时只需要使用工具箱中的现有控件，根据界面设计的要求，直接在屏幕上制作出窗口、菜单、按钮、滚动条等不同类型的对象，并为每个对象设置好相关的属性，就可以实现程序的界面设计。

采用这种所见即所得的可视化程序设计方法，可以不需要编写大量代码去描述界面外观，而只要使用预先建立的控件，即可像堆积木似的在屏幕上将界面外观制作出来。程序员的编程工作仅限于编写事件驱动对象后所需完成任务的程序，而各个程序模块都可以作为一个独立的个体来看待。

1.1.2　Visual Basic 6.0集成开发环境

在使用 VB 6.0 之前，首先要安装 Visual Basic 6.0 中文版集成开发环境，安装过程比较简单，不再详述。在这里，先认识一下 Visual Basic 6.0 中文版集成开发环境的界面。

单击"开始"→"所有程序"→"Microsoft Visual Basic 6.0 中文版"→"Microsoft Visual Basic 6.0 中文版"菜单命令，即可启动中文 Visual Basic 6.0，调出 VB 6.0 中文版集成开发环境的界面。此时会调出"新建工程"对话框的"新建"选项卡，如图 1-1-1 所示。在该选项卡中给出了要选择建立的项目类型，选择不同项目，可以确定开发的应用程序的类型。

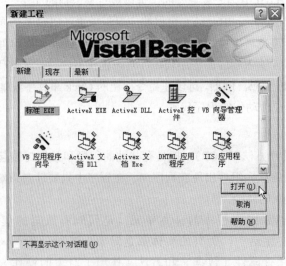

图1-1-1　"新建工程"对话框"新建"选项卡

在"新建工程"对话框中,选择"标准 .EXE"项目类型,再单击该对话框中的"打开"按钮,即可调出中文 Visual Basic 6.0 的工作环境窗口,如图 1-1-2 所示。

中文 VB 6.0 的工作环境又称开发环境或 IDE,它由标题栏、菜单栏、标准工具栏(又称工具栏)、工具箱(又称控件箱)、窗体、工程资源管理器、"属性"窗口、代码窗口(该窗口在图 1-1-2 中不可见)和"窗体布局"窗口等组成。

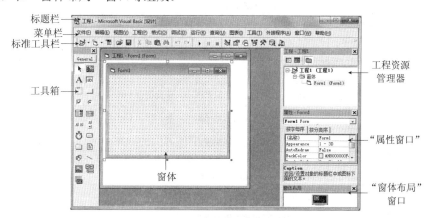

图1-1-2　Visual Basic 6.0的工作环境窗口

1. 标题栏和菜单

(1)标题栏:VB 6.0 的标题栏位于窗口的顶部,这与其他的 Windows 窗口的作用与风格一样。它的最左边有一个图标,单击该图标,调出菜单,用来对窗口进行还原、移动、最小化、最大化和关闭等操作。图标的右边显示当前工程文件的名称和"Microsoft Visual Basic"文字,以及当前工程所处的状态,例如,"[设计]""[运行]"和"[中断]"等。

(2)菜单栏:它在标题栏的下边。单击主菜单选项,会调出它的子菜单。单击菜单之外的任何地方或按 Esc 键,则可以关闭已打开的菜单。VB 6.0 菜单的形式与其他 Windows 软件的菜单形式基本相同。

(3)快捷菜单:将鼠标指针移到菜单栏、工具栏、工具箱、窗体、窗口、对象、选中代码等之上,单击鼠标右键,即可调出相应的快捷菜单。快捷菜单中集中了与鼠标右键单击的对象相关的菜单命令,利用这些菜单命令可以方便地进行有关操作。

例如,将鼠标指针移到菜单栏上,单击鼠标右键,调出的快捷菜单如图 1-1-3 所示。将鼠标指针移到窗体上,单击鼠标右键,调出的快捷菜单如图 1-1-4 所示。

图1-1-3　菜单栏的快捷菜单

图1-1-4　窗体的快捷菜单

2. 标准工具栏

菜单栏的下边是标准工具栏。为了使用方便,VB 6.0 把一些常用的操作命令以按钮的形式组成一个标准工具栏。标准工具栏中各工具按钮的名称和作用如表 1-1-1 所示。

表1-1-1　标准工具栏中各按钮的名称和作用

图标	名　　称	作　　用
	添加 Standard EXE 工程	用来添加新的工程到工作组中。单击其右边的箭头，将弹出一个下拉菜单，可以从中选择需要添加的工程类型
	添加窗体	用来添加新的窗体到工程中，单击其右边的箭头，将弹出一个下拉菜单，可以从中选择需要添加的窗体类型
	菜单编辑器	显示菜单编辑器对话框，快捷键为 Ctrl+E
	打开工程	用于打开已有的工程文件，快捷键为 Ctrl+O
	保存工程	用于保存当前的工程文件
	剪切	将选中的对象剪切到剪贴板中，快捷键为 Ctrl+X
	复制	将选中的对象复制到剪贴板中，快捷键为 Ctrl+C
	粘贴	将剪贴板中的内容粘贴到当前位置处，快捷键为 Ctrl+V
	查找	它在"代码"窗口打开时才有效，单击它可调出"查找"对话框，利用该对话框可查找字符，其快捷键为 Ctrl+F
	撤销	撤销刚刚完成的操作，快捷键为 Ctrl+Z
	重复	重新进行刚刚被撤销的操作
	启动	开始运行当前的工程，快捷键为 F5
	中断	暂时中断当前工程的运行，快捷键为 Ctrl+Break
	结束	结束当前工程的运行
	工程资源管理器	打开"工程资源管理器"窗口，快捷键为 Ctrl+R
	属性窗口	打开"属性"窗口，快捷键为 F4
	窗体布局窗口	打开"窗口布局"窗口
	对象浏览器	打开"对象浏览器"对话框，快捷键为 F2
	工具箱	打开"工具箱"窗口
	数据视图窗口	打开"数据视图"窗口
	Visual Component Manager	打开"Visual Component Manager"窗口（可视化部件管理器）
 0, 0　　4800 × 3600		名称为数字显示区，显示当前对象的位置与大小，左边的数是对象的坐标位置（窗体工作区左上角的坐标为 (0,0)）；右边的数是对象的大小，即对象的高度和宽度，单位为像素

当鼠标指针移到工具按钮的上边并停留一些时间后，会显示出该按钮的名称。工具按钮都有对应的菜单命令，也就是说，单击标准工具栏中的某一个按钮，即可产生与单击相应的菜单命令完全一样的效果。

VB 6.0 还有其他的工具栏，例如，编辑工具栏和调试工具栏等。单击"视图"→"工具栏"菜单下的菜单命令，即可显示或隐藏相应的工具栏。例如，单击"视图"→"工具栏"→"编辑"菜单命令，即可显示或隐藏编辑工具栏。

3. 窗体

"窗体"窗口如图 1-1-2 中间部分所示。"窗体"窗口具有标准窗口的一切功能，可被移动、改变大小及缩小成图标。"窗体"窗口的标题栏中显示的是窗体隶属的工程名称和窗体名称。

每个"窗体"窗口必须有一个唯一的窗体名字，建立窗体时默认的名称是Forml、Form2……。在设计状态下，窗体是可见的。一个应用程序至少有一个"窗体"窗口，用户可在应用程序中拥有多个"窗体"窗口。除了一般窗体外，还有一种MDI（Multiple Document Interface）多文档窗体，它可以包含子窗体，每个子窗体都是独立的。

单击"工具"→"选项"菜单命令，可调出"选项"对话框。再单击该对话框中的"通用"标签，如图1-1-5所示。在"通用"选项卡中的"宽度"和"高度"文本框内输入数字，可以调整窗体内网格点的间距大小。选中"显示网格"复选框，则窗体内显示网格，否则不显示网格。选中"对齐控件到网格"复选框，则移动控件时，控件会自动定位到离其最近的网格上。

4.　工程资源管理器

应用程序建立在工程的基础之上，一个工程是各种类型文件的集合，它包括工程文件（扩展名为".vbp"）、窗体文件（扩展名为".frm"）、标准模块文件（扩展名为".bas"）、类模块文件（扩展名为".cls"）、资源文件（扩展名为".res"）和包含ActiveX的文件（扩展名为".ocx"）。VB 6.0为了对这些工程资源进行有效的管理，提供了工程资源管理器。

单市"视图"→"工程资源管理器"菜单命令,可调出工程资源管理器窗口,如图1-1-6所示。下面给出了目录形式中，构成应用程序的各类文件的含义。

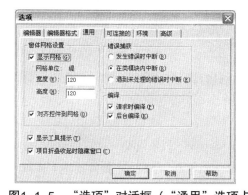

图1-1-5　"选项"对话框（"通用"选项卡）

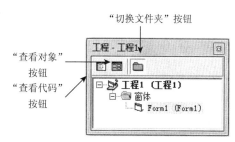

图1-1-6　工程资源管理器

（1）工程文件：工程文件存储了与该工程有关的所有文件和对象的清单，这些文件和对象自动链接到工程文件上，每次保存工程时，其相关文件信息也随之更新。当然，某个工程下的对象和文件也可供其他工程共享使用。在工程的所有对象和文件被汇集在一起并完成编码以后，就可以编译工程，生成可执行文件。

（2）窗体文件：窗体文件存储了窗体上使用的所有控件对象、对象的属性、对象相应的事件过程及程序代码。一个应用程序至少包含一个窗体文件。

（3）标准模块文件：标准模块文件存储了所有模块级变量和用户自定义的通用过程。通用过程是指可以被应用程序各处调用的过程。

（4）类模块文件：类模块文件用来建立用户自己的对象。类模块包含用户对象的属性及方法，但不包含事件代码。

工程资源管理器以树形结构图的方式对资源进行管理，类似于Windows资源管理器，工程资源管理器的标题栏中显示的是工程的名称，标题栏下面的三个按钮，分别是"查看代码"、"查看对象""切换文件夹"。单击"查看代码"按钮可以调出"代码"窗口，用来显示和编辑代码；

单击"查看对象"按钮可以切换到模块的对象窗口；单击"切换文件夹"按钮可以决定工程中的列表项是否以目录的形式显示。

5. "属性"窗口

"属性"窗口就是用于设置和描述对象属性的窗口，如图 1-1-7 所示。在"属性"窗口中，标题栏内显示的是当前对象的名称。标题栏下边是"对象"下拉列表框，用户可以在其中选择所需的对象名称，"属性"窗口会随着选择对象的不同而变化。"对象"下拉列表框的下面是两个排序标签卡，用来切换"属性"窗口的显示方式。在"属性"列表框中，列出了对象的属性名称（左边）和属性值（右边），用户可以通过改变右边的取值来改变对象属性值。最下边是属性含义提示信息显示框，如果对属性不熟悉，可以参考属性含义提示信息显示框内显示的属性含义解释。

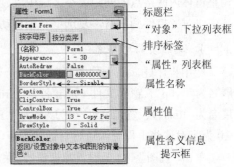

图1-1-7 "属性"窗口

"属性"窗口有两种显示方式，一种是按照字母排序，各属性名称按照字母的先后顺序排列显示；另一种是按照分类排序，按照"外观""位置""行为"等分类对各属性进行排序显示。打开"属性"窗口的方法通常有以下三种：

（1）单击"视图"→"属性窗口"菜单命令可调出工程资源管理器窗口；

（2）单击标准工具栏中的"属性窗口"按钮📰；

（3）将鼠标指针移到相应的对象之上，右击鼠标，调出它的快捷菜单，然后单击该快捷菜单中的"属性窗口"菜单命令。

6. 工具箱

工具箱如图 1-1-8 所示。在选择"新建工程"对话框中的"标准 .EXE"项目类型后调出的 VB 6.0 集成开发环境窗口中，工具箱内有默认的 21 个工具按钮，即 20 个控件制作工具和一个指针工具。

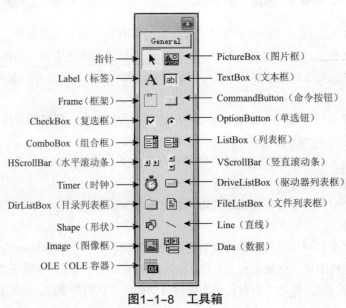

图1-1-8 工具箱

利用控件制作工具，用户可以在窗体上设计各种控件。这 20 个控件称为标准控件，指针不是控件，它仅用于移动窗体和控件，以及调整它们的大小。用户还可以通过执行"工程"→"部件"菜单命令，将系统提供的其他标准控件工具装入工具箱中。

在设计状态时工具箱总显示，在运行状态下工具箱会自动隐藏。单击"视图"→"工具箱"菜单命令，可调出工具箱。工具箱中基本控件工具的名称和作用如表 1-1-2 所示。

表1-1-2　工具箱中基本控件工具的名称和作用

图 标	名 称	功 能
▲	Pointer（指针）	可以移动窗体中控件的位置，改变其大小。当向窗体中添加某一控件后，指针对象会被自动选定
	PictureBox（图片框）	用来显示一幅图画。也可作为一个容器，接收图片方式的输出，还可以像窗体一样作为其他控件的载体
A	Label（标签）	用来显示不想让其他用户改变的文本，例如标题
abl	TextBox（文本框）	用来显示可以进行编辑的文本
	Frame（框架）	用来建立一个组合的功能框架。可把某些控件放入其中，实现某一个特定功能。当移动它时，放置在里面的控件也跟着移动，并且控件不能从 Frame 框中移出
	CommandButton（命令按钮）	这是一个比较常用的控件，用来建立实现命令的按钮
☑	CheckBox（复选框）	它给用户一个 True/False（真 / 假）或 Yes/No（是 / 否）的选择。使用复选框控件组可以实现多重选样，用户能选择一个或多个选项，也能在程序中设置它们的值
⊙	OptionButton（选项按钮）	它又称单选框或单选按钮，这个控件是对话框中常见的组成部分，当在对话框中放置了多个选项按钮控件后，程序运动时用户只能从中选中一个
	ComboBox（组合框）	用于将 TextBox（文本框）与 ListBox（列表框）组合在一起，能在文本框中输入信息或选取列表框中的内容
	ListBox（列表框）	用来显示可做单一或多个选择的列表项。如果列表项太多，一个滚动条将自动加到列表框中
	HScrollBar（水平滚动条）	提供一个可视的工具，用它可以快速浏览一个具有很多条目的列表框或拥有大量信息的文本框，也可以作为一个输入的指示设备，例如控制计算机游戏中的声音
	VScrollBar（竖直滚动条）	它的功能和水平滚动条基本相同，只是显示的方向不同
⏱	Timer（时钟）	实现以规则的时间间隔执行程序代码来触发某种事件，它在程序运行阶段是不可见的
	DriveListBox（驱动器列表框）	使用该控件能够显示在系统中所有可用驱动器的列表，用户可以在运行阶段选择一个可用的驱动器
	DirListBox（目录列表框）	它和驱动器列表框的作用很相似，用于显示目录及路径
	FileListBox（文件列表框）	用于显示当前目录中所有文件的列表框，它和驱动器列表框、目录列表框结合起来使用将实现文件的查询功能
	Shape（形状）	在设计程序时可以在 Form 窗口中绘制各种图形，例如矩形、正方形、椭圆、圆、带有圆角的矩形和正方形等
＼	Line（直线）	在设计程序时可以在 Form 窗口中画线
	Image（图像框）	用来显示一幅位图或图标。与 Picture 相比，它的 Stretch（伸展）属性可以使图片适应图像框的大小而进行全幅显示
	Data（数据）	通过 Form 窗口的约束控制，从数据库里存取数据
	OLEContainer（OLE 容器）	可以在某一应用程序中嵌入其他应用程序对象

7. "窗体布局"窗口

"窗体布局"窗口的外观如图 1-1-9 所示，它用于设计应用程序运行时各个窗体在屏幕上的初始位置。

在"窗体布局"窗口中有一个"计算机屏幕"，屏幕中有一个窗体 Form1。可以用鼠标将 Form1 拖到适合的位置，程序运行后，Form1 将出现在屏幕中对应"窗体布局"窗口的位置。如果"窗体布局"窗口处于隐藏状态，可以单击"视图"→"窗口布局"菜单命令调出"窗体布局"窗口。

8. "代码"窗口

"代码"窗口是专门用来进行程序设计的窗口，可在其中显示和编辑程序代码。单击"视图"→"代码窗口"菜单命令，调出"代码"窗口，如图 1-1-10 所示。

"代码"窗口标题栏下面有两个下拉列表框，左边是"对象"下拉列表框，可以选择窗体内不同的对象名称；右边是"过程"下拉列表框，可以选择不同的事件过程名称（又称事件名称），还可以选择用户自定义过程名称。用户可以打开多个代码窗口，查看不同窗体中的代码，并可以在各个"代码"窗口之间复制代码。

在选择了对象名称和事件名称后，VB 6.0 会自动将过程头语句和过程尾语句显示出来，用户只需在过程头和过程尾语句之间输入程序代码即可。用鼠标拖曳选中代码后，拖曳鼠标，可以将选中的代码移动。在选中的代码之上，单击鼠标右键，会弹出它的快捷菜单，利用该菜单，可以复制、剪切和粘贴选中的代码。

图1-1-9 "窗体布局"窗口

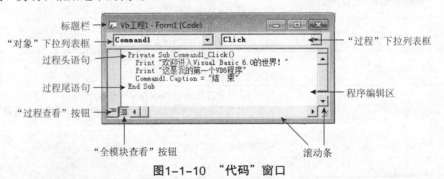

图1-1-10 "代码"窗口

1.1.3 获取MSDN的帮助

为了解决常见控件的使用等问题，Microsoft 提供了 MSDN（Microsoft Developer Network），其是 Microsoft 公司为开发人员提供的工具、技术、培训、信息、事件和其他一些技术资料的主要项目。MSDN Library 包含上千兆字节的开发人员所必需的信息、文档、示例代码、技术文章等。

如果安装的是 Visual Studio 6.0 中的 VB 6.0，则在 Visual Studio 6.0 套装中已经包含了MSDN；此外，还可以从"http://www.microsoft.com/msdn/"网址获取 MSDN。

在安装完 Visual Studio 6.0 或 Visual Basic 6.0 中文版后，系统会提示安装 MSDN，MSDN 的安装方法比较简单，在这里不再详述。安装好 MSDN 后，单击"开始"→"所有程序"→"Microsoft Developer Network"→"MSDN Library Visual Studio 6.0"菜单命令，进入"MSDN Library Visual

Studio 6.0"起始页，即可查找所需资料，如图 1-1-11 所示。

图1-1-11　"MSDN Library Visual Studio 6.0"起始页

常用的方法是在编程时通过联机帮助来使用 MSDN。要获取控件的联机帮助，可在窗体中选中相应控件，再按 F1 键；要获取方法、函数或事件的相关帮助，则在"代码"窗口中选中方法、函数或事件的关键字，再按 F1 键。例如，在"代码"窗口中选中 Print 关键字，如图 1-1-12（a）所示，按 F1 键，系统会自动查找并打开相关信息，如图 1-1-12（b）所示。

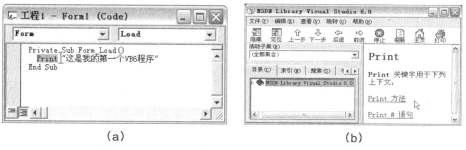

（a）　　　　　　　　　　　（b）

图1-1-12　通过联机帮助获取Print关键字的信息

思考与练习1-1

1. 填空题

（1）VB 6.0 是基于 _____ 语言的可视化的程序设计语言。它包括 _____ 、_____ 和 _____ 三个版本。

（2）VB 6.0 程序设计的特点是 _____ 、_____ 和 _____ 。

（3）对象（Object）是 VB 6.0 应用程序的 _____ ，是 _____ 和 _____ 的集合，对象的 _____ 和 _____ 被封装成一个整体。

（4）应用程序建立在 _____ 的基础之上，一个工程是 _____ 的集合，它包括 _____ 、_____ 、_____ 、_____ 和 _____ 。

（5）VB 6.0 为了对这些工程资源进行有效的管理，提供了 _____ 。单击 _____ → _____ 菜单命令，即可调出"工程资源管理器"窗口。

（6）"属性"窗口的显示方式，一种是按照＿＿＿＿＿＿排序，另外一种是按照＿＿＿＿＿＿排序。

（7）安装好 MSDN 后，单击＿＿＿＿＿→＿＿＿＿＿→＿＿＿＿＿→＿＿＿＿＿菜单命令，即可启动 MSDN Library Visual Studio 6.0。

2．问答题

（1）中文 Visual Basic 的工作环境主要由哪几部分组成？

（2）如何打开"属性"窗口，打开"属性"窗口有几种方法？简述这几种方法。

（3）如何打开"窗体布局"窗口？如何打开"代码"窗口？如何打开工程资源管理器？

（4）如何在"代码"窗口中自动地显示语句或函数的语法帮助信息？

（5）一个工程是各种类型文件的集合，它包括哪些文件？这些文件的扩展名是什么？

（6）如何获取控件的联机帮助？如何获取方法、函数或事件的相关帮助？

1.2　设计第一个VB 6.0程序

该程序运行后的画面如图 1-2-1（a）所示。单击"运行"按钮，窗体内会显示"欢迎进入 Visual Basic 6.0 的世界！"和"这是我的第一个 VB6 程序"二行文字，按钮的标题文字也由"运行"变为"结束"，如图 1-2-1（b）所示。单击右上角的"关闭"按钮 ⨯，可退出程序的运行。

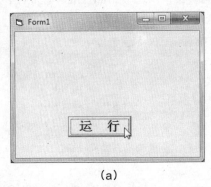
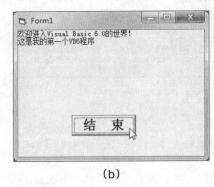

（a）　　　　　　　　　　　　　　（b）

图1-2-1　第一个VB程序运行的2幅画面

通过该案例制作的学习，可以初步了解使用 VB 6.0 的集成开发环境制作一个简单的 VB 程序的方法，可以初步掌握如何设计界面、如何设置对象的属性、如何编写程序代码，了解存储程序、运行程序和生成可执行文件的方法，了解 VB 程序的开发流程。

1.2.1　设计程序界面

1．创建界面元素对象

（1）单击"文件"→"新建工程"菜单命令，调出"新建工程"对话框。在对话框中，选中"标准 EXE"项目，单击"确定"按钮，创建一个新的工程。

（2）拖曳"Form1"窗体四周的灰色方形控制柄，适当调整窗体的大小。

（3）单击工具箱中的 CommandButton（命令按钮）按钮 ▭，使其呈按下状态。然后将鼠标移动到"窗体"窗口，此时鼠标指针变为十字形，在窗体中拖曳出一个矩形，如图 1-2-2（a）所示。松开鼠标左键后，即可添加一个按钮控件对象，如图 1-2-2（b）所示。

（4）使用鼠标拖曳创建的命令按钮对象，可以调整按钮对象在窗体中的位置。

工具箱内其他控件对象的添加方法与上述方法类似。

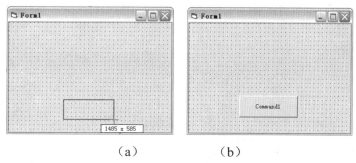

（a）　　　　　　（b）

图1-2-2　添加按钮控件对象

2. 设置窗体属性

在设置窗体属性前，首先要单击按下工具箱内的指针工具，再单击选中窗体。

（1）单击窗体，在窗体的"属性"窗口中，可以看到它的"名称"属性的默认值是 Form1，如图 1-2-3 所示。

（2）"名称"属性的值是对象的名字，它用于程序中指示相应的对象。它的值由字符组成，字符可以是数字、字母、带下画线的字符和汉字（一个汉字相当于一个字符），但第一个字符必须是字母或汉字，不能有标点符号和空格，最多不能超过40 个字符。

窗体的"名称"属性值是可以修改，但不可以有两个窗体使用相同的名字。窗体对象"名称"属性的默认值是 Form 加一个数字序号，第一个窗体"名称"属性的默认值是 Form1，第二个窗体"名称"属性的默认值是 Form2，依此类推。

图1-2-3　Form1"属性"窗口

 注 意

　　窗体"名称"属性只能在"属性"窗口内设置，在代码中只能引用不能修改。

3. 设置命令按钮属性

在设置按钮对象属性前，首先要单击按下工具箱内的指针工具，再单击选中该对象。

（1）"名称"属性：按钮对象的"属性"窗口中也有"名称"属性，默认值是 Command 加一个数字序号，第一个按钮"名称"属性值是 Command1。再创建第二个按钮的"名称"属性值是 Command2，依此类推。按钮"名称"属性的值也是可以改变的。

（2）Caption 属性：它是对象的标题属性，改变其值可以改变对象的显示标题，对于窗体对象表示窗体标题，对于按钮对象，则表示按钮上的文字。

先选中 Form1 窗体中的 Command1 按钮，再在"属性"窗口中，单击"属性"列表框中的 Caption 属性值文本框，输入"运行"文字，如图 1-2-4 所示。

此时会看到"Form1"窗体中的 Command1 按钮变为了"运行"按钮。

（3）Font 属性：Font 属性用来设置对象的显示文字的字体。选中 Command1 按钮，在其"属性"窗口内，单击 Font 属性值右边的省略号按钮，弹出"字体"对话框，利用该对话框，设置字体为宋体，大小为三号字，字形为粗体，如图 1-2-5 所示。然后，单击"确定"按钮，完成字体设置。

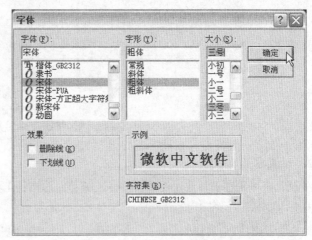

图1-2-4　按钮"属性"窗口　　　　　　图1-2-5　"字体"对话框

1.2.2　了解代码编辑器

VB 的代码编辑器就是"代码"窗口，关于"代码"窗口在前面已经作过一些介绍。它是用来进行程序设计的窗口。代码编辑器的使用方法总结介绍如下：

1. 代码编辑器的组成

（1）"对象"下拉列表框："对象"下拉列表框用来选择不同的对象名称，选择对象名称后，即可自动在程序编辑区内产生一对过程头语句和过程尾语句，过程头语句中的事件名称是该对象的默认事件。

（2）"过程"下拉列表框："过程"下拉列表框用来选择不同的事件过程名称（又称事件名称），还可以选择用户自定义过程名称。只有在"对象"下拉列表框中选择了对象名称后，"过程"下拉列表框内才会有事件名称。

（3）程序编辑区域：用户可以在一对过程头和过程尾语句之间输入程序代码。在程序编辑区域中，可以用鼠标拖曳选中代码，拖曳鼠标可以将选中的代码移动。在选中的代码上右击，会调出它的快捷菜单，利用该菜单可以复制、剪切和粘贴选中的代码。

右击程序编辑区域内，调出它的快捷菜单，单击其中的"属性/方法列表"命令，可以调出"属性/方法"列表框，供用户选择其中的属性、方法、常量名称。如果选中了程序中的对象、属性或方法名称，再右击鼠标，也会调出它的快捷菜单，单击该菜单中的"属性/方法列表"命令，调出相应的"属性/方法"列表框，供用户选择使用。

用户可以打开多个代码编辑器，查看不同窗体中的代码，并可在各个代码编辑器的程序编辑区域之间复制代码。

注　意

在程序运行当中，不可以修改程序编辑区域内的代码。

（4）"过程查看"按钮：单击按下"过程查看"按钮█后，在程序编辑区域内，只显示"对象"下拉列表框中选中对象的过程程序代码。

（5）"全模块查看"按钮：单击按下"全模块查看"按钮█后，在程序编辑区域内，显示相应窗体内所有对象的过程程序代码。

2．自动显示对象的属性和方法

当用户在程序编辑区域内输入一个对象的名称并按下小数点"．"键后，系统会自动弹出包括该对象的全部属性和方法的列表。用户可以从该列表框中选择需要的属性或方法名称，双击该属性或方法名称，即可将选中的属性或方法名称加入到程序当中。在该列表中，图标为█的表示是属性；图标为█的表示是方法。

3．自动显示语句或函数的语法帮助信息

在输入一个正确的 VB 语句或函数名后，系统会自动将该语句或函数的语法显示在语句或函数名的下边，并用黑体字显示出第一个参数名，如图 1-2-6 所示。在输入完第一个参数后，第二个参数又会用黑体字显示，以后依次进行下去，直到整个语句或函数输入完毕。当一些参数是系统提供的时候，则会以列表形式显示出来，供用户选择。

图1-2-6 自动显示语句或函数的语法帮助信息

1.2.3 编辑程序代码

1．调出"代码"窗口

调出"代码"窗口的方法有以下 3 种：

（1）单击"视图"→"代码窗口"菜单命令，即可调出"代码"窗口。

（2）选中一个控件对象，右击鼠标，调出它的快捷菜单，再单击该菜单中的"查看代码"菜单命令，即可调出"代码"窗口。在调出"代码"窗口的同时，也创建了该对象的默认事件过程的过程框架——包含该事件的过程头语句和过程尾语句。

（3）双击某一个控件对象，也可以调出"代码"窗口。与上一个方法类似，在调出"代码"窗口的同时，也创建了该对象的默认事件过程的过程框架。

2．输入程序代码

（1）在"代码"窗口内的"对象"下拉列表框中，选择 Command1 对象名称,此时的"代码"窗口内会自动生成一个空的事件过程,它只有两行代码(过程头和过程尾代码),如图 1-2-7 所示。

（2）第一行语句(过程头代码)是过程声明语句,第二行语句(过程尾代码)是过程结束语句。过程声明语句中，Sub 是关键字，表示过程的开始。Command1_Click() 是过程名字，过程名字又由两部分组成，并遵循如下规则：

前一部分语句与窗体中创建的对象的"名称"属性取值相同，在本例中 Command1 就是所创建按钮的名称。后一部分是事件方法的名字，在本例中 Click() 为按钮的默认事件（单击鼠标建事件）的名字。过程名字的两部分之间必须用下画线"_"连接。其中，Click 事件的作用是当其所对应的对象被单击时，执行事件过程中的语句。

也可以通过双击窗体中的"显示"按钮，在"代码"窗口中增加 Command1_Click() 事件过程的过程头和过程尾代码。

（3）单击 Click 事件过程的过程头和过程尾代码之间的空行，单击该空行，可以使光标在此行出现，然后输入下面所示的两条语句。此时的"代码"窗口如图 1-2-8 所示。

```
Print "欢迎进入Visual Basic 6.0的世界！"
Print "这是我的第一个VB6程序"
```

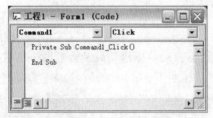

图1-2-7　过程头和过程尾代码

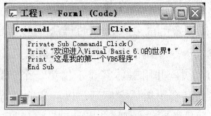

图1-2-8　程序代码

上面两条语句的作用是在窗体中显示双引号内的文字。在输入语句时，除了中文之外，其他字母和符号应在英文状态下输入，否则有可能影响到输出结果。如果要对语句进行修改，可以按照在文字编辑软件中使用的文字编辑方法，例如，移动光标、选中文本、删除文本等等。

（4）按 Enter 键后再输入"Command1."代码，此时会弹出窗体的属性和方法名称列表框，如图 1-2-9 所示。用户可以从该列表框中选择需要的属性或方法的名称，双击该属性或方法名称（例如，Caption），即可将选中的属性或方法名称加入到程序当中。选中 Caption 后，继续输入"=" 结束""。

图1-2-9　自动显示对象的属性和方法

Command1.Caption = " 结束 " 语句的作用是将对象 Command1 的 Caption 属性值改变为"结束"，即命令按钮上显示的标题文字由"运行"改为"结束"。

在程序中使用代码还可以对其他属性进行设置，语句格式和功能如下：

【格式】Object. 属性名 = 属性值

【功能】这里的 Object 指的是需要改变属性的对象，符号"."用于引用该对象的属性、方法等内容。

注　意

代码中的符号"="是赋值号，而不是等号，它表示将赋值号右边表达式的值赋给左边的变量，而并不表示"="号两边相等。

1.2.4　运行和保存程序

1. 运行程序

（1）运行程序：在集成开发环境中，单击标准工具栏内的"启动"按钮▶或者按 F5 键，或者单击"运行"→"启动"菜单命令，均可以运行程序。

（2）结束程序的运行：在集成开发环境中，单击标准工具栏内的"结束"按钮■，或者单击"窗体"窗口右上角的"关闭"按钮▨，即可回到程序编辑状态。

2. 保存程序

（1）单击"文件"→"保存工程"菜单命令，调出"文件另存为"对话框，如图1-2-10所示。在"保存在"下拉列表框中，选择要保存程序的"第1个VB程序"文件夹，单击"保存"按钮，将窗体文件保存，同时调出"工程另存为"对话框，如图1-2-11所示。

图1-2-10 "文件另存为"对话框　　　图1-2-11 "工程另存为"对话框

（2）在"文件名"文本框中，输入文件名称，单击"保存"按钮，将工程文件保存。此时，会调出一个Source Code Control提示框，如图1-2-12所示，提示用户是否给文件加密码。单击No按钮，即可完成保存文件的任务。

图1-2-12 Source Code Control提示框

（3）如果在修改程序后，再保存文件，可以单击"文件"→"保存"菜单命令。如果要将文件以其他名字保存或保存到另一位置，可单击"文件"→"工程另存为"菜单命令。

1.2.5 开发应用程序的方法

1. 使用VB 6.0开发应用程序的步骤

使用VB 6.0编程，一般先设计应用程序的外观，然后分别编写各对象事件的程序代码或其他处理程序。这样，编写程序的工作会轻松得多。使用VB 6.0开发应用程序通常采用下述步骤。

（1）设计程序的图形用户界面：根据用户的要求，设计程序的图形用户界面。在草稿纸上，绘制出图形用户界面，包括控件的大小和相对位置关系，以及组件的一些属性，例如，窗体的显示文字、按钮的标签内容、控件的颜色等等。

在开始下面的步骤之前，必须就图形用户界面的设计与用户达成一致。在这个步骤中，图形用户界面的设计越接近最终效果越好，这要求编程员通过和用户的多次交流充分理解用户的需求。但是，并不是说就必须是最后的程序图形用户界面效果，在后边的步骤中，可以不断根据实际情况来进行小的修改。

（2）计划程序内容：指计划窗体和各个控件的属性和它们对应的程序代码内容。计划属性包括将要在程序中设置和改变的控件和窗体的属性。计划程序代码内容主要是设计程序中所有需要处理的事件，以及如何具体响应这些事件。例如：当用户单击"退出"按钮，可以对该事件作出关闭窗体和结果程序的响应。

（3）创建图形用户界面：从这个步骤开始，进入实质的编程阶段。根据上面程序的设计，具体实现其图形用户界面。在工具栏中选择所需的控件，然后在窗体中拖曳鼠标绘制控件。此外，还可以在窗体中对控件进行编辑，操作方法如表 1-2-1 所示。

表1-2-1 控件的基本操作方法

操　作	实　现　方　法
选中一个控件	单击某个控件，其四周出现正方形控制点表示选中
选中多个控件	按住 Shift 键，依次单击所要选中的控件
取消控件选中	按住 Shift 键，依次单击不需要选中的控件，或者在窗体中，单击选中控件以外的任何位置，取消所有控件的选中
删除控件	选中要删除的控件，按 Delete 键
移动控件	选中要移动的控件，将鼠标指针移动到控件的内部（不在控制点上），拖曳鼠标将控件移动到新的位置
调整控件大小	选中要改变大小的控件，将鼠标指针移动到四周的控制点上，拖曳鼠标调整大小

（4）设置界面上各个对象的属性：根据规划的界面要求设置各个对象的属性，例如，对象的外貌、名称、颜色和大小等。大多数属性取值即可以在设计时通过"属性"窗口来设置，也可以在程序代码中通过编程在程序运行时进行属性设置的修改。

（5）编写对象响应事件动作的程序代码：界面仅仅决定程序的外观，通过"代码"窗口来添加代码，实现一些在接受外界信息后作出的响应、信息处理等任务。

（6）运行和调试程序：通过"运行"菜单中的选项来运行程序。当出现错误时，VB 6.0 系统会显示相应的提示信息，也可通过"调试"和"运行"菜单命令来查找和排除错误。

（7）保存工程：一个 VB 6.0 程序就是一个工程。在设计一个应用程序时，系统建立一个扩展名为 .vbp 的工程文件。工程文件包含该工程所建立的所有文件的相关信息，保存工程同时保存该工程的所有相关文件。比如，当设计界面时产生的窗体保存在扩展名为 .frm 和 .frx 的窗体文件中，在打开一个工程文件时，与该工程有关的所有文件同时被装载。

（8）生成可执行程序：为了使程序可以脱离 VB 6.0 环境，可以生成可执行程序。在生成可执行程序后，再通过安装向导，将所有相关文件打包，就可作为一个软件产品在 Windows 环境下安装后独立运行。

2．生成应用程序的可执行文件

在程序运行无误后，就可以生成应用程序了。打开"第 1 个 VB 程序"文件夹内的 VB 程序，

再单击"文件"→"生成工程 .exe"菜单命令，调出"生成工程"对话框，如图 1-2-13 所示。再输入文件名称，单击"确定"按钮，即可生成 .EXE 可执行文件，生成的 .EXE 文件将保存在程序的工程文件夹下。

生成 .EXE 可执行文件后，就可以如同运行其他可执行文件一样，在资源管理器中运行 VB 生成的 .EXE 可执行文件。

图1-2-13 "生成工程"对话框

3．创建安装程序和应用安装程序

在编写完程序后，常常需要将程序打包，并创建相应的安装程序。使用 Visual Basic 6.0 提供

的"打包和展开向导"可以很容易地为应用程序创建安装程序。在创建安装程序时，它将不断显示有关的提示信息，引导用户输入某些信息，从而方便地创建所需要的安装程序。另外，在创建安装程序时，还可以使用 Visual Basic 6.0 提供的安装工具包，使创建的安装程序的功能更强大。

（1）启动"打包和展开向导"的方法：启动"打包和展开向导"的方法有以下两种。

方法一：不启动 Visual Basic 6.0 的工作环境。单击 Windows 环境下的"开始"→"所有程序"→"Microsoft Visual Basic 6.0 中文版"→"Microsoft Visual Basic 6.0 中文版工具"→"Package & Deployment 向导"菜单命令，调出"打包和展开向导"对话框，如图 1-2-14 所示。如果没有调出要打包的程序，则应在该对话框的"选择工程"文本框中输入要打包的工程文件的路径和文件名，也可以单击其右边的"浏览"按钮，调出"打开工程"对话框。利用该对话框选择要打包的工程文件。

方法二：启动 Visual Basic 6.0 的工作环境。关闭当前编辑的工程，单击"外接程序"→"外接程序管理器"菜单命令，调出"外接程序管理器"对话框，如图 1-2-15 所示。单击选择"可用外接程序"栏中的"打包和展开向导"选项，单击选中"加载行为"栏中的"在启动中加载"复选框，再单击"确定"按钮，将向导添加到 VB 6.0 的工作环境中。

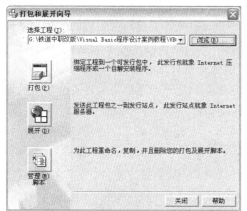

图1-2-14 "打包和展开向导"对话框

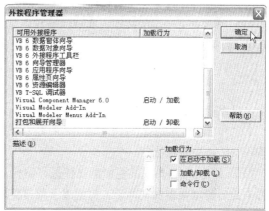

图1-2-15 "外接程序管理器"对话框

重新启动 VB 6.0 的工作环境，打开要打包的工程文件。单击"外接程序"→"打包和展开向导"菜单命令，调出"打包和展开向导"对话框，如图 1-2-14 所示（没有"浏览"按钮）。在该对话框的"选择工程"文本框中已有了要打包的工程文件的路径和文件名。

（2）"打包和展开向导"对话框中有"打包"、"展开"和"管理脚本"三个功能按钮。单击"展开"按钮，可以将安装程序包分发出去。单击"管理脚本"按钮，可以对"包装脚本"和"展开脚本"进行管理。

（3）单击"打包和展开向导"对话框中"打包"按钮，开始创建主安装程序。如果应用程序没有生成相应的可执行文件，则向导会指导用户生成应用程序的可执行文件；如果已经编译并生成了可执行文件，则向导会跳过这一步。然后，向导创建一个名为 Setup.exe 的可执行文件。并调出"打包和展开向导 - 打包脚本"对话框。

（4）单击"下一步"按钮，调出"打包和展开向导 - 包类型"对话框，如图 1-2-16 所示。利用该对话框可以选择生成的包类型，它有两种选择："标准安装包"和"相关文件"。

（5）在"包类型"列表框中，选择"标准安装包"选项。单击"下一步"按钮，调出"打包和展开向导-打包文件夹"对话框，如图1-2-17所示。

 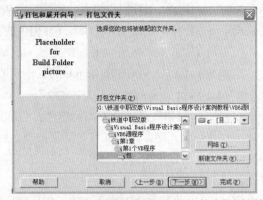

图1-2-16 "打包和展开向导–包类型"对话框　图1-2-17 "打包和展开向导–打包文件夹"对话框

（6）单击该对话框中的"新建文件夹"按钮，调出"新建文件夹"对话框，如图1-2-18所示。在该对话框的文本框中输入文件夹的名称（例如：我的工程1），单击"确定"按钮，返回"打包和展开向导–打包文件夹"对话框。

（7）单击"下一步"按钮，完成在硬盘中生成一个文件夹，存储所有生成的安装程序部件的任务。如果丢失了文件，向导还会提示用户。此时会调出"打包和展开向导–包含文件"对话框。

（8）在"打包和展开向导–包含文件"对话框中选择要打包的文件。然后单击"下一步"按钮，调出"打包和展开向导–压缩文件选项"对话框。利用该对话框来确定安装程序的发行类型，可以选择生成一个压缩文件或者是生成几个压缩文件。

（9）单击"下一步"按钮，调出"打包和展开向导–安装程序标题"对话框，利用该对话框输入安装程序的标题。

（10）此后，可以为安装包中的文件选择图标，设置启动菜单，选择安装包中文件的安装位置，选择安装后可以共享的文件等。每完成一项设置就单击一次"下一步"按钮，调出新的对话框，根据向导的提示，进行新的设置。最后调出"打包和展开向导–已完成"对话框，利用该对话框输入脚本名称，然后单击"完成"按钮，完成安装程序的创建工作，并保存创建安装程序的脚本。

此时，安装程序所在的文件夹内的文件如图1-2-19所示。

（11）安装应用程序：退出 Visual Basic 6.0 程序和其他相关程序。双击安装程序所在的文件夹内的 SETUP 文件，开始安装应用程序。然后，根据向导的提示信息，进行应用程序保存位置的设置和文件名的输入等操作。每完成一步设置，就单击一次"下一步"按钮，直到完成所有安装工作。

图1-2-18 "新建文件夹"对话框　图1-2-19 安装程序所在的文件夹内的文件

思考与练习1-2

1. 填空题

（1）在设置对象的属性前，首先要使用鼠标指针 ＿＿＿＿ 所需设置的对象。

（2）"名称"属性值是对象的 ＿＿＿＿，它的值由字符组成，最多不能超过 ＿＿＿＿ 字符。

（3）＿＿＿＿ 属性是对象的标题属性，对于窗体对象表示 ＿＿＿＿，对于按钮对象表示 ＿＿＿＿。

（4）在"代码"窗口中按下 ＿＿＿＿ 按钮后，只显示"对象"下拉列表框中选中对象的过程程序代码。

（5）在"代码"窗口中按下 ＿＿＿＿ 按钮后，显示相应窗体内所有对象的过程程序代码。

2. 问答题

（1）调出"代码"窗口的方法有3种，分别是什么？

（2）使用 Visual Basic 6.0 开发应用程序的步骤是什么？

（3）如何运行程序？如何使运行的程序停止运行？

（4）如何使用 Visual Basic 集成开发环境生成可执行程序文件？

3. 操作题

（1）编写一个 VB 程序，窗体内有一个标签和一个按钮，标签内显示"欢迎学习 VB 6.0"的文字，文字的字体为宋体、字号为二号。

（2）编写一个 VB 程序，窗体内有"按钮1"和"按钮2"两个按钮，单击"按钮1"按钮，则窗体内显示"按钮1"；单击"按钮2"按钮，则窗体内显示"按钮2"。

（3）编写一个 VB 程序，该程序运行后的窗体内显示一行文字和一个"显示学习 VB 信息"按钮。单击"显示学习 VB 信息"按钮，窗体内会增加显示一些文字，同时窗体和按钮的标题文字也会发生变化。

（4）编写一个 VB 程序，要求窗体内有"按钮1""按钮2""按钮3"和"按钮4"4个按钮。程序运行后，单击不同的按钮，窗体中会显示出不同的内容。

第2章　窗体、多窗体和多工程

本章主要介绍窗体以及如何创建多窗体和多工程程序等知识。

2.1　窗体的基本知识

在设计应用程序时，窗体相当于一块画布或容器，能够以"所见即所得"的方式，利用控件工具在其上面直观地创建各种对象，并进行整体布局。这种操作是非常简单和有趣的。窗体也是一个对象，它也有自己的事件、属性和方法。

2.1.1　窗体的属性

1. 什么是属性

属性（Property）是对象的数据，用来表示对象的特性，例如对象的名称、位置、大小、颜色、字体等特性。VB 中的窗体对象具有 Caption（标题）、Name（名称）、Width（宽度）、Height（高度）、字体（Font）等属性。

属性的设置可以通过改变对象的属性值来改变对象的属性特性。对象属性的设置可以有两种方法，一种是在程序设计时使用"属性"窗口修改其属性值来完成，另一种是在程序中使用代码，在程序运行时进行改变。

有的属性既可在程序设计时通过使用"属性"窗口修改其属性值，又可以在程序运行中通过程序代码来设置；有的属性必须通过编写的代码在运行程序时进行设置，而有的属性必须使用"属性"窗口在程序设计时完成设置。

可以在运行程序时读取和设置值的属性称为可读写属性，它可以在程序设计时设置，也可以在程序中以代码方式改变。例如：对象的高度（Height）、背景颜色（BackColor）、文字（Text）等属性，只能在程序设计时进行设置，而在程序运行时只能读取的属性称为只读属性，例如：对象的名称（Name）。

2. 如何在代码中设置属性值

在程序中使用代码进行属性值设置的语句格式如下：

【格式】对象名称 . 属性 = 表达式

【功能】 计算表达式的值，即属性值，将该属性值赋给"对象名称"指定的对象的指定属性。符号"."用于引用该对象的属性、方法等内容。下面以窗体对象为例，来了解在程序设计中给对象属性赋值的方法。

```
Form1.Caption = "第1个VB程序"

Form1.Height=800

Form1.Width=3000
```

上述程序中，Form1 是窗体对象的名称，Caption 是 Form1 窗体对象的标题属性，Height 是 Form1 窗体的高度属性，Width 是 Form1 窗体的宽度属性。因此，执行上述语句后，Form1 窗体的标题将被设置为"第 1 个 VB 程序"，高度被设置为 800 Twip，宽度被设置为 3 000 Twip。

3. 窗体的常用属性

窗体的属性很多，其中一些属性是其他控件也具有的，因此对窗体属性的了解，对于学习其他控件也具有重要的意义。窗体与它的容器（对于窗体来说，其容器一般是指屏幕；对于其他窗体内的对象来说，其容器是指所在的窗体）的相对关系如图2-1-1所示。

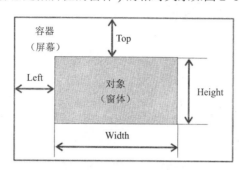

图2-1-1　对象与它的容器的相对位置

（1）"（名称）"属性：设置和获取对象的名字。在程序中，对指定对象的调用是通过对象的名称来进行的。名称只能在设计时设置，在程序运行中只能调用不能改变。

（2）Caption 属性：设置和获取对象标题，对于窗体，它的值显示在窗体标题栏中。

（3）Enabled 属性：用于设置对象是否为活动的，能否对鼠标或按键事件产生响应。为 True 值（系统默认值）时，对事件产生响应；为 False 值时，不发生事件响应，此时窗体只具有显示文字和图形的功能。

（4）Visible 属性：设置和获取对象是否可见。其值为 True 时可见，为 False 时不可见。

（5）Height 属性：设置和获取对象的高度，其值为整数，单位为 Twip。

（6）Width 属性：设置和获取对象的宽度，其值为整数，单位为 Twip。

（7）Left 属性：设置和获取对象左边与其所在容器（对于窗体来说，其容器一般是指屏幕）左边的间距，其值为整数，单位为 Twip。

（8）Top 属性：设置和获取对象顶部与其所在容器（对于窗体来说，其容器一般是指屏幕）顶部的间距，其值为整数，单位为 Twip。

（9）BackColor 属性：设置和获取对象的背景颜色。

（10）Font 属性：设置文字的外观。其属性设置可通过"字体"对话框来进行。它除了决定显示在窗体上的文字字体，还影响到窗体中控件的默认文字字体。

（11）Picture 属性：用来设置和获取对象的背景图像。单击"属性"窗口 Picture 栏右侧的省略号按钮，调出"加载图片"对话框，利用该对话框，可选择适当的图像文件作为当前窗体的背景图像。

（12）StartUpPosition 属性：设置和获取窗体首次显示时处于的位置。其值为 0 时，首次显示位置由 Left 和 Top 属性的值确定；其值为 1 时，处于所属容器对象的中间；其值为 2 时，处于屏幕中心；其值为 3 时，处于屏幕左上角。

（13）WindowsState 属性：设置和获取窗体对象运行时的可见状态。其值为默认值 0 时，窗体以正常状态显示；值为 1 时，窗体以最小化显示为一个图标；值为 2 时，窗体以最大化显示，窗口放大到最大尺寸。

2.1.2 窗体事件概述

1. 窗体事件特点

事件（Event）是指发生在某一对象上的事情，是 Visual Basic 6.0 中预先设置好的，可以被对象识别的动作。例如，命令按钮（CommandButton）可以响应鼠标单击（Click）等鼠标事件，又可响应键盘按下（KeyDown）等键盘事件；而窗体则还具有加载（Load）、卸载（UnLoad）、大小改变（Resize）等事件。

事件驱动是 Visual Basic 6.0 程序运行机制的核心，当一个应用程序从开始运行时，就会发生一系列的事件（如程序加载事件 Load）。程序启动完成后（即在程序运行的过程中），将一直等待着事件的发生（例如，发生了鼠标的单击事件 Click），如果发生了什么事件，就转去执行该事件的相关代码，作为对事件的回应。在事件过程中，可以输入相应的程序代码，当产生该事件时，这些代码得到执行，完成相应的动作，以对该事件作出回应。例如：可以在命令按钮的 Click 事件中添加显示文字等所需要执行控件动作的程序代码。

事件过程一般是由 Visual Basic 6.0 系统创建的，它是附加在窗体或控件对象上的，用户不能增加或删除，只能在事件过程内添加用户的事件处理代码程序，以完成对事件的响应。不同的对象可能会具有相同的事件，例如：很多控件都有 Click 事件，当在不同的控件对象上单击时，会执行其相应的代码。

2. 事件在程序中的表示格式

事件在程序中通常以如下格式表示：

Private Sub 对象名称_事件名称([形参表])

[程序段]

End Sub

【说明】

（1）语句"Private Sub 对象名称 _ 事件名称（[形参表]）"和"End Sub"就如同一对括号，表示一个事件的开始与结束。

（2）"对象名称"与"事件名称"通过下画线连接在一起，共同构成事件的具体名称和作用对象。控件或窗体对象的事件过程名字由控件（在"属性"窗口中的"名称"属性来规定）或窗体的名称、下画线"_"和事件名称组合构成的。

注 意

这里窗体的名称不由"属性"窗口中的"名称"属性来规定，而统一确定为"Form"。

（3）"形参表"为可选部分，其中为事件相关的参数列表，各参数之间用逗号分隔。

（4）"程序段"部分也是可选的，如果省略该部分，则发生该事件时不执行任何操作；如果该部分有具体的程序代码，则发生该事件时，这些程序代码将被执行。例如：

Private Sub Form_Click()

    MsgBox "鼠标在窗体上单击，发生Click事件。"

End Sub

这段代码表示：当窗体对象（Form1）发生鼠标单击（Click）事件时，会弹出一个提示框，其内显示文字"鼠标在窗体上单击，发生 Click 事件。"，如图 2-1-2 所示。

在这段程序中，Msgbox 是一个 VB 6.0 中预定义的函数，用于弹出一个消息对话框，来显示其后引号中的文字。消息对话框通常用于在程序中显示文字信息，提示并等待用户按下相应的按钮，以进行下一步的操作。

图2-1-2　弹出一个提示框

3. 窗体的常用事件

Visual Basic 6.0 程序是以事件驱动来执行的，因此，了解窗体事件的应用对于学习 Visual Basic 6.0 程序设计具有重要的意义。下面介绍一些窗体常用的事件，其中一些事件也适用于其他对象控件。

（1）Activate 事件：对象变为有效（被激活）时产生该事件。以窗体为例，当一个窗体对象被激活时，就会产生 Activate 事件，其表现为窗体可见，是活动窗口。只有当对象为可见时，才能产生 Activate 事件。运行窗体程序、使用 Show 等方法、单击一个对象或者将对象的 Visible 属性设置为 True 等，都可以激活窗体，使窗体成为活动窗口。

（2）Deactivate 事件：对象变为无效（没被激活）时产生该事件。以窗体为例，当一个窗体对象不再是活动窗体时，会发生 Deactivate 事件。

（3）Load 事件：在窗体被加载时产生 Load 事件，它常用于在启动程序时对属性和变量的初始化。当加载或调用窗体对象时，先把窗体属性设置为初值，再执行 Load 事件过程。

（4）UnLoad 事件：在窗体被卸载时产生 UnLoad 事件。

（5）Click 事件：当程序运行时，在窗体上按一下鼠标按钮时，就会产生 Click 事件。单击窗体内某个控件对象，则该窗体不会产生 Click 事件。

（6）DblClick 事件：当程序运行时，双击窗体的空白区域或双击窗体上的一个无效控件对象时，就会产生 DblClick 事件。如果双击窗体内某个控件对象，则该窗体不会产生 DblClick 事件。

如果 DblClick 在系统双击时间限制内没有出现，则对象识别为又一个 Click 事件。不接受 DblClick 事件的控件可能接受两次单击而不是 DblClick 事件。

（7）KeyDown 事件：程序运行时，当按下键盘上的某个键时，就会产生该事件。

（8）KeyUp 事件：程序运行时，当松开某个键时，就会产生该事件。

（9）DragDrop 事件：在程序运行期间，在窗体内用鼠标进行拖曳操作时，就会产生 DragDrop 事件。DragDrop 事件的事件过程头格式如下所示。

【格式】Sub Object_DragDrop(Source As Control，x As Single，y As Single)

【功能】其中，Object 代表响应该事件的对象，此处为窗体；括号里面是该事件过程的三个参数。Source 表示被拖曳的控件对象名称；x 和 y 分别为拖曳后鼠标指针的水平、垂直坐标值。利用 DragDrop 事件，用户可以控制拖曳操作后应执行哪些操作。

（10）MouseMove 事件：在程序运行期间，在窗体上移动鼠标指针时，会产生 MouseMove 事件。MouseMove 事件的事件过程头格式如下：

【格式】Sub Object_MouseMove(Button As Integer, Shift As Integer, x As Single, y As Single)

【功能】其中，参数 Button 表示被按下的鼠标按键，其值为一个整数，当 Button 为 0 时表示鼠标左键被按下，当 Button 为 1 时表示鼠标右键被按下，当 Button 为 2 时表示鼠标中间按键被按下。参数 Shift 代表被按下的键盘控制键，也是用一个整数来表示。当 Shift 键被按下时值为 0，当 Ctrl 键被按下时值为 1，当 Alt 键被按下时值为 2。

（11）KeyPress 事件：在程序运行期间，用户敲击键盘按键时，就会产生 KeyPress 事件，该事件过程的基本语法格式如下所示。

【格式】Sub Form_KeyPress(KeyAscii As Integer)

【功能】其中，KeyAscii 是一个整数类型的常量，表示所按键的 ASCII 码值。例如，如果按 A 键，则 KeyAscii 的值为 65；按 a 键，则 KeyAscii 的值为 97；按 Enter 键，则 KeyAscii 的值为 13，按大小键盘的数字 1 键，则 KeyAscii 的值都为 49。

案例1 演示窗体状态

设计一个"演示窗体状态"程序，该程序运行后的画面如图 2-1-3 所示。窗体在屏幕的中央，窗体背景是一幅图片。单击窗体中的"最小化"按钮，可使窗体最小化，在 Windows 的状态栏中显示程序最小化后的按钮；单击"最大化"按钮，可使窗体最大化，此时窗体没有边框；单击"标准"按钮，可使窗体恢复到初始状态，窗体有边框；单击"退出"按钮关闭窗体，结束程序的运行。该程序的设计方法如下：

（1）创建一个"标准 .exe"工程，参照图 2-1-3 为窗体 Form1 添加 4 个命令按钮控件对象。按照第 1 章所介绍的方法，调整按钮的大小和位置。

（2）单击窗体，使其成为当前对象。然后在"属性"窗口内，单击 Picture 属性值右边的按钮，调出"加载图片"对话框，如图 2-1-4 所示。利用该对话框选中图像文件，单击"打开"按钮，给窗体添加一幅背景图像，如图 2-1-3 所示。

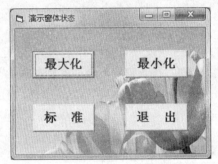

图2-1-3 "演示窗体状态"程序运行后的画面 　　图2-1-4 "加载图片"对话框

（3）窗体和 4 个按钮控件的属性设置如表 2-1-1 所示。

表2-1-1 "演示窗体状态"程序中窗体和4个按钮控件的属性设置

对象名称	属　性	属 性 值
Form1	Caption	演示窗体状态
	StartUpPosition	2- 屏幕中心
Command1	Caption	最大化
	Font	宋体、粗体、五号
Command2	Caption	最小化
	Font	宋体、粗体、五号
Command3	Caption	标准
	Font	宋体、粗体、五号
Command4	Caption	退出
	Font	宋体、粗体、五号

（4）调出"代码"窗口，在其中输入如下程序代码。

```
Private Sub Command1_Click()
    Form1.WindowState = 2
End Sub
Private Sub Command2_Click()
    Form1.WindowState = 1
End Sub
Private Sub Command3_Click()
    Form1.WindowState = 0
End Sub
Private Sub Command4_Click()
    End
End Sub
```

（5）在上面的程序代码中，End 语句的作用是使正在运行的程序中止运行。

（6）将工程和窗体文件保存在"【案例 1】演示窗体状态"文件夹中。单击标准工具栏内的"启动"按钮▶或按 F5 键，即可运行本案例程序。

案例2　窗体事件

"窗体事件"程序用来演示在执行不同操作时，程序会发生什么样的事件。程序中可以响应的事件有：窗体被加载（Load）事件、窗口大小改变（Resize）事件，键盘按键被按下（KeyPress）事件，鼠标在窗体上单击（Click）事件和窗体被卸载（UnLoad）事件。

在程序运行开始时，首先会发生 Load 事件，此时会弹出对话框提示发生 Load 事件。此时窗体还没有显示出来，画面如图 2-1-5（a）所示。单击"确定"按钮，第一次显示窗体，同时会发生 Resize 事件，弹出一个提示框，提示发生 Resize 事件，如图 2-1-5（b）所示。单击"确定"按钮关闭提示框。在程序运行中，把鼠标移动到窗体边框上，拖动鼠标改变窗体大小时，也会发生 Resize 事件，也会弹出一个如图 2-1-5（b）所示的提示框。鼠标单击窗体会发生 Click 事件，会弹出一个提示框，提示发生 Click 事件，如图 2-1-5（c）所示。当键盘按键被按下时，会弹出一个提示框，提示发生 KeyPress 事件，如图 2-1-5（d）所示。单击窗体右上角"关闭"按钮，退出程序关闭窗体，同时会弹出一个提示框，提示发生 UnLoad 事件，如图 2-1-5（e）所示。该程序的设计方法如下：

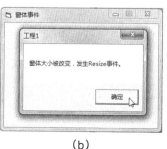

（a）　　　　　　　　　　（b）　　　　　　　　　　（c）

图2-1-5　"窗体事件"程序运行后的5幅画面

(d)　　　　　　　　　　　(e)

图2-1-5 "窗体事件"程序运行后的5幅画面（续）

（1）创建一个"标准 .exe"工程。设置窗体对象 Form1 的 Caption 属性值为"窗体事件"，StartUpPosition 属性值为 2-屏幕中心。

（2）双击窗体，调出"代码"窗口，在代码"窗口中输入以下代码。

```
'鼠标在窗体上单击
Private Sub Form_Click()
    MsgBox "鼠标在窗体上单击，发生Click事件。"
End Sub
'键盘按钮被按下
Private Sub Form_KeyPress(KeyAscii As Integer)
    MsgBox "键盘按钮被按下，发生KeyPress事件。"
End Sub
'窗体被载入
Private Sub Form_Load()
    MsgBox "窗体被载入，发生Load事件。"
End Sub
'窗体大小被改变
Private Sub Form_Resize()
    MsgBox "窗体大小被改变，发生Resize事件。"
End Sub
'窗体被卸载
Private Sub Form_Unload(Cancel As Integer)
    MsgBox "窗体被卸载，发生UnLoad事件。"
End Sub
```

（3）将工程和窗体文件保存在"【案例 2】窗体事件"文件夹中。

思考与练习2-1

1. 填空题

（1）窗体的容器是_____，窗体内对象的容器是_____。

（2）窗体和其他对象的"名称"属性只能在_____进行设置，在_____中只能使用不能改变。

（3）窗体被激活时产生_____事件，窗体不是活动窗体时产生_____事件。

2．判断下面的话是否正确

（1）Load 事件是在窗体被加载时产生，UnLoad 事件是当窗体被卸载时产生。（　　）

（2）所有对象的属性都可以在程序运行中更改它们的值。（　　）

3．操作题

（1）修改【案例1】"演示窗体状态"程序，更换窗体的背景图像，以及更改窗体标题的名称为"窗体的四种变化"。

（2）修改【案例2】"窗体事件"程序，当程序运行后，双击窗体可以调出一个相应的提示框。在各种事件产生时，会在窗体内的一个标签中显示相应的事件名称。

2.2　窗体的方法

2.2.1　窗体常用方法

1．Print 方法

Print 方法在窗体、图片框、立即窗口、打印机等对象中，用来显示文本字符串和表达式的值。Print 方法的格式和功能与早期 BASIC 语言中的 PRINT 语句类似。

【格式】对象名称 .Print [表达式列表]

【功能】在执行 Print 方法时，首先计算表达式的值，然后在指定的对象中，输出表达式的值。在使用 Print 方法时，要注意以下内容。

（1）对象可以是窗体（Form）、立即窗口（Debug）、图片框（PictureBox）、打印机（Printer）等。如果省略对象名称，则在当前窗体上输出。

（2）Print 关键字可以用符号"?"代替，VB 6.0 会自动将它翻译为 Print。

（3）表达式列表是由若干个表达式组成，各表达式之间用分隔符逗号（,）、分号（;）或者 Tab、Spc 函数等。这些分隔符和函数可以在一条语句中混合应用。如果省略表达式列表则打印一空白行。

（4）Print 的显示格式有分区格式和紧凑格式两种。当各表达式用逗号作为分隔符时，按打印区显示数据项，每隔 14 列开始一个打印区。当各表达式用分号作为分隔符时，输出格式为紧凑格式，此时将在每个数值的后面增加一个空格。如果数值为正数，将把正号显示为空格。

（5）如果 Print 的末尾没有加分号、逗号或 Tab 函数，则每一次执行 Print 后会自动换行，即光标移到下一行的最左边。当再执行 Print 时，将在新的一行上显示表达式的值。

（6）如果 Print 的末尾加有分号、逗号或 Tab 函数，则当再次执行 Print 时，不一定在新的一行上显示表达式的值。当使用分号时，下一个 Print 输出的内容将紧跟在当前 Print 所输出内容的后面；当使用逗号时，则在同一行上跳到下一个显示区段显示下一个 Print 所输出的内容。如果只有 Print 关键字，则将光标移到下一行，不输出任何内容。

2．其他常用方法

除了上面介绍的 Print 方法外，窗体中还常用以下 5 个方法。

（1）Cls 方法：其格式和功能如下所示。

【格式】Object.Cls

【功能】Cls 方法是将窗体（Form）、立即窗口（Debug）、图片框（PictureBox）等控件内的文本内容清除。它默认的对象是窗体。例如，Picture1.Cls、Form1.Cls、Cls。其中，Form1.Cls 和 Cls 语句的效果一样。

（2）Show 方法：其格式和功能如下所示。

【格式】Object.Show

【功能】其中，Object 是窗体的名称。Show 方法是用来显示对象指定的窗体。如果调用 Show 方法时指定的窗体还没有加载，则 VB 6.0 会自动加载该窗体。可见，使用 Show 方法有自动装载窗体的功能。如果调用 Show 方法时指定的窗体被其他窗体遮挡在后面，则该窗体会自动显示在最前面。

在代码中调用 Show 方法或将窗体的 Visible 属性设置为 True，都可以使窗体可见。

（3）Hide 方法：其格式和功能如下所示。

【格式】Object.Hide

【功能】其中，Object 是窗体的名称。Hide 方法的作用是隐藏对象指定的窗体。使用 Hide 方法隐藏窗体时，窗体从屏幕上消失，同时窗体的 Visible 属性自动设置为 False。使用 Hide 方法只能隐藏窗体，不能将窗体卸载。如果调用 Hide 方法时该窗体还没有加载，那么 Hide 方法会自动加载该窗体，但并不予以显示。

注 意

　　一个窗体被隐藏时，不能访问该窗体中的任何控件对象。

（4）Move 方法：其格式和功能如下所示。

【格式】Object.Move left,top,width,height

【功能】其中，Objec 表示要移动的对象（例如，窗体），为可选参数。如果省略该参数，则移动当前对象。left、top、width 和 height 四个参数均为单精度数值，left 参数不可以省略，其他参数可以省略。left 表示窗体左边框的水平坐标，即 x 轴坐标；top 表示窗体上边框的垂直坐标，即 y 轴坐标；width 表示窗体宽度；height 表示窗体的高度。Move 方法的作用是移动窗体。使用 Move 方法移动对象，可以有以下两种方法：

◎ 绝对移动：将对象移动到指定位置，例如，MyNum.Move 300,300 语句用来将对象 MyNum 移动到坐标为（300，300）的位置。

◎ 相对移动：通过指定从当前位置开始所移动的距离来移动对象，例如，MyNum.Move MyNum.Left – 100, MyNum.Top – 100 语句用来将对象 MyNum 从当前位置向左、向上移动 100 个像素。

（5）Refresh 方法：其格式和功能如下所示。

【格式】object.Refresh

【功能】其中，Object 表示一个控件对象或窗体。Refresh 方法的作用是对一个窗体进行全部重绘。如果没有事件发生，窗体或控件对象的绘制是自动处理的，并不需要使用 Refresh 方法。

但是，下列情况下希望窗体或控件立即更新，则需要使用 Refresh 方法：

◎ 在另一个窗体被加载时，显示一个窗体的全部。

◎ 需要窗体的显示内容被立即更新。

◎ 需要将文件列表框和目录列表框等控件对象的内容更新。

◎ 需要将 Data 控件对象的数据结构进行更新。

注 意

如果在 Form_Load 事件内显示信息，必须使用 Show 方法或者把 AutoRedraw 属性设为 True。否则，当程序运行时什么都不显示。

2.2.2 Print方法中常用的函数

1．Tab 函数

【格式】Tab(n)

【功能】Tab 函数与 Print 方法一起使用，对输出光标进行定位。Tab 函数的作用是计算数值型表达式 n 的值，把光标或打印头位置移到由参数 n 的数值指定的列数，从此列开始输出数据。要输出的内容放在 Tab 函数后面，可以用分号隔开。通常最左边的列号为 1。如果当前的显示位置已经超过 n，则自动下移一行。当 n 大于行的宽度时，显示位置为 n 除以行宽的余数，如果 n<1，则把输出位置移到第 1 列。当在一个 Print 中有多个 Tab 函数时，每个 Tab 函数对应一个输出项。例如：

```
Print Tab(10); "编号："; Tab(25); "单位："; Tab(40); "性别："; Tab(45); "电话："
```

2．Spc 函数

【格式】Spc(n)

【功能】在 Print 方法中，用 Spc 函数跳过 n 个空格。Spc 函数的作用是计算数值型表达式 n 的值，它给出了显示或打印下一个表达式值之前插入的空格数。Spc 函数与输出项间可用分号隔开。例如：

```
Print Spc(10); "编号："; Spc(10); "单位："; Spc(10); "性别："; Spc(10); "电话："
```

当 Print 方法与不同大小的字体一起使用时，使用 Spc 函数打印的空格字符的宽度总是等于以磅数为单位的选用字体内的所有字符的平均宽度。Spc 函数与 Tab 函数的作用类似，可以互相代替。但应注意，Tab 函数从对象的左端开始计数，而 Spc 函数只表示两个输出项之间的间隔。除 Spc 函数外，还可以用 Space 函数，该函数与 Spc 函数的功能类似。

案例3 在窗体内进行英文打字

"在窗体内进行英文打字"程序运行后显示一个空白的窗体，键盘输入英文字母后窗体内会显示该英文字母，如图 2-2-1（a）所示。然后，继续使用键盘输入英文字母，窗体会连续显示所有的输入内容，如图 2-2-1（b）所示。该程序的设计方法如下：

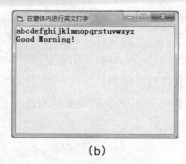

图2-2-1　"在窗体内进行英文打字"程序运行后的2幅画面

（1）创建一个"标准.EXE"工程，窗体的属性设置如表2-2-1所示。

表2-2-1　"在窗体内进行英文打字"程序中窗体的属性设置

对象名称	属　性	属　性　值
Form1	Caption	在窗体内进行英文打字
	StartUpPosition	1- 所有者中心
	Font	宋体、粗体、四号

（2）调出"代码"窗口，在其中输入如下程序代码。

```
Dim S As String        '定义一个字符形变量S
Private Sub Form_KeyPress(KeyAscii As Integer)
  Form1.Cls
  S = S + Chr$(KeyAscii)
  Print S
End Sub
```

（3）在上面的程序代码中，变量S用来保存用户键盘输入的字母（下一章将具体介绍变量），KeyAscii用来接收按键的ASCII码数值，Form1.Cls语句用来清除窗体中的内容，S = S + Chr$(KeyAscii)语句用来连接每次输入的按键英文字母并保存在变量S中，Chr$函数可以将ASCII码转换为相应的字母。Print S语句用来在窗体中显示变量S保存的所有英文字母。

（4）将其保存在"【案例3】在窗体内进行英文打字"文件夹中。

案例4　字母三角形

设计一个"字母三角形"程序，程序运行后在窗体内显示一个由字母"A"组成的直角三角形图案，如图2-2-2（a）所示。双击窗体，即可在窗体内再显示一个由字母"B"组成的三角形图案，如图2-2-2（b）所示。该程序的设计方法如下：

图2-2-2　"字母三角形"程序运行后的2幅画面

（1）新建一个工程，窗体的属性设置如表 2-2-2 所示。

表2-2-2 "字母三角形"程序中窗体的属性设置

对象名称	属 性	属 性 值
Form1	Caption	字母三角形
	StartUpPosition	2- 屏幕中心
	AutoRedraw	True
	Font	宋体、粗体、五号

（2）调出"代码"窗口，在其中输入如下程序代码。

```
Private Sub Form_Load()
  Print
  Print Tab(12); "A"
  Print Tab(12); "AA"
  Print Tab(12); "AAA"
  Print Tab(12); "AAAA"
  Print Tab(12); "AAAAA"
  Print Tab(12); "AAAAAA"
End Sub
Private Sub Form_DblClick()
  Print
  Print Tab(15); "B"
  Print Tab(14); "BBB"
  Print Tab(13); "BBBBB"
  Print Tab(12); "BBBBBBB"
  Print Tab(11); "BBBBBBBBB"
  Print Tab(10); "BBBBBBBBBBB"
End Sub
```

（3）因为是在 Form_Load() 过程内使用 Print 语句显示信息，所以必须把 AutoRedraw 属性值设为 True（或者使用 Show 方法）。Tab() 函数用来控制显示的位置。

（4）将其保存在"【案例4】字母三角形"文件夹中。

思考与练习2-2

1. 填空题

（1）Print 关键字可以用符号_____代替，VB 6.0 会自动将它翻译为 Print。

（2）_____和_____语句的效果一样，都是将窗体 (Form) 内的文本内容清除。

（3）在 Print 方法中，用_____函数跳过 n 个空格。_____函数的作用是把光标或打印头位置移到由参数 n 的数值指定的列数。

2. 判断下面的话是否正确

（1）Print 的显示格式有分区格式和紧凑格式两种。　　　　　　　　　（　　）

（2）Spc 函数与 Tab 函数的作用一样，可以直接替换。　　　　　　　（　　）

（3）所有对象都有"名称"（Name）属性。　　　　　　　　　　　　　（　　）

（4）所有对象都有 Caption 属性。　　　　　　　　　　　　　　　　　（　　）

3. 操作题

（1）设计一个程序，该程序运行后，在窗体中显示由字符"%"组成的一个倒三角形图案。单击窗体后，在窗体中增加显示由字符"&"组成的一个平行四边形图案。

（2）设计一个程序，该程序运行后，在窗体中显示由字符"*"组成的一个梯形图案。单击窗体后，在窗体中显示一个 9 行字符"*"组成的菱形图案。

（3）设计一个程序，该程序运行后，在窗体中显示由字符"*"组成的一个苦脸图案。单击窗体后，在窗体中增加显示一个笑脸图案。双击窗体后，在窗体中增加显示"高兴了！"文字。

（4）设计一个"键盘与鼠标"程序，该程序运行后的 2 幅画面如图 2-2-3 所示。当鼠标在窗体内移动时，会显示鼠标指针的坐标位置；按键盘按键时，会显示按键名称。

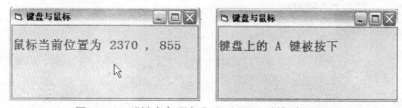

图2-2-3 "键盘与鼠标"程序运行后的2幅画面

2.3 多工程和多窗体程序设计

在前面介绍的案例都是只有一个工程的应用程序。在程序设计中，根据需要，有时还会遇到一个应用程序中含有多个工程或者一个工程包含有多个窗体的情况。本节介绍这种应用程序的设计方法，以及设置这种程序在运行时执行哪个工程和哪个窗体的方法。

2.3.1 多工程

1. 创建多个工程

（1）创建第 1 个工程：按照前面所述方法，单击"文件"→"新建工程"菜单命令后，可以创建一个工程，其名称为"工程 1"，其窗体名称为"Form1"。创建第 1 个工程后，工程资源管理器（即"工程 - 工程 1"窗口）如图 2-3-1 所示。

（2）创建第 2 个工程：单击"文件"→"添加工程"菜单命令，可以在同一个应用程序中创建一个新工程（工程 2）。该工程默认的窗体名称与工程 1 的窗体名称一样，也是"Form1"。这样就创建了一个有两个工程的工程组（名称为"组 1"）。此时的工程资源管理器，如图 2-3-2 所示。通常需要更改工程 2 的窗体名称，使它与工程 1 的窗体名称不一样。可以在"属性"窗口内的"（名称）"文本框中输入新的窗体名称，例如"Form21"，在 Caption 文本框中输入窗体的标题名称，例如"Form21"。

（3）如果要创建更多工程，可以重复步骤（2）。

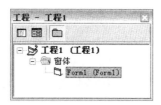
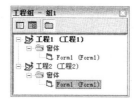

图2-3-1 "工程-工程1"窗口　　图2-3-2 "工程组-组1"窗口

2. 保存工程组和设置启动工程

（1）保存工程组：单击"文件"→"保存工程组"菜单命令，按照提示，分别依次保存"Form1.frm"窗体文件、"工程1.vbp"工程文件、"Form21.frm"窗体文件和"工程2.vbp"工程文件，最后保存工程组的"组1.vbg"文件。

（2）设置启动工程：此时，如果通过单击标准工具栏内的"启动"按钮▶或者按F5键运行程序，则只会运行"工程1"的程序，不会运行新创建的"工程2"的程序。

如果要运行"工程2"的程序，可以单击选中工程资源管理器（即"工程－工程1"窗口）内"工程2（工程2.vbp）"行。再右击鼠标，弹出其快捷菜单，单击该菜单中的"设置为启动"菜单命令，然后再单击标准工具栏内的"启动"按钮▶或按F5键来运行"工程2"的程序。

2.3.2 多窗体

1. 添加窗体和设置启动窗体

（1）添加窗体：创建一个名为"工程1"的程序，此时它仅有一个窗体，名称为Form1。在创建完工程后，单击"工程"→"添加窗体"菜单命令，调出"添加窗体"对话框（默认选中"新建"选项卡），单击选中该对话框中的"窗体"图标，如图2-3-3所示。再单击"打开"按钮，即可创建一个新窗体，窗体名称默认为Form2。

此时，如果单击标准工具栏内的"启动"按钮或者按F5键运行程序，则只会运行"Form1"窗体程序，不会运行新创建的"Form2"窗体程序。

（2）设置启动窗体：如果要使Form2窗体成为程序启动时执行的窗体，可单击"工程"→"工程1属性"菜单命令，调出"工程1-工程属性"对话框，在"通用"选项卡内的"启动对象"下拉列表框中选择"Form2"选项，如图2-3-4所示，再单击"确定"按钮。

完成上述设置后，再单击标准工具栏内的"启动"按钮，可运行"Form2"窗体的程序。

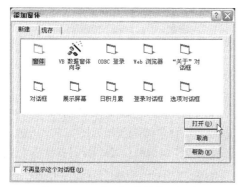

图2-3-3 "添加窗体"对话框

图2-3-4 "工程1-工程属性"对话框

2. 将不同工程中的窗体放在同一个工程文件中

如果要将不同工程中的各个窗体放置在同一个工程当中，例如，将案例 1、案例 3 和案例 4 三个不同工程中的三个窗体放在同一个工程文件中，可以采用如下的方法。

（1）单击"文件"→"打开工程"菜单命令，调出"打开工程"对话框，利用该对话框打开"【案例 4】字母三角形"文件夹内的工程文件。再单击"文件"→"工程另存为"菜单命令，调出"工程另存为"对话框，将该程序的工程文件保存到"多窗体"文件夹中。

（2）在"工程-工程 1"工程资源管理器中，双击"Form1 (Form1.frm)"图标，将该工程的窗体打开。然后，修改窗体的"名称"属性值为"Form3"。

（3）单击"文件"→"Form1.frm 另存为"菜单命令，调出"文件另存为"对话框。将打开的窗体文件以名称"Form3.frm"保存到"多窗体"文件夹中，如图 2-3-5 所示。此时的"工程-工程 1"工程资源管理器如图 2-3-6 所示。更改窗体文件名称的原因是，在一个工程文件中不可以有相同名称的窗体文件。

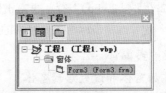

图2-3-5 "文件另存为"对话框　　　　图2-3-6 另外保存后的工程资源管理器

（4）单击"工程"→"添加窗体"菜单命令，调出"添加窗体"对话框。单击该对话框的"现存"选项卡，选择"【案例 3】在窗体中进行英文打字"文件夹内的窗体文件"Form1.frm"，此时的"添加窗体"对话框如图 2-3-7 所示。单击"打开"按钮将该窗体加载到当前的工程中。此时的"工程-工程 1"工程资源管理器如图 2-3-8 所示。

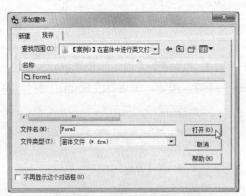

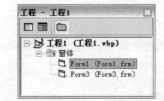

图2-3-7 "添加窗体"对话框　　　　图2-3-8 加载新窗体后的工程资源管理器

（5）按照上述第（2）、（3）操作步骤，修改窗体的名称为"Form2.frm"，将窗体文件以名称"Form2.frm"保存在"多窗体"文件夹内。此时的"工程-工程 1"工程资源管理器如图 2-3-9 所示。

（6）单击"工程"→"添加窗体"菜单命令，调出"添加窗体"对话框。单击该对话框的"现存"选项卡，选择"【案例 1】演示窗体状态"文件夹内的窗体文件"Form1.frm"，单击"打开"按钮，将该窗体文件打开，加载到当前的工程中。此时的"工程-工程 1"工程资源管理器如图 2-3-10 所示。然后，将窗体文件以名称"Form1.frm"保存在"多窗体"文件夹内。

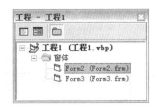

图2-3-9 修改窗体后的工程资源管理器　　　图2-3-10 加载两个新窗体后的工程资源管理器

（7）单击"文件"→"保存工程"菜单命令，将当前工程文件保存到"多窗体"文件夹中。至此已将三个案例的窗体文件都加载到同一个工程文件当中。

（8）单击"工程"→"工程1属性"菜单命令，调出"工程1-工程属性"对话框，再在"启动对象"下拉列表框中选择"Form2"选项，然后单击"确定"按钮。以后，单击标准工具栏内的"启动"按钮或者按F5键，即可运行新创建的"Form2"窗体程序。采用同样的方法还可以运行其他窗体程序，以检查各个窗体的程序是否能够正常运行。

　　如果在程序代码中使用了窗体对象名称，则要将程序代码中的"Form1"改为相应的新的窗体名称。

3．利用工程和窗体文件创建多窗体的工程

一个工程是各种类型文件的集合，它包括工程文件（Vbp）和窗体文件（Frm）等。工程文件存储了与该工程有关的所有文件和对象的清单，这些文件和对象自动链接到工程文件上。窗体文件存储了窗体上使用的所有控件对象、对象的属性、对象相应的事件过程及程序代码。工程文件和窗体文件实质是文本文件，可以使用Windows的记事本软件对它们进行显示和修改。

利用工程和窗体文件创建多窗体工程的方法如下：

（1）将要加载的窗体文件复制到工程文件所在的文件夹中（例如，"多窗体"文件夹）。如果要加载的窗体文件名称与工程文件所在的文件夹中的窗体文件有重名的，则在复制前，必须要对加载的窗体文件名进行修改（例如，将"Form1"改为"Form3"）。

（2）用记事本软件打开复制的窗体文件，如果该窗体文件中的窗体名称有与其他窗体文件（同一工程文件所在的文件夹中）的窗体名称重名的，需要修改窗体文件中的窗体名称（例如，将"Form1"改为"Form3"）。

（3）用记事本软件打开工程文件，在该文件的前面加入"Form=Form1.frm""Form=Form2.frm"和"Form=Form3.frm"命令，表示在该工程中加载了名称为"Form1.frm""Form2.frm"和"Form3.frm"的窗体文件。

案例5 输入商品信息

设计一个"输入商品信息"程序，该程序运行后的画面如图2-3-11（a）所示。单击"开始"按钮，调出"名称和生产商"窗体，用户在其中输入商品的名称和生产商，如图2-3-11（b）所示。然后单击"下一步"按钮，调出"单价和数量"窗体，用户在其中输入商品的单价和数量，如图2-3-11（c）所示。单击"上一步"按钮，可以返回"名称和生产商"窗口，单击"单价和数量"窗体内的"完成"按钮，可以结束程序的运行。该程序的设计方法如下：

图2-3-11 "输入商品信息"程序运行后的效果

（1）新建一个工程，然后在其窗体内，添加 2 个命令按钮控件对象。按照表 2-3-1 所示设置窗体和各个控件的属性。

表2-3-1 程序"输入商品信息"中窗体Form1及其各个控件的属性

对象名称	属性	属性值
Form1	Caption	输入商品信息
	StartUpPosition	2- 屏幕中心
	Height	2955
	Width	3615
Command1	Caption	开始
	Font	宋体、粗体、小四
Command2	Caption	退出
	Font	宋体、粗体、小四

（2）单击"工程"→"添加窗体"菜单命令添加一个新的"Form2"窗体,然后在其窗体中,添加 2 个标签控件对象、2 个文本框控件对象和 1 个命令按钮控件对象。按照表 2-3-2 所示设置窗体和各个控件的属性。

表2-3-2 程序"输入商品信息"中窗体Form2及其各个控件的属性

对象名称	属性	属性值
Form2	Caption	名称和生产商
	StartUpPosition	2- 屏幕中心
	Height	2955
	Width	3615
Label1	Caption	名称
	Font	宋体、粗体、小四
Label2	Caption	生产商
	Font	宋体、粗体、小四
Text1、Text2	Text	空值
	Font	宋体、粗体、小四
Command1	Caption	下一步
	Font	宋体、粗体、小四

（3）单击"工程"→"添加窗体"菜单命令再添加一个新的"Form3"窗体,然后在其窗体中,添加 2 个标签控件对象、2 个文本框控件对象和 2 个命令按钮控件对象。按照表 2-3-3 所示设置窗体和各个控件的属性。

表2-3-3 程序"输入商品信息"中窗体Form3及其各个控件的属性

对象名称	属 性	属 性 值
Form3	Caption	单价和数量
	StartUpPosition	2- 屏幕中心
	Height	2955
	Width	3615
Label1	Caption	单价
	Font	宋体、粗体、小四
Label2	Caption	数量
	Font	宋体、粗体、小四
Text1、Text2	Text	空值
	Font	宋体、粗体、小四
Command1	Caption	上一步
	Font	宋体、粗体、小四
Command2	Caption	完成
	Font	宋体、粗体、小四

（4）调出"Form1"窗体的"代码"窗口，输入如下程序代码。

```
Private Sub Command1_Click()

    Form2.Show

End Sub

Private Sub Command2_Click()

    End

End Sub
```

（5）调出"Form2"窗体的"代码"窗口，输入如下程序代码。

```
Private Sub Command1_Click()

    Form3.Show

End Sub
```

（6）调出"Form3"窗体的"代码"窗口，输入如下程序代码。

```
Private Sub Command1_Click()

    Form2.Show

End Sub

Private Sub Command2_Click()

    End

End Sub
```

（7）单击"文件"→"保存工程"菜单命令，将工程和窗体依次保存在"【案例5】输入商品信息"文件夹中。

案例6 展示3个窗体

"展示3个窗体"程序运行后的画面如图2-3-12所示。单击"窗体状态"按钮，可调出并运行【案例1】"演示窗体状态"程序。单击该程序右上角的"关闭"按钮，可回到图2-3-12

所示的画面。单击"窗体事件"按钮，可调出并运行【案例2】
"窗体事件"程序；单击"字母图形"按钮，可调出并运行【案
例4】"字母三角形"程序；单击"退出"按钮，即可退出程序
的运行。该程序的设计方法如下：

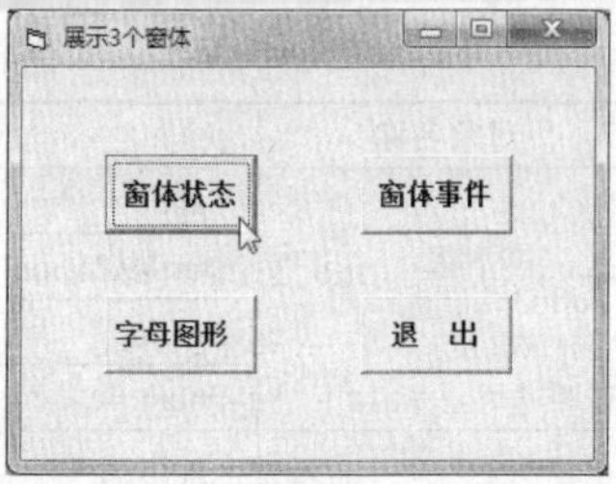

1. 方法1

（1）创建一个名为"【案例6】展示3个窗体"的文件夹。

（2）按照本节中所述"将不同工程中的窗体放在同一个工
程文件中"的方法，将3个窗体添加到"【案例6】展示3个窗
体"文件夹内的"工程1.vbp"工程文件中。其中，【案例1】的Form1.frm改为Form2.frm，【案
例2】的Form1.frm改为Form3.frm，【案例4】的Form1.frm改为Form4.frm。

图2-3-12　"展示3个窗体"程
序运行后的画面

（3）单击"工程"→"添加窗体"菜单命令，调出"添加窗体"对话框。选中"新建"选
项卡中的"窗体"选项，单击"打开"按钮，在原工程文件内新建一个"Form1"窗体（已有
了"Form2""Form3"和"Form4"三个窗体）。

（4）在"Form1"窗体中，添加4个命令按钮控件对象。按照表2-3-4所示设置窗体和各
个控件的属性。

表2-3-4　程序"展示3个窗体"中窗体、各个控件的属性

对象名称	属　性	属　性　值
Form1	Caption	展示3个窗体
	StartUpPosition	2-屏幕中心
Command1	Caption	窗体状态
	Font	宋体、粗体、五号
Command2	Caption	窗体事件
	Font	宋体、粗体、五号
Command3	Caption	字母图形
	Font	宋体、粗体、五号
Command4	Caption	退出
	Font	宋体、粗体、五号

（5）调出窗体"Form1"的"代码"窗口，输入如下程序代码。

```
Private Sub Command1_Click()
    Form2.Show
End Sub
Private Sub Command2_Click()
    Form3.Show
End Sub
Private Sub Command3_Click()
    Form4.Show
End Sub
Private Sub Command4_Click()
    End
End Sub
```

在上面的程序代码中,使用 Show 方法来调出各个案例的窗体。例如,当用户单击"窗体状态"按钮时,执行 Command1_Click() 过程,运行 Form2.Show 语句,也就是将窗体 Form2 显示出来并激活。

(6)单击"工程"→"工程 1 属性"菜单命令,调出"工程 1- 工程属性"对话框,再在"启动对象"下拉列表框中选择"Form1"选项,然后单击"确定"按钮。以后,单击标准工具栏内的"启动"按钮或者按 F5 键,即可运行新创建的"Form1"窗体程序。

2．方法 2

(1)将"【案例 1】演示窗体状态"文件夹内的窗体文件"Form1.frm"复制到"【案例 6】展示 3 个窗体"文件夹中,将名称改为"Form2.frm"。再将"【案例 2】窗体事件"文件夹内的窗体文件"Form1.frm"复制到"【案例 6】展示 3 个窗体"文件夹中,将名称改为"Form3.frm"。再将"【案例 4】字母三角形"文件夹内的窗体文件"Form1.frm"复制到"【案例 6】展示 3 个窗体"文件夹中,将名称改为"Form4.frm"。

(2)在记事本内,打开"Form2.frm"窗体文件,将其内的"Form1"改为"Form2";打开"Form3.frm"窗体文件,将其内的"Form1"改为"Form3";打开"Form4.frm"窗体文件,将其内的"Form1"改为"Form4"。

(3)在"【案例 6】展示 3 个窗体"文件夹中新建一个工程文件,"Form1"窗体程序的制作方法与方法 1 相同。

(4)按照前面所述方法,依次在工程文件内添加"Form2.frm""Form3.frm"和"Form4.frm"窗体文件。

(5)按照前面所述方法,设置启动的窗体文件为"Form1.frm"。另外,用记事本软件打开"工程 1.vbp"工程文件,将工程文件中的第 7 条命令改为"Startup="Form1"",如图 2-3-13 所示。然后保存"工程 1.vbp"工程文件。

(6)单击"文件"→"保存工程"菜单命令,将工程保存。

图2-3-13　用记事本打开程序的工程文件

思考与练习2-3

1．填空题

(1)单击"文件"→"_____"菜单命令,可以在同一个应用程序中创建一个新工程(工程 2)。

(2)在创建完工程后,单击"工程"→"_____"菜单命令,调出"_____"对话框,创建一个新窗体。

2．操作题

(1)修改【案例6】"展示3个窗体"程序,使窗体内增加1个按钮,单击这个按钮,可以调出【案例3】"在窗体内进行英文打字"程序窗口。

(2)设计一个有 2 个窗体的程序,双击窗体 1 时,显示窗体 2,隐藏窗体 1;双击窗体 2 时,显示窗体 1,隐藏窗体 2。

(3)参照【案例 5】程序的设计方法,设计一个具有 4 个窗体的程序,第 1 个窗体为启示窗口,其他窗体分别用来输入姓名和编码、工龄和年龄、基本工资和奖金。

第3章　Visual Basic 6.0基础知识

本章重点介绍 Label、TextBox、CommandButton、ScrollBar 和 Timer 等 5 个最常用的控件，"格式"菜单和"帮助"菜单的应用，如何在代码中设置文字与颜色属性，以及语句书写的规则和注解语句的作用。

3.1　2个常用控件和代码中设置文字与颜色属性

3.1.1　Label控件和TextBox控件

1. Label 控件

Label 控件用来创建用户界面中的标签，其主要作用是显示文本信息，但是，不可以作为信息的输入界面。Label 控件的显示内容只能够通过 Caption 属性来设置和获取，不能够直接编辑。

标签控件的属性有名称、Caption、Left、Top、Height、Width、BackColor、ForeColor、Visible 等等。这些属性的含义与窗体相似，不再重复说明，其他常用属性介绍如下：

（1）Alignment 属性：设置和获取标签内文字的对齐方式。其值为 0 时，文字左对齐；其值为 1 时，文字右对齐；其值为 2 时，文字居中对齐。

（2）AutoSize 属性：设置对象是否可以自动调整大小以显示其中所有的文字。其值为 True 时可自动调整大小；其值为 False 时不可自动调整大小，文字超出长度后会自动删除超出的部分。

（3）BackStyle 属性：设置和获取背景风格。其值为 0 时，标签对象透明，背景色不显示，显示其下边对象的颜色；其值为 1 时标签对象不透明，显示其背景色。

（4）BorderStyle 属性：设置和获取边框样式。其值为 0 时，标签对象周围没有边框；其值为 1 时，标签对象有单边框。

（5）Enabled 属性：设置对象是否允许操作，是否响应用户生成事件。其值为 True 时，可以操作并对用户的操作做出反应；其值为 False 时，禁止用户操作，对象呈灰色。

（6）WordWrap 属性：设置对象的显示区域在什么方向自动调整大小。当 AutoSize 的值为 True 时该属性才有效。其值为 True 时，在垂直方向自动改变大小；其值为 False 时，在水平方向自动改变大小。

2. TextBox 控件

TextBox 控件用来创建用户界面中的文本框，其主要作用是编辑文本。用户可以在该区域内输入、编辑、修改和显示文本内容。右击文本框内，弹出其快捷菜单，利用该菜单可进行文本的选取，复制或剪切到剪贴板和将剪贴板的内容粘贴到文本框内等操作。

文本框控件的基本属性与标签控件的基本属性基本一样，但没有 Caption 属性。其他常用属性介绍如下：

（1）Text 属性：设置和获取文本框中显示的内容。

（2）MaxLength 属性：设置和获取文本框中可以输入的字符的最大长度。其值为 0 表示任意长度；其值为非零的数字时表示可以输入文本的字符个数，一个汉字相当于一个字符。

（3）MultiLine 属性：设置控件是否可以接受多行文本。其值为 True 时，文本框中可以输入和显示多行文字，且可以自动换行，按 Ctrl+Enter 键可以插入空行；其值为 False 时，文本框中只显示单行文字。

（4）Locked 属性：设置文本是否可编辑。其值为 True 时，不可编辑，相当于标签；其值为 False 时，可编辑。

（5）PasswordChar 属性：设置文本框是否作为密码框。其值为字符类型，输入文字时会在文本框中显示其字符；当它为空串时，表示不作为密码框，输入的字符可见。

（6）ScrollBars 属性：设置文本框是否有滚动条。其值为 0 时无滚动条；其值为 1 时具有水平滚动条；其值为 2 时具有垂直滚动条；其值为 3 时具有水平和垂直滚动条。要使 ScrollBars 有效，MultiLine 属性应设置为 True，另外它不可在程序中赋值。

（7）SelStart 属性：设置和获取在文本框中选定文本的开始位置，第 1 个字符的位置为 0。

（8）SelLength 属性：设置和获取在文本框中选定文本的长度，即选定的字符个数。

（9）SelText 属性：在设置了 SelStart 和 SelLength 属性后，存放文本框中选定文本的内容。

 注　意

　　上面介绍的最后 3 个属性不可以在"属性"窗口内设置，只能在"代码"窗口内通过程序代码设置。

3.1.2　"格式"菜单和"帮助"菜单

"格式"菜单可以帮助编程员快速、准确地调整控件的位置；"帮助"菜单可以帮助编程员迅速了解某个方法、事件或者函数的用途。

1. "格式"菜单的使用方法

在图形用户界面设计中，要求画面简洁、整齐，所有的控件都要放置在适当的位置。例如，使窗体内的"确定"和"取消"两个按钮大小一样、位置对齐。"格式"主菜单的主要作用是设置窗体设计器中各个控件的对齐方式、大小、间距和顺序等。使用"格式"主菜单中的菜单命令可以快速、准确地调整控件的位置，从而提高编程的效率。

VB 6.0 还规定当对多个控件进行对齐方式、大小、间距和顺序等调整时，以最后一个被选中的控件为标准，并以控件四周正方形控制柄的颜色予以区别。例如，要将 3 个控件的大小调整为一样，可先将其中一个大小调整好，再选中其他两个控件，然后选中调整好的控件，最后使用"格式"主菜单中的相关命令来调整 3 个控件的大小。如果在选中所有控件后，不希望以最后一个控件为标准，则可以松开 Shift 键，然后单击所需的控件即可。"格式"主菜单的具体功能介绍如下：

（1）对齐控件：选中要对齐的所有控件，单击"格式"→"对齐"→"×××"菜单命令。其中 ××× 代表具体的对齐方式。例如，选中如图 3-1-1（a）所示的"确定"和"取消"两个按钮，单击"格式"→"对齐"→"底端对齐"菜单命令，效果如图 3-1-1（b）所示。

（2）居中：选中要居中的控件，然后单击"格式"→"在窗体中居中对齐"→"水平对齐"菜单命令，或单击"格式"→"在窗体中居中对齐"→"垂直对齐"菜单命令，可以使控件在水平方向或者垂直方向位于整个窗体的中间。

（3）统一尺寸：选中要大小一样的所有控件，然后单击"格式"→"使大小相同"→"×××"菜单命令。其中 ××× 代表具体的相同标准。例如，选中如图 3-1-2（a）所示的"确定"和"取消"两个按钮，然后单击"格式"→"统一尺寸"→"两者都相同"菜单命令，其效果如图 3-1-2（b）所示。

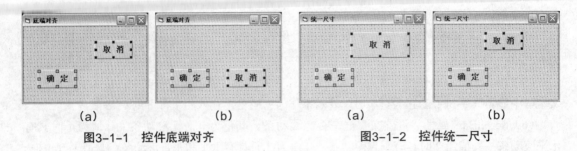

<table>
<tr><td>（a）</td><td>（b）</td><td>（a）</td><td>（b）</td></tr>
</table>

图3-1-1　控件底端对齐　　　　　图3-1-2　控件统一尺寸

（4）控件间距：调整控件间距包括调整控件的水平间距和垂直间距。选中调整间距的控件，然后单击"格式"→"水平间距"→"×××"菜单命令，或者单击"格式"→"垂直间距"→"×××"菜单命令。其中×××代表具体的相同标准。例如，选中如图3-1-3（a）所示的"是"、"否"和"取消"3个按钮，然后单击"格式"→"水平间距"→"相同间隔"菜单命令，其效果如图3-1-3（b）所示。

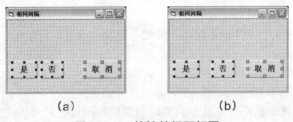

（a）　　　　　　　　　　（b）

图3-1-3　使控件间隔相同

（5）叠放层次：当多个控件有重叠的部分时，只有一个控件的重叠部分可以显示出来，其他控件的重叠部分被掩盖。如果要调整控件的叠放层次，可以选中要调整的控件，再单击"格式"→"顺序"→"置前"菜单命令或单击"格式"→"顺序"→"置后"菜单命令，可将该控件放置于顶层或者底层。例如，选中如图3-1-4（a）所示的"否"按钮，然后单击"格式"→"顺序"→"置后"菜单命令，其效果如图3-1-4（b）所示。

（6）锁定控件：当完成对窗体设计器中的控件的操作后，为了防止误操作改变其设置，可以将控件锁定，然后继续创建其他控件。单击"格式"→"锁定控件"菜单命令，可以锁定窗体内的控件，再次单击"格式"→"锁定控件"菜单命令，可以取消锁定。

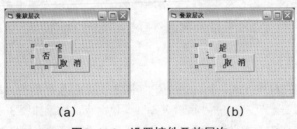

（a）　　　　　　　　　　（b）

图3-1-4　设置控件叠放层次

2. "帮助"菜单的使用方法

除了第1章介绍的MSDN之外，Microsoft还提供了"帮助"菜单。

（1）单击"帮助"→"内容"菜单命令，可以调出"MSDN Library Visual Studio 6.0"窗口。使用方法和第1章介绍的相同，这里不再重复叙述。

（2）单击"帮助"→"索引"菜单命令，可以调出"索引"窗口。在"索引"窗口中，所有的帮助信息按照其标题排序。用户可以在"键入要查找的关键字"文本框中键入要查找的内容，在下方的列表中会自动显示出相关的帮助信息，如图3-1-5所示。

（3）单击"帮助"→"搜索"菜单命令，调出"搜索"窗口。在"搜索"窗口的"输入要查找的单词"文本框中输入要查找的内容。然后，单击"列出主题"按钮，即可显示出查找到的帮助信息，如图3-1-6所示。

图3-1-5 "索引"窗口

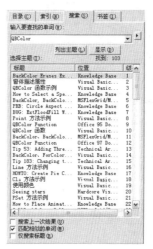

图3-1-6 "搜索"窗口

3.1.3 在代码中设置文字和颜色属性

1．设置文字的属性

在程序中用来设置文字外观的属性如下：

（1）FontName 属性：设置文字的字体，是字符型；

（2）FontSize 属性：设置文字的大小，是整型数值；

（3）FontBold 属性：设置文字是否为粗体，是逻辑型；

（4）FontItalic 属性：设置文字是否为斜体，是逻辑型；

（5）FontStrikethru 属性：设置文字是否加删除线，是逻辑型；

（6）FontUnderline 属性：设置文字是否带下画线，是逻辑型。

2．设置背景色与前景色

在程序中可以通过设置 BackColor 属性来设置对象的背景色，通过设置 ForeColor 属性来设置对象的前景色（文字颜色）。设置颜色的语句格式如下：

【格式 1】对象名称 .BackColor = Color

【格式 2】对象名称 .ForeColor = Color

其中，Color 是描述颜色的值，Color 可以有以下 4 种表示方法。

（1）&HBBGGRR 或者 &××××××

使用十六或十进制整数描述，十六进制数的左边应加字母 H。其中"××××××"是标准 RGB 颜色的十进制数，数值的取值范围 0（十六进制的 &H0）到 16 777 215（十六进制的 &HFFFFFF）。该数值范围内，从最低字节到最高字节依次决定红、绿和蓝的量。红、绿和蓝的成分，分别由一个介于 0 与 255（相当于十六进制的 &HFF）之间的数来表示。例如：

&H0 或 &00 表示黑色　　　　&HFFFFFF 表示白色　　　&H0000FF 表示红色

&HFF0000 表示蓝色　　　　　&H00FF00 表示绿色　　　&HFFFF00 表示黄色

&0256 表示深红色　　　　　　&060000 表示深绿色

（2）可以使用系统提供的描述颜色的常量。例如，vbRed 表示红色，vbGreen 表示绿色，vbBlue 表示蓝色，vbBlack 表示黑色，vbWhite 表示白色，vbYellow 表示黄色，vbCyan 表示青色，vbMagenta 表示紫红色。

（3）使用 RGB(r,g,b) 函数：RGB(r,g,b) 函数采用三原色原理，其中，r、g、b 的取值分别为 0 到 255 之间的整数。例如：

RGB(255,0,0) 表示红色　　　RGB(0,255,0) 表示绿色　　　RGB(0,0，255) 表示蓝色

RGB(255,255,0) 表示黄色　　RGB(255,0,255) 表示紫色　　RGB(0,255,255) 表示青色

RGB(0,0,0) 表示黑色　　　　RGB(255,255,255) 表示白色

（4）使用 QBColor(color) 函数，其中 color 参数的取值与颜色的关系如表 3-1-1 所示。例如，QBColor(1) 表示蓝色，QBColor(14) 表示亮黄色。

表3-1-1　color参数的取值、RGB值与颜色的关系

Color 值	RGB 值	颜　色	color 值	RGB 值	颜　色
0	0,0,0	黑色	8	128,128,128	灰色
1	0,0,128	蓝色	9	0,0,255	亮蓝色
2	0,128,0	绿色	10	0,255,0	亮绿色
3	0,128,128	青色	11	0,255,255	亮青色
4	128,0,0	红色	12	255,0,0	亮红色
5	128,0,128	洋红色	13	255,0,255	亮洋红色
6	128,128,0	黄色	14	255,255,0	亮黄色
7	192,192,192	白色	15	255,255,255	亮白色

案例7　变化的标语

设计一个"变化的标语"程序，该程序运行后，在窗体的标签中显示"圣诞快乐"和"Merry Christmas" 2 行文字。其中，第 1 行文字颜色为红色、宋体，第 2 行文字颜色为蓝色、楷体，如图 3-1-7（a）所示。单击窗体后，窗体内的 2 行文字分别改为"新年快乐"和"Happy New Year"，其中，第 1 行文字颜色为黄色，背景色为红色，第 2 行文字颜色为红色，背景色为绿色，如图 3-1-7（b）所示。该程序的设计方法如下：

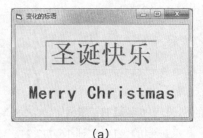 

（a）　　　　　　　　　（b）

图3-1-7　"变化的标语"程序运行后的2幅画面

（1）创建一个工程，参照图 3-1-7，为窗体 Form1 添加 2 个标签控件对象，标签对象的名字采用默认值。窗体和 2 个标签控件的属性设置如表 3-1-2 所示。

表3-1-2 "变化的标语"程序中窗体和2个标签控件的属性设置

对象名称	属 性	属 性 值
Form1	Caption	变化的标语
	StartUpPosition	2- 屏幕中心
Label1	Caption	圣诞快乐
	BorderStyle	1 – Fixed Single
	Font	宋体、粗体、小初
	Alignment	2 – Center
	ForeColor	红色
Label2	Caption	Merry Christmas
	AutoSize	True
	Font	楷体、粗体、一号
	Alignment	2 – Center
	ForeColor	蓝色
	WordWrap	False

（2）调出"代码"窗口，在其中输入如下程序代码。

```
Private Sub Form_Click()

    Label1.Caption = "新年快乐"

    Label1.ForeColor = RGB(255, 255, 0)

    Label1.BackColor = &HFF

    Label2.Caption = "Happy New Year"

    Label2.ForeColor = RGB(255, 0, 0)

    Label2.BackColor = &HFFFF00

End Sub
```

（3）将窗体文件保存在"【案例 7】变化的标语"文件夹中。

案例8 文字编辑器

设计一个"文字编辑器"程序，该程序运行后的画面如图 3-1-8（a）所示。单击"改变字体"按钮，文本框内的文字由宋体变成幼圆；单击"改变颜色"按钮，文本框内的文字颜色由黑色变成蓝色，如图 3-1-8（b）所示；单击"加粗文字"按钮，文本框内的文字被加粗；单击"倾斜文字"按钮，文本框内的文字倾斜，如图 3-1-8（c）所示。此外，用户还可以通过拖曳文本框的水平滚动条来查看全部文字内容。该程序的设计方法如下：

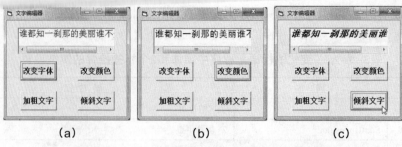

(a)　　　　　　　　　(b)　　　　　　　　　(c)

图3-1-8　"文字编辑器"程序运行后的3幅画面

（1）新建一个工程，然后在其窗体中，添加 1 个文本框控件对象和 4 个命令按钮控件对象。窗体和这 5 个控件的属性设置如表 3-1-3 所示。

表3-1-3　"文字编辑器"程序中窗体和5个控件的属性设置

对象名称	属　性	属　性　值
Form1	Caption	文字编辑器
	StartUpPosition	2- 屏幕中心
Text1	Text	谁都知一刹那的美丽谁不知
	Font	宋体、常规、四号
	MultiLine	True
	ScrollBars	1 – Horizontal
Command1	Caption	改变字体
	Font	宋体、粗体、小四
Command2	Caption	改变颜色
	Font	宋体、粗体、小四
Command3	Caption	加粗文字
	Font	宋体、粗体、小四
Command4	Caption	倾斜文字
	Font	宋体、粗体、小四

（2）调出"代码"窗口，在其内输入如下程序代码。

```
Private Sub Command1_Click()
Text1.FontName = "黑体"
End Sub
Private Sub Command2_Click()
Text1.ForeColor = QBColor(1)
End Sub
Private Sub Command3_Click()
Text1.FontBold = True
End Sub
Private Sub Command4_Click()
Text1.FontItalic = True
End Sub
```

（3）在上面的程序代码中，单击"改变字体"按钮产生事件，执行 Command1_Click() 过程，设置对象 Text1 的 FontName 属性值为 " 黑体 "，改变文本框中的文字字体为"黑体"；单击"改变颜色"按钮，执行 Command2_Click() 过程，设置对象 Text1 的 ForeColor 属性值为蓝色；单击"加粗文字"按钮，执行 Command3_Click() 过程，设置对象 Text1 的 FontBold 属性值为 True，文字字体加粗；单击"倾斜文字"按钮，执行 Command4_Click() 过程，设置对象 Text1 的 FontItalic 的属性值为 True，也就是文字字体倾斜。

思考与练习3-1

1. 填空题

（1）当 Label 控件的 _____ 属性值为 True 时 _____ 属性才有效。其值为 _____ 时，在垂直方向自动改变大小；其值为 _____ 时，在水平方向自动改变大小。

（2）_____ 属性值为 _____ 时，文本框中可以输入和显示多行文字，且可以自动换行，按 _____ 键可以插入空行；其值为 _____ 时，文本框中只显示单行文字。

（3）Locked 属性值为 True 时，文本框 _____；其值为 False 时，文本框 _____。

（4）_____ 属性用来设置文字的字体，是字符型；_____ 属性用来设置文字的大小，是整型数值；_____ 属性用来设置文字是否为粗体，是逻辑型。

2. 判断下面的话是否正确

（1）Label 控件的显示内容只能够通过 Caption 属性来设置和获取，不能够直接编辑。

（2）TextBox 控件也有 Caption 属性。

（3）SelLength 属性可以设置和获取在文本框中选定文本的长度，即选定的字符个数。

（4）&H000000 表示白色，&HFFFFFF 表示黑色。

3. 操作题

（1）设计一个程序，程序运行后，窗体内有 4 个命令按钮和 1 个标签控件，单击按钮，可以分别设置标签文字为红、绿、蓝、黄 4 种颜色，标签内的文字也随之变化。

（2）设计一个程序，程序运行后，窗体内中有 2 个按钮和 1 个标签控件，单击"放大"按钮，可使标签控件变大；单击"缩小"按钮，可使标签控件缩小。

3.2　3个常用控件和时间函数

在 Visual Basic 6.0 中，控件还可以根据它是否可视分为两类，一类是用来具体实现图形用户界面的可视的控件，例如，前面介绍的 Label 控件和 TextBox 控件，以及本节要介绍的 CommandButton（命令按钮）控件；另一种是不用于图形用户界面设计、非可视的控件，例如，本节要介绍的 Timer（时钟）控件。

3.2.1　CommandButton控件和ScrollBar控件

1. CommandButton 控件

CommandButton 控件用来创建用户界面中的命令按钮。命令按钮控件的属性有名称、Left、Top、Height、Width、BackColor、Visible、Enabled 等等。这些属性的含义在前面已经介绍过了，其他常用属性介绍如下：

（1）Caption 属性：设置按钮上的文字。如果在字母前加"&"，则程序运行时，按钮名称中该字母的下面会带有下画线，按 Alt+ 该字母键等同于单击该按钮。

（2）Default 属性：设置按钮是否为所在窗体的缺省按钮。其值为 True 时，按 Enter 键相当于单击该按钮。一个窗体中只能有一个命令按钮对象的 Default 属性设置为 True。

（3）Cancel 属性：设置命令按钮是否具有取消功能。当其值为 True 时，按 Esc 键相当于单击该按钮。一个窗体中只能有一个命令按钮对象的 Cancel 属性设置为 True。

（4）Value 属性：用来检查该按钮是否被按下。按下时其值为 True，否则为 False。该属性只用于程序代码中。

（5）Style 属性：设置和获取命令按钮的类型。该属性值为 0（默认值）时，按钮为标准型，按钮上只可以显示文字；该属性值为 1 时，按钮上可以显示图像和文字，可以更改颜色等。

（6）ToolTipText 属性：设置按钮的提示信息。当将鼠标指针移到该按钮之上时，会显示该属性的值，即按钮的提示信息。

2. ScrollBar 控件

ScrollBar（滚动条）控件主要用来滚动显示在屏幕上的内容，它可分为水平滚动条(HscrollBar) 和垂直滚动条 (VscrollBar)，二者只是滚动方向不同。滚动条控件通常与某些不支持滚动的控件配合使用，以根据需要对内容进行滚动。

ScrollBar（滚动条）控件的许多属性与前面介绍的控件属性一样。下面介绍其他一些常用的属性。

（1）Value 属性

【格式】滚动条对象名称 .Value [=number]

【功能】用来返回或设置滑块在滚动条中的位置，其取值为数值型数据。number 表示一个介于滚动条控件的 Min 属性和 Max 属性取值之间的整数，用来设置滑块在滚动条中的位置。当其取值等于 Min 属性值时，滑块位于水平滚动条的最左端或垂直滚动条的最上端；当其取值等于 Max 属性值时，滑块位于水平滚动条的最右端或垂直滚动条的最下端。

在设计时，设置 Value 属性的值主要用来设定程序运行后滑块的初始位置。在程序运行时，拖曳滑块或单击滚动条箭头等方法可以改变 Value 属性的值，以及获取 Value 的值。

（2）LargeChange 属性

【格式】滚动条对象名称 .LargeChange [=number]

【功能】用来设置用鼠标单击滚动条区域时，或按 PageUp 或 PageDown 键时，滚动条的 Value 值最大变化量。其取值 number 为数值型数据，默认值为 5。

（3）SmallChange 属性

【格式】滚动条对象名称 .SmallChange [=number]

【功能】设置用鼠标单击滚动条的左右箭头时，滚动条的 Value 值最小变化量。它的取值 number 为数值型数据，默认值为 1。

（4）Max 属性

【格式】滚动条对象名称 .Max [=number]

【功能】设置当滑块位于水平滚动条最右端或者垂直滚动条最下端时的值。其取值 number 为数值型数据。Number 的取值范围为 −32 768 ～ 32 767 之间的数值。

（5）Min 属性

【格式】滚动条对象名称 .Min [=number]

【功能】设置当滑块位于水平滚动条最左端或者垂直滚动条最上端时的值。其取值 number 为数值型数据。Number 的取值范围为 -32 768 ～ 32 767 的数值。

3．ScrollBar 的常用事件

ScrollBar 的事件有很多，例如，Click、DblClick、Scroll 和 Change 等。下面介绍最常用的 Scroll 和 Change 事件。注意在这两个事件中应避免使用 MsgBox 语句和函数。

（1）Scroll 事件：用鼠标拖曳滚动条的滑块时，此事件发生。在用鼠标拖曳滚动条的滑块时，滚动条的 Value 属性值随之立即变化。

（2）Change 事件：拖曳滑块后松开鼠标左键、单击滚动条或滚动箭头，使滑块重定位时，或通过代码改变滚动条的 Value 属性值时，该事件都会产生。所以在拖曳滚动条的滑块时，滚动条的 Value 属性值不变化，只有当松开鼠标左键后，滚动条的 Value 属性值才变化。Change 事件过程可协调在各控件间显示的数据或使它们同步。例如：可用一个滚动条的 Change 事件过程更新一个滚动条的 Value 属性值和在一个工作区里显示数据。

3.2.2　Timer控件和时间函数

1．Timer 控件

Timer 控件是非可视的控件，在程序运行时，它不会显示在窗体当中。Timer 控件的作用是按照一定的时间间隔触发计时事件（Timer），执行相应的程序。Timer 控件有名称、Enabled、Interval 等属性。它的事件只有一个 Timer 事件。

（1）Enabled 属性：当它的值为 True 时，时钟控件有效；当它的值为 False 时，时钟控件无效，停止计时。

（2）Interval 属性：它表示两个计时事件之间的时间间隔，其值以 ms（毫秒）为单位，1 s（秒）= 1 000 ms。取值范围为 0 ～ 64 767 ms，当其值为 0 时，时钟控件无效。

2．时间函数

（1）Time 函数：返回和设置当前系统时间，还可写成 Time$，显示格式是：小时：分钟：秒。Time 还可以作为语句，用来设置系统时间，设置格式为：小时：分钟：秒。例如：

```
MyTime = #4:35:17 PM#          '指定一时间，必须用符号#将时间括起来
Time = MyTime                  '将系统时间设置为 MyTime 的内容
```

或者

```
MyTime = #10:10:10  AM#        '指定一时间
Time = MyTime                  '将系统时间设置为MyTime的内容
```

（2）Date 函数：返回和设置当前系统日期，还可写成 Date$，显示格式是：年 - 月 - 日。Date 还可以作为语句，用来设置系统日期，设置格式为：月 / 日 / 年。例如：

```
MyDate = #1/1/2012#           '指定一个日期，必须用符号#将日期括起来
Date$ = MyDate                '将系统日期设置为 MyDate的内容
```

3.2.3　书写规则和注解语句

1．语句书写规则

（1）一行语句允许最多 255 个字符；

（2）在一行中可以书写多条语句，各条语句之间必须用冒号"："分隔；

（3）一行语句可分多行书写，在续行的前一行末尾加入一个空格和一个下画线。例如：

```
Text1.Text = Text1.Text + Text2.Text+ Text3.Text + Text4.Text _
Text5.Text + Text6.Text+ Text7.Text + Text8.Text
```

2．注解语句

注解语句与 VB 语言中的其他语句不同，其内容不会被程序执行，它只是用来帮助其他阅读或者使用该程序的人理解源程序代码的内容。注解语句中的内容是对整个程序或者个别语句的作用做出的解释。在程序代码中，注解语句为绿色。注解语句有以下两种形式。

（1）以命令 Rem 开头，其后跟着说明的文字。一般位于要解释的程序或者过程的前面。这种形式多用于解释整个程序代码的目的和某个方法的作用。关键字 Rem 和注解内容之间要有空格。

（2）以单引号 ' 开始，其后跟着说明的文字，一般位于要解释语句的结尾处。这种形式多用于解释声明变量的含义和语句的作用。例如：

```
PICButton.Enabled = True        '设置按钮有效
Dim numbers As Integer          '声明Integer类型变量numbers
```

案例9 变化的按钮

"变化的按钮"程序运行后，在窗体中显示一个具有图片的按钮和"拖动"与"停止"按钮，如图 3-2-1（a）所示。当鼠标指针移到图片按钮之上时按钮之上会显示"图片按钮"文字，单击按下图片按钮时，按钮上的图像会自动更换，如图 3-2-1（b）所示；单击"拖动"按钮后，可以将图片按钮拖动到窗体的任意位置，鼠标指针也变为十字双箭头状的移动指针样式，如图 3-2-1（c）所示；单击"停止"按钮后，图片按钮会变为无效，如图 3-2-1（d）所示。再单击"拖动"按钮后，图片按钮会变为有效，如图 3-2-1（a）所示。

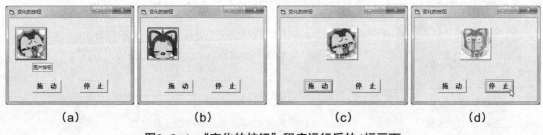

| (a) | (b) | (c) | (d) |

图3-2-1 "变化的按钮"程序运行后的4幅画面

1．创建窗体界面元素

（1）创建一个"标准 .exe"工程，在窗体上添加 3 个按钮（CommandButton）控件。各个控件的位置和大小参考图 3-2-1（a）进行调整。

（2）分别设置 3 个按钮控件的属性，如表 3-2-1 所示。在设置图片按钮 PICButton 的 Picture 属性时，可以单击按钮"属性"窗口内"Picture"属性栏，再单击其右边的 ▦ 按钮，调出"加载图片"对话框，选中程序所在文件夹中的"图片 1.jpg"文件，单击"打开"按钮，导入图片文件。按照相同的方法，设置 DisabledPicture 属性值为"图片 3.jpg"文件，当按钮无效时显示该图片；设置 DownPicture 属性值为"图片 2.jpg"文件，当按钮被按下时显示该图片。

表3-2-1　3个按钮控件的属性设置

对　象	属　性	属　性　值
Command1	名称	PICButton
	Picture	导入程序所在文件夹中的"图片1.jpg"文件
	ToolTipText	图片按钮
	DisabledPicture	导入程序所在文件夹中的"图片3.jpg"文件
	DownPicture	导入程序所在文件夹中的"图片2.jpg"文件
	Caption	空值
	Style	1-Grandard
Command2	名称	PICmove
	Caption	拖动
Command3	名称	PICstop
	Caption	停止

在这里，为各个按钮控件设置了"名称"属性，使控件名称与控件的实际用途相对应，方便了程序的编辑与维护。采用为控件取相应名称可以使程序的阅读与维护更为方便。

2. 程序代码编辑

在窗体的"代码"窗口输入以下程序代码。

```
Private Sub PICmove_Click()
    PICButton.Enabled = True          '设置按钮有效
    PICButton.DragMode = 1            '设置拖动模式为自动，可响应鼠标拖动事件
    PICButton.MousePointer = 15       '设置鼠标指针为移动指针样式
    PICButton.Caption = "走起！"       '改变按钮PICButton的标题
End Sub
Private Sub PICstop_Click()
    PICButton.Enabled = False         '设置按钮无效
    PICButton.DragMode = 0           '设置拖动模式为手动，不响应鼠标拖动事件
    PICButton.Caption = "休息！"       '改变按钮PICButton的标题
End Sub
Private Sub Form_DragDrop(SourcePB As Control, X As Single, Y As Single)
    PICButton.Top = Y - PICButton.Height / 2      '设置按钮对象的顶端位置
    PICButton.Left = X - PICButton.Width / 2      '设置按钮对象的左端位置
End Sub
```

该程序中的语句说明如下：

"PICButton.Enabled = True"语句用来设置 PICButton 图片按钮有效。

"PICButton.Enabled = False"语句用来设置 PICButton 图片按钮无效。

"PICButton.DragMode = 1"语句将 PICButton 图片按钮的 DragMode（拖动模式）设置为自动，允许用鼠标拖曳 PICButton 图片按钮。

"PICButton.MousePointer = 15"语句将 PICButton 图片按钮的 MousePointer（鼠标指针样式）属性设置为移动指针样式，这样，当鼠标指针在 PICButton 图片按钮之上时，就可以显示十字

双箭头状的（移动指针样式）鼠标指针。

"PICButton.Caption = " 走起！ ""语句将 PICButton 图片按钮的 Caption（标题）属性设置为"走起！"。"PICButton.Caption = " 休息！""语句设置 PICButton 图片按钮的 Caption（标题）属性为"休息！"。

"PICButton.DragMode = 0"语句设置 PICButton 图片按钮不能被拖动。

Form_DragDrop 事件在 PICButton 图片按钮被拖曳时产生，执行其下边的语句，将图片按钮移动到鼠标拖曳后的位置。语句中的 PICButton 可以改用其他名称。

案例10 电子钟

"电子钟"程序运行后，在窗体中显示一个不断随系统时间变化的电子钟，如图 3-2-2 所示。该程序的设计方法如下：

（1）参看图 3-2-2 创建 4 个对象。时钟控件对象的名字依次为"Timer1"，3 个标签控件对象的名字分别为"Label1""Label2"和"Label3"。时钟控件因为在程序运行时不可见，所以可将其添加在窗体的任意位置。不过，一般将时钟控件放置在窗体的边缘，尽量不影响编程员对其他控件的操作。

（2）Timer1 控件对象的 Interval 属性值设置为 1 000（即 1s），表示触发计时事件的时间间隔为 1 s；Enabled 属性值为 True，表示时钟对象计时有效。3 个标签控件的属性设置如表 3-2-2 所示。

（3）调出"代码"窗口，在其中输入如下程序代码。

图3-2-2 "电子钟"程序运行后的2幅画面

```
Rem 电子钟

Private Sub Timer1_Timer()

    Label2.Caption = Date$

    Label3.Caption = Time$

End Sub
```

程序说明：程序运行后，每 1000 ms 也就是 1 s，执行一次 Timer1_Timer() 过程，改变对象 Label2 的 Caption 属性值为当前系统时间，从而达到电子钟的效果。

表3-2-2 "电子钟"程序中窗体和3个标签控件的属性设置

对象名称	属 性	属 性 值
Form1	Caption	电子钟
Label1	Caption	北 京 时 间
	BackStyle	0 – Transparent
	Font	幼圆、粗体、二号
	ForeColor	蓝色
	Alignment	2 – Center
Label2、Label3	Caption	空值
	Font	宋体、粗体、三号
	BackColor	绿色
	BorderStyle	1 – Fixed Single
	Alignment	2 – Center

（4）将工程和窗体文件保存在"【案例 10】电子钟"文件夹中。

案例11 会移动的电子钟1

"会移动的电子钟1"程序运行后，在窗体中显示一个不断随系统时间变化的电子钟。向左拖曳滚动条上的滑块、单击滚动条左边的按钮或滑槽，可以水平向左移动电子钟，如图3-2-3（a）所示。向右拖曳滚动条上的滑块、单击滚动条右边的按钮或滑槽，可以水平向右移动电子钟，如图3-2-3（b）所示。该程序的设计方法如下：

（1）新建一个工程，然后在其窗体中添加1个Label标签控件对象、1个时钟控件对象，用来制作电子钟。参考【案例10】和图3-2-3自行设置这两个控件的属性。

（2）再添加一个滚动条控件对象，其属性值的设置如表3-2-3所示。

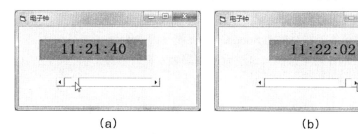

（a） （b）

图3-2-3 "会移动的电子钟1"程序运行后的2幅画面

表3-2-3 "会移动的电子钟1"程序中窗体和各个控件的属性设置

对象名称	属 性	属 性 值
Form1	Caption	电子钟
	StartUpPosition	2- 屏幕中心
Label1	Left	1000
HScroll1	LargeChange	100
	SmallChange	

（3）调出"代码"窗口，在其内输入如下程序代码。

```
Private Sub Form_Activate()

    HScroll1.Max = 500           '设置滚动条HScroll1的最大属性值为500

    HScroll1.Min = -500          '设置滚动条HScroll1的最小属性值为-500

    HScroll1.Value = 0           '设置滚动条HScroll1的初始位置为中央

End Sub

Rem 移动电子钟

Private Sub HScroll1_Change()

Label1.Left = 1000 + HScroll1.Value

End Sub

Rem 电子钟

Private Sub Timer1_Timer()

    Label1.Caption = Time$
```

```
End Sub
```

（4）在上面的代码中，Label1.Left = 1000 + HScroll1.Value 语句用来移动电子钟，其中 1000 是标签的起始位置，HScroll1.Value 是滚动条当前的位置。HScroll1.Value 的值为负数时标签向左移动，为正数时标签向右移动。

（5）将工程和窗体文件保存在"【案例 11】会移动的电子钟 1"文件夹中。

思考与练习3-2

1. 填空题

（1）在 Visual Basic 中，图形用户界面的控件可以分为 _____ 和 _____ 两种。

（2）ScrollBars 滚动条控件对象的 SmallChange 属性的功能是 _____。

（3）_____ 控件的作用是按照一定的时间间隔触发计时事件，执行相应的程序。

2. 判断下面的话是否正确

（1）当 CommandButton 控件的 Value 属性值为 True 时，表示按钮被按下了。该属性只用于程序代码中。   （   ）

（2）Date 函数的功能是返回当前系统日期，也可以设置当前系统日期。（   ）

3. 操作题

（1）修改【案例 9】"变化的按钮"程序，更换按钮 3 种状态的图像。

（2）修改【案例 10】"电子钟"程序，使该程序运行后，起始日期为 2012 年 12 月 21 日，起始时间为下午 3 点 34 分 14 秒。

（3）修改【案例 11】"会移动的电子钟 1"程序，使该程序运行后，在调整电子钟位置时可以显示其当前位置的坐标。

（4）设计一个"文字移动"程序，该程序运行后的画面如图 3-2-4 所示，单击"向左移动"按钮，可使"文字移动"文字向左移动 10 Twip；单击"向右移动"按钮，可使"文字移动"文字向右移动 10 Twip；单击"向下移动"按钮，可使"文字移动"文字向下移动 10 Twip；单击"向上移动"按钮，可使"文字移动"文字向上移动 10 Twip；单击"退出"按钮，可退出程序运行。

图3-2-4 "文字移动"程序运行后的2幅画面

第4章 变量、常量和表达式

本章重点介绍数据类型、表达式、标准函数、变量和常量等知识，以及最常用的编程语句命令。

4.1 数据类型、变量和常量

本节主要介绍数据的类型及其应用、创建和使用变量和常量的方法，以及命名规则。

4.1.1 数据类型

科学家最初编写计算机程序的目的是为了操作计算机处理大量的数据。因此，在编写程序过程中，一定会使用很多数据。但是现实生活中的数据多种多样，很难统一处理。为了解决这个难题，VB 语言把数据分类，再依据各种类型数据的特点做出相应的处理。

数据（Data）是描述客观事物的数、字符和所有能输入到计算机并被计算机程序处理的符号的集合。在 VB 6.0 中，每一个数据都属于一种特定的数据类型，不同的数据类型，所占的存储空间不一样，表示和处理的方法也不一样，这就需要进行数据类型的说明或定义。VB 6.0 的数据类型可分为标准数据类型和用户自定义数据类型两大类。标准数据类型又称为基本数据类型，它是由 VB 6.0 直接提供给用户的数据类型，用户不用定义就可以直接使用；用户自定义数据类型是由用户在程序中以标准数据类型为基础，并按照一定的语法规则创建的数据类型，它必须先定义，然后才能在程序中使用。Visual Basic 6.0 的标准数据类型如表 4-1-1 所示。

表4-1-1 Visual Basic 6.0的标准数据类型

数据类型	关键字	类型符	字节数	范 围
字节型	Byte	无	1	0 ～ 255
整型	Integer	%	2	−32 768 ～ 32 767，小数部分四舍五入
长整型	Long	&	4	−2 147 463 648 ～ 2 147 463 647，小数部分四舍五入
单精度型	Single	!	4	负数：−3.402 823E38 ～ −1.401 298E−45 正数：1.401 298E−45 ～ 3.402 823E38
双精度型	Double	#	8	负数：−1.797 693 134 862 32D308 ～ −4.940 656 458 412 47D−324 正数：4.940 656 458 412 47D−324 ～ 1.797 693 134 862 32D308
逻辑型	Boolean	无	2	True 与 False
货币型	Currency	@	8	−922 337 203 685 477.580 8 ～ 922 337 203 685 477.580 7
日期型	Date	无	8	100.1.1 ～ 9999.12.31
变长字符型	String	$	字符串长	0 ～约 20 亿字节，1 字节 / 字符
定长字符型	String*size	$	字符串长度 size	1 ～ 65 535 字节（64KB）
对象型	Object	无	4	可供任何对象引用
变体型（数值）	Variant	无	16	任何数值，最大可达 Double 的范围
变体型（字符）	Variant	无	字符串长	与变长度字符串有相同的范围

1. 数值型数据

在 Visual Basic 6.0 语言中，数值型数据是指能够进行加、减、乘、除、整除、乘方和取模

（Mod）等算术运算的数据，它包括整数类型和实数类型数据。

（1）整数类型：数据类型又分为字节型、整型和长整型3种数据类型，它们的运算速度快、精确，但可表示数的范围小。默认的初值为0。

◎ 字节型（Byte）：它除了可以保存数字之外，其最主要的用途是保存声音、图象和动画等二进制数据，以便与其他 DLL 或 OLEAutomation 对象联系。

◎ 整型（Integer）：它由数字和正负符号组成，不带小数点，正数可以不要正号。可以在数据后面加尾符"%"来表示整型数据。例如，123、-456、78%。

◎ 长整型（Long）：它也由数字和正负符号组成，数值中不可以有逗号分割符。可以在数据后面加尾符"&"表示长整型数据。例如，12345、-67890、12&。

整数类型的数据不但可以用十进制数来描述，而且还可以用十六进制数或八进制数来表示。用十六进制数表示时，以 &H 为引导，其后的数据位数为 1～4 位（整型数据）或 1～6 位（长整型数据），对于长整型数据还要以 & 结尾，例如，&HFFFF、&HAF、&HFFFFFFFF& 等。

用八进制数表示时，以 &O 或 & 为引导，其数据范围为 &0～&177777（整型数据）或 &0～&37777777777&（长整型数据），对于长整型数据还要以 & 结尾，例如，&O388888888&。

（2）实数类型：实数类型又分为单精度（Single）实型、双精度（Double）实型和货币（Currency）类型 3 种。对于单精度实型和双精度实型数据，在 VB 中都有两种表示方法：定点表示法和浮点表示法。

◎ 定点表示法：是日常生活中普遍采用的计数方法。在这种表示方法中，小数点的位置是固定的，此种方法书写比较简单，适合表示那些大小比较适中的数。

单精度实型数据最多可表示 7 位有效数字，精确度为 6 位，可在数据后面加感叹号"!"号，例如，123!、1234.56!。双精度实型数据最多可表示 15 位有效数字，精确度为 14 位，可在数据的后面加"#"号，例如，3456.78#。

◎ 浮点表示法：当一个数特别大或者特别小的时候，如果仍然采用定点表示法，那么数码就会变得很长，既不便于书写和输入，又容易出错，这时可以将该数用科学计数法表示。例如，1.689×10^{-3} 和 -65.589×10^{16}。由于在计算机中无法输入上标，所以 VB 中用一个大写英文字母（单精度实型数用字母 E，双精度实型数用字母 D）表示底数 10。例如，上边的两个数可表示为 1.689E-3 和 -65.589D16。

可见，浮点数由三部分组成：尾数部分、字母 E 或 D、指数部分。尾数部分既可以是整数，也可以是小数，正号可省略；指数部分是带正负号的不超过 3 位数的整数，正号可省略。

在这种表示方法中小数点的位置是不固定的，但是在输入时，无论将小数点放在何处，VB 都会自动将它转化成尾数的整数部分为 1 位有效数字形式（即小数点在最高有效位的后面）。这种形式的浮点数称为规格化的浮点数。

（3）货币类型：它是精确的定点实数类型，用于货币计算。它的整数部分最多有 15 位，小数部分最多有 4 位，可在数据后面加尾符"@"表示货币类型数据，例如，123.25@、67.7345@。

2．字符串型数据

字符串是由双引号括起来的一串基本字符集中的字符（不含双引号、回车符和换行符）序列。字符串中可以包含汉字，一个汉字是一个字符，同样占两个字节的存储空间。例如，"AB CD"、"计算机"、"#%^#$"。如果一个字符串不包含任何字符，则称该字符串为空字符串，简称空串。

默认的初值为空串。在 VB 6.0 中，字符串型数据可分为变长字符串和定长字符串两种。

（1）变长字符串型：它的长度是可以变化的，在计算机中为变长字符串分配的存储空间也是随着字符串的实际长度的变化而变化的，变长字符串最多可容纳大约 20 亿个字符，一般所用的字符串数据大多属于这一类。

（2）定长字符串型：它的长度是固定不变的，在计算机中为定长字符串分配的存储空间也是固定不变的，而不管字符串的实际长度是多少。定长字符串最多可容纳 64K 字符。例如，下面的语句声明两个字符串变量，声明的定长字符串变量 SN2，若赋予的字符少于 30 个，则右部补空格；若赋予的字符超过 30 个，则多余部分截去。

```
Dim SN1 As String
Dim SN2 As String*30
```

3. 逻辑（布尔）型数据

逻辑类型（也称为布尔类型）数据只有两个值：真（True、Yes 或 On）和假（False、No、Off），分别表示成立和不成立，其默认的初值为 False。逻辑类型数据常作为程序的转向条件，以控制程序的流程。当逻辑型数据转换成整型数据时，True 转换为 −1，False 转换为 0；当将其他类型数据转换成逻辑数据时，非 0 数转换为 True，0 转换为 False。

4. 日期型数据

日期型数据除了可以表示日期之外，还可以表示时间。表示的日期范围为 100 年 1 月 1 日到 9999 年 12 月 31 日，时间范围为 0:00:00 到 23:59:59。时间默认初值为 00:00:00。日期型数据的表示方法有两种，一种是一般表示法，另一种是序号表示法。

（1）一般表示法：它是用一对"#"号将日期和时间前后括起来的表示方法。例如，#Jan 8、1981#、#11 Nov#、#2008-8-8 8:8:8PM#、#6/10/98 12:11:45PM# 等。在日期类型的数据中，不论将年、月、日按照何种排列顺序输入、日期之间的分隔符用的是空格还是"−"号、月份用数字还是用英文单词表示，系统会自动将其转换成由数字表示的"月／日／年"的格式。如果日期型数据不包括时间，则 VB 6.0 会自动将该数据的时间部分设定为午夜 0 点（一天的开始）。如果日期型数据不包括日期，则 VB 6.0 会自动将该数据的日期部分设定为公元 1899 年 12 月 30 日。

（2）序号表示法：用来表示日期的序号是双精度实数，VB 6.0 会自动将其解释为日期和时间，其中，序号的整数部分表示日期，小数部分表示时间。午夜为 0，正午为 0.5。

在 VB 6.0 中，用于计算日期的基准日期为公元 1899 年 12 月 31 日，负数表示在此之前的日期，正数表示在此之后的日期。例如：1.5 表示 1899 年 12 月 31 日中午 12 点，−5.3 表示 1899 年 12 月 25 日上午 7 点 12 分。

可以对日期型数据进行运算。通过加减一个整数来增加或减少天数；通过加减一个分数或小数来增加或减少时间。例如，加 10 就是加 10 天，而减掉 1/24 就是减去 1 小时。

5. 对象数据类型

对象变量通过 4 个字节地址来存储，该地址指向应用程序中的一个对象。可以用 Set 语句指定一个被声明的对象变量去引用应用程序所识别的任何实际对象。默认的初值为 Nothing（无指向）。

6. 变体数据类型

变体数据类型是一种特殊的数据类型，它具有数据处理的智能性，可以根据程序上下文的需要，自定义为一种相应的数据类型，包括上述的数值型、日期型、对象型、字符型的数据。所有未定义的变量的缺省数据类型都是变体数据类型。

此外，它还可以包含以下 4 种特殊的数据：

（1）Empty（空）：表示未指定确定的数据；

（2）Null（无效）：表示数据不合法、未知数据或丢失的数据；

（3）Error（出错）：指出过程中出现了一个错误的状态；

（4）Nothing（无指向）：表示数据还没有指向一个具体对象。

要检测变体型变量中保存的数值究竟是什么类型，可以用 VarType 函数进行检测，它的预定义常数、返回值与数据类型的关系如表 4-1-2 所示。例如，VarType（698）返回值为 2，表示为整型；VarType（"北京欢迎你"）返回值为 8，表示为字符型。

表4-1-2　VarType函数的返回值与数据类型的关系

预定义常数	返 回 值	数据类型
vbEmpty	0	空（Empty）
vbNull	1	无效（Null）
vbInteger	2	整型（Integer）
vbLong	3	长整型（Long）
vbSingle	4	单精度型（Single）
vbDouble	5	双精度型（Double）
vbCurrency	6	货币型（Currency）
vbDate	7	日期型（Date）
vbString	8	字符型（String）
vbObject	9	OLE 自动化对象（OLEAutomation Object）
vbError	10	错误（Error）
vbBoolean	11	布尔型（Boolean）
vbVariant	12	变体数组（Variant）
vbDataObject	13	非 OLE 自动化对象（Non-OLEAutomation Object）
vbByte	17	字节型（Byte）
vbArray	8192	数组（Array）

7. 用户自定义数据类型

用户自定义数据类型由若干个标准数据类型组成，类似于 C 语言中的结构类型、Pascal 语言中的记录类型。自定义类型通过 Type 语句来实现。关于用户自定义数据类型将在以后的章节中作详细介绍。

4.1.2　变量

所谓变量就是内存中的一小块空间，它用来存储数据。可以将数据保存在其中，也可以从其中读取该数据。内存中可以有许多个这样的小块空间，为了以示区别，使用不同的名字来给它们命名，这个名字就叫变量名。变量中的数据可以是编程者赋予的，也可以是程序运行过程中，临时存储的运算中间结果。变量中保存的数据可以随时改变，但是一个变量在同一时间中通常只可以保存一个有效数据。

1. 变量的声明

通常，必须对变量先进行声明，再使用变量。变量声明就是将变量的名称和数据类型事先通知给应用程序，又称变量定义。在 VB 中可以使用如下几种方法进行变量的声明。

（1）隐式声明：隐式声明就是在使用一个变量之前并不专门声明这个变量而直接使用。例如，ST1=567、ANl=" 计算机 " 等，即在给变量 ST1 和 ANl 赋值的同时，自动声明了变量，而在赋值前并没有对变量 ST1 和 ANl 进行声明。

隐式声明的变量属于变体（Variant）数据类型变量。采用隐式声明的变量，会在输入变量名称发生错误时，而使应用程序运行结果产生错误，而且这种错误不易被发现，系统也不会有错误提示信息。

（2）用 Dim 语句声明变量。用 Dim 语句声明变量的格式如下：

Dim 变量名 [As 类型关键字]

其作用是将变量名指定的变量定义为由类型关键字指明的变量类型。其中，类型可使用表 4-1-1 中所列出的类型关键字或用户自定义的类型名。方括号 "[]" 内的部分表示该部分可以缺省。如果缺省 [AS 类型关键字] 部分，则所创建的变量默认为变体类型。

在使用 Dim 语句时，要注意以下几个方面。

◎ 一条 Dim 语句可同时声明多个不同类型的变量，但每个变量必须有自己的类型关键字。例如，下面第一条语句声明了整型变量 AN1 与单精度型变量 AN2，第二条语句声明了变体型变量 PT1 与双精度型变量 n1。

```
Dim AN1 As Integer, AN2 As Single

Dim PT1, n1 As Double
```

◎ 一条 Dim 语句可以同时声明多个相同类型的变量，每个变量都要有 [AS 类型关键字] 部分，如果缺省则所创建的变量默认为变体类型，变量之间必须用逗号分隔。例如，下面的语句声明了 3 个整型变量。

```
Dim N1 As Integer, N2 As Integer, N3 As Integer
```

注 意

上面的声明语句不可以写成 Dim N1,N2,N3 AS Integer，因为本意是将变量 N1、N2、N3 同时声明为 Integer 类型，而实际上变量 N1 和 N2 的声明类型是变体型。

◎ 对于字符串变量，根据其字符串长度是否固定，其声明的方法有两种：

Dim 字符串变量名 AS String

Dim 字符串变量名 AS String* 字符数

前一种方法声明的字符串将是不定长的字符串；后一种方法可声明定长的字符串，存放的最多字符个数由其中的字符数给出。

例如，下面的语句声明了一个长度为 50 个字符的字符串变量 AB1。

```
Dim AB1 As String*50
```

（3）用类型符直接声明变量。用类型符直接声明变量的格式如下：

变量名 + 类型符

例如，Dim intsum%，intsum1! 语句与声明变量 intsum 和 intsum1 的语句 Dim intsum As Integer, intsum1 As Single 效果是一样的。

n1% 声明了一个整型变量，Ln1& 声明了一个长整型变量，n1! 声明了一个单精度型变量，Dn1# 声明了一个双精度型变量，Cn1@ 声明了一个货币型变量，SS1$ 声明了一个字符型变量。

注 意

变量名与类型符之间没有空格，类型符参看表 4-1-1。

在声明变量时，根据声明变量语句位置的不同，可以分为局部变量和模块变量两种。所谓局部变量是指在过程内部声明的变量，其只可以在该过程内部使用。所谓模块变量是指在任何过程外、程序代码内声明的变量，其可以在代码内的任何位置被使用。

变量的"生存期"是指变量可供使用的那段时间。用 Dim 语句声明的局部变量只在其过程正在执行期间存在。当过程终止时，过程内的所有局部变量都将消失。但是，只要应用程序仍在运行，模块变量就会保留它们的值。

2. 强制显式声明变量

用 Dim 语句声明变量和用类型符直接声明变量都属于显式声明变量。显式声明变量可以有效地降低因写错变量名而引起的麻烦。为了避免因写错变量名而引起的麻烦，可以规定，只要使用一个变量，就必须先进行变量的显式声明；遇到一个未经显式声明的变量名，Visual Basic 6.0 就会自动显示 Variable not defined 警告信息。为此，需要在程序代码的最前面加入下面这条语句。

```
Option Explicit
```

此外，还可以单击"工具"→"选项"命令，调出"选项"对话框，单击"编辑器"选项卡，再选中"要求变量声明"复选框。这样就会在以后新增的任何程序代码中自动插入 Option Explicit 语句。但这种方法不会在已经编写的程序代码中自动插入上面的语句。

3. 变体型变量

如果在变量声明时没有说明变量的数据类型，则该变量的数据类型将被默认为变体型变量。变体型变量可以在不同场合代表不同的数据类型，能够存储所有系统已声明的标准类型的数据，所以变体（Variant）型变量可以使程序设计人员不必在数据类型之间进行转换，Visual Basic 系统会自动完成各种必要的数据类型转换。

使用变体型变量，对于初学者来说是非常方便的。但是，使用变体型变量同时也会带来变量占用的存储空间大、应用程序运行速度慢、变量名用错后不易查找等缺点。所以，如果要想提高应用程序的运行速度、易于查找程序的错误，就要避免使用变体型变量。

4. 命名规则

在 VB 6.0 语言中，在命名常量、变量、过程和自定义函数名称时，必须遵循以下规则。

（1）以字母或汉字开头，字母不区分大小写。

（2）不可以包含嵌入的句号或类型声明字符，不可以和 VB 中系统使用的关键字同名。

（3）不可以超过 255 个字符，对象、类和模块的名称不可以超过 40 个字符，一个汉字相当于一个字符。

（4）VB 系统以第一次声明的名称为准，以后输入的名称自动向首次声明的名称转换。

5. 赋值语句

在声明变量后，必须给变量赋值才可以使用变量。一般使用赋值语句给变量赋值，其格式为：

[Let] 变量名 = 表达式

其作用是计算表达式的值，再将其值赋给赋值号"="左边的变量。将表达式的值赋给变量后，变量的原值将被表达式的值所替代。Let 关键字可以省略，表达式的类型应与变量的类型一致（变体型变量除外）。当同为数值型，但精度不一样时，强制转换为变量的精度。

赋值号与等号同为"="，但它们的含义完全不一样，VB 6.0 系统会根据"="在语句中的位置，自动判断它是赋值号还是等号。例如，N=A=2 语句中，左起第一个"="是赋值号，其他的"="是等号。如果变量 A 的值是 2，则变量 N 的值是 True。

4.1.3 常量

如果一个存储空间中的数据在程序运行过程中一直都没有发生改变，则称这种空间为常量，常量的名字称为常量名。在 Visual Basic 6.0 中，常量可分为直接常量和符号常量两种。

1. 直接常量

直接常量就是在程序中，以直接明显的形式给出数据本身的数值。根据常量的数据类型，直接常量有数值常量、字符串常量、逻辑常量和日期常量。例如，123、45.78、6.8E-3、" 北京欢迎您 "、False 和 #2012-8-8 6:18:26# 等。

2. 符号常量

有时候，直接常量的数码比较长，多次重复输入时，即费事又很容易出错。另外，某一直接常量在程序代码中多次重复出现时，如果要改变此直接常量的值，就需要改动程序代码中的许多地方，既麻烦又很容易遗漏。这时可以用一个容易理解和记忆的符号来表示该常量，在程序中，凡出现该常量的地方，都用此符号代替。这样不但易于输入，还便于理解此常量的含义，如要想改变某一常量的值时，也只需改变程序中声明该符号常量的一条语句就可以了，即方便又不易出错。这种常量就称为符号常量。符号常量又可分为标准符号常量和自定义符号常量。

（1）标准符号常量：它是 VB 6.0 系统提供的应用程序和控件的系统定义的常量，它们可与对象、属性和方法一起在应用程序中使用。单击"视图"→"对象浏览器"菜单命令，调出"对象浏览器"对话框，如图 4-1-1 所示。可在"对象浏览器"中查看标准符号常量。

其中，在"工程 / 库"下拉列表框（左上角第一个下拉列表框）中选择 VB、VBA 或 VBRUN 等选项，即选择了相应的对象库，然后在"类"列表框中选择组名称，即可在其右边的"成员"列表框中列出相应的标准符号常量、属性和方法名称。单击选中一个名称后，在"对象浏览器"窗口底部的文本框中，会显示它的功能。

图4-1-1 "对象浏览器"窗口

通过使用标准符号常量，可使程序变得易于阅读和编写。同时，标准符号常量值在 VB 更高版本中可能还要改变，标准符号常量的使用也可使程序保持兼容性。例如，窗体对象的 WindowsState 属性可接受的标准符号常量有 vbNormal（正常）、vbMaximized（极小化）和 vbMaximized（最大化）。

（2）自定义符号常量：它是由程序设计人员按照规定的语法规则在编写程序时命名的。它必须先定义，然后才能在程序的代码中使用。在定义自定义符号常量时，常量的名称最好应具有一定的含义，以便于理解和记忆。自定义符号常量的定义格式如下：

[Public|Private] Const 常量名 [类型符 |As 类型关键字]= 表达式

其作用是先计算赋值号右边表达式的值，然后将此值赋给左边的符号常量。其中，表达式可以是数值型、字符串型、逻辑型或日期型表达式，但在表达式中不能出现变量和函数运算，也不能出现用户自定义类型数据。虽然在定义符号常量的表达式中可以出现其他已经定义的符号常量，但应注意在两个或两个以上的常量之间不能出现循环定义。另外，需要特别指出的是，用 Const 语句定义的符号常量虽然名字与变量名很相似，但它与变量有着本质的区别，不能给已定义的符号常量再赋值。例如，下面的程序代码用来求圆面积。

```
Private Sub Form_Activate()
```

```
Const PI As Single = 3.1415926
Area1 = PI*6*6
Print Area1
```
End Sub

此程序在窗体的 Activate 事件中首先声明了一个表示圆周率的常量 PI（单精度型），再计算半径为 6 的圆的面积 Area1，然后显示圆面积的值。

此外，和变量声明一样，常量也有使用范围，也遵从与变量使用范围相似的规则，这一点将在以后介绍。

案例12 词组互换

设计一个"词组互换"程序，该程序运行后，在两个文本框中分别输入不同的文字，如图 4-1-2（a）所示。单击"互换"按钮，左边文本框中的文字与右边文本框中的文字会互换，如图 4-1-2（b）所示。

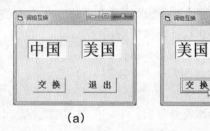

图4-1-2 "词组互换"程序，运行后的2幅画面

数据交换是计算机编程中最基本的操作之一，很多复杂的程序都是通过数据交换来实现的，例如，将一组无序的数字按从大到小（或从小到大）的顺序输出。因为变量只能保存最新的数据，之前的数据会丢失，所以需要使用一个新的变量来临时保存某个变量的值。该程序的设计方法如下：

（1）新建一个工程，然后在其窗体中，添加 2 个文本框控件对象和 2 个命令按钮控件对象。按照表 4-1-3 所示设置窗体和各个控件的属性。

表4-1-3 程序"词组互换"中窗体、各个控件的属性

对象名称	属 性	属 性 值
Form1	Caption	词组互换
	StartUpPosition	2- 屏幕中心
Text1、Text2	Text	空值
	Font	宋体、粗体、二号
	ForeColor	蓝色
Command1	Caption	交换
	Font	宋体、粗体、四号
Command2	Caption	退出
	Font	宋体、粗体、四号

（2）调出"代码"窗口，在其中输入如下程序代码。

```
Private Sub Command1_Click()
Dim temp As String              '变量temp来临时保存控件lblNum1中的数字
temp = Text1.Text               '将控件Text1中的词组赋给temp
```

```
Text1.Text = Text2.Text          '将控件Text2中的词组赋给Text1
Text2.Text = temp                '将变量temp中的词组赋给Text2
End Sub
Private Sub Command2_Click()
End
End Sub
```

（3）在上面的语句中，声明了 1 个 String 类型变量 temp。因为控件的属性值只能是最新的数据，之前的数据会丢失，所以在进行数据交换时，要使用变量 temp 来临时保存 Text1 原有的 Text 属性值。执行完 temp = Text1.Text 语句后，变量 temp 和 Text1 的 Text 属性值一样，都是 " 中国 "。执行完 Text1.Text = Text2.Text 语句后，对象 Text1 和对象 Text2 的 Text 属性值一样都是 " 美国 "，变量 temp 的值依旧是 " 中国 "。执行完 Text2.Text = temp 语句后，Text2 的 Text 属性值为 " 中国 "，Text1 的 Text 属性值为 " 美国 "，完成数据的交换。

（4）将工程和窗体保存在"【案例 12】词组互换"文件夹中。

思考与练习4-1

1．填空题

（1）VB 的数据类型可分为 ＿＿＿＿ 类型和 ＿＿＿＿ 类型两大类。

（2）VB 中数据类型的名称以 ＿＿＿＿ 或 ＿＿＿＿ 开头，变量名称不可以超过 ＿＿＿＿ 个字符，对象名称不可以超过 ＿＿＿＿ 个字符。一个汉字相当于 ＿＿＿＿ 个字符。

（3）如果没有声明变量的数据类型，则该变量将被默认为是 ＿＿＿＿ 类型。

（4）所谓 ＿＿＿＿ 就是内存中的一小块空间，它用来存储一个数据。如果一个存储空间中的数据在程序运行过程中一直都没有发生改变，则称这种空间为 ＿＿＿＿。

2．操作题

（1）参照【案例 12】"词组交换"程序的设计方法，设计一个程序，该程序运行后，在窗体内显示变量 a、b、c 和 d 的值和一个"互换"按钮，单击"互换"按钮后，可以将变量 a、b、c 和 d 的值依次互换（也就是变量 a 中保存变量 b 的值，变量 b 中保存变量 c 的值，变量 c 保存变量 d 的值，变量 d 保存变量 a 的值），并在窗体内将 4 个变量的新值显示出来。

（2）设计一个程序，声明 1 个整型变量、1 个浮点型变量、1 个字符型变量和 1 个字符串型变量，然后给这 4 个变量赋值，最后显示这几个变量的值。

4.2 标准函数和表达式

函数（Function）是一些特殊的语句或程序段，每一种函数都可以进行一种具体的运算。在程序中，只要给出函数名和相应的参数就可以使用它们，并可得到一个函数值。

Visual Basic 6.0 表达式是用运算符和圆括号将常量、变量和函数按照一定的语法规则连接而成的有一定意义的式子。一个独立的常量、变量或函数也可以看成一个简单的表达式。

4.2.1 标准函数

在 Visual Basic 6.0 中，函数可分为标准函数和用户自定义函数两大类。此处只介绍标准函数。标准函数也叫内部函数或预定义函数，它是由 Visual Basic 6.0 语言直接提供的函数。标准函数按其功能来划分有数学函数、字符串函数、日期和时间函数、转换函数、判断函数、输入函数、消息（输出）函数和格式输出函数等。

1. 数学函数

数学函数的函数名、函数值类型和函数功能如表4-2-1所示。

表4-2-1　数　学　函　数

函 数 名	函数值类型	功　　能	举　　例
Abs(N)	同 N 的类型	求 N 的绝对值	Abs(4.5) = 4.5，Abs(−10) = 10
Sgn(N)	Integer	N>0，则其值为1；N=0，则其值为0；如果 N<0，则其值为 −1	Sgn(+123)=1，Sgn(−456)=−1，Sgn(0)=0
Sqr(N)	Double	求 N 的算术平方根，N>=0	Sqr(81)=9，Sqr(400)=20
Exp(N)	Double	求自然常数 e（约 2.718 282）的幂	Exp(2)=7.38905609893065
Log(N)	Double	求 N 的自然对数值，N>0	Log(2)=0. 693147180559945
Sin(N)	Double	求 N 的正弦值	Sin(0)=0
Cos(N)	Double	求 N 的余弦值	Cos(0)=1
Tan(N)	Double	求 N 的正切值	Tan(0)=0
Atn(N)	Double	求 N 的反正切值	Atn(1)=0.785398163397448
Int(N)	Integer	求不大于 N 的最大整数	Int(6.9)=6，Int(−6.9)=−7
Fix(N)	Integer	将 N 的小数部分截去，求其整数部分	Fix(6.9)=6，Fix(−6.9)=−6
Rnd[(N)]	Single	求 [0, N) 之间的一个随机数，N>=0	Rnd(1)、Rnd

下面，对表中的函数进行补充说明。

（1）表中的 N 表示是数值表达式；

（2）在三角函数中，自变量的单位是弧度；

（3）自然对数是以自然常数 e 为底的对数，在数学上写为 Ln。假如要求以任意数 n 为底，以数值 X 为真数的对数值，可使用换底公式：

LognX=Ln(X)/Ln(n)

如求以 10 为底，X 的常用对数为：LgX=Ln(X)/Ln(10)。

在将数学代数式写为 Visual Basic 6.0 表达式时，须将 Ln 改写为 Log。

（4）Rnd(N) 函数随机产生一个 0~N 之间的数，即产生一个包括 0，不包括 N 的随机数。无参数 N 时产生一个 0~1 之间的随机小数，即包括 0 不包括 1 的随机数。例如，Rnd(100) 表示产生一个 0~100 之间的随机数，不包括 100。

> **注　意**
>
> 在使用 Rnd() 函数之前必须要添加一条无参数的随机种语句：Randomize()，利用它来初始化随机数发生器。

（5）取整函数 Fix(N) 和 Int(N) 的作用都是返回数字的整数部分。它们的区别在于如果参数 N 为负数，则函数 Fix(N) 返回大于或等于 N 的第一个负整数，而函数 Int(N) 则返回小于或等于 N 的第一个负整数。例如，Fix(-4.7)=-4，Int(-4.7)=-5。

综合使用上面 Rnd 函数、Fix 函数和 Int 函数，可以产生 n~m 范围（包括整数 n 和 m）内的随机整数，方法如下：

Fix(Rnd*(m+1−n))+n

Int(Rnd*(m+1−n))+n

例如，产生两位数随机整数的式子如下：

Fix(Rnd*90)+10 或 Int(Rnd*90))+10

2. 字符串函数

字符串函数的函数名（可以省略 $ 符号）、函数值类型和函数功能如表 4-2-2 所示。

表4-2-2 字符串函数

函 数 名	函数值类型	功 能	举 例
Asc(C)	Integer	求字符串中第一个字符的 ASCII 码	Asc("ABC")=65 Asc("") 会产生错误
Chr$(N)	String	求以 N 为 ASCII 码的字符	Chr(66)="B"
Str$(N)	String	将 N 转换为字符串，如果 N>0，则返回的字符串中包含一个前导空格	Str$(-12345)="-12345" Str(12345)=" 12345"
Val(C)	Double	将 C 中的数字字符转换成数值型数据	Val("12345abc")=12345 遇到第 1 个非数字的字符时，停止转换
Len(C)	Long	求字符串 C 中包含的字符个数	Len("Abab 字符串 4")=8
Ucase$(C)	String	将字符串 C 中的小写英文字母转换成大写英文字母	Ucase("Basic")="BASIC"
Lcase$(C)	String	将字符串 C 中的大写英文字母转换成小写英文字母	Ucase("Basic")="basic"
Space$(N)	String	产生 N 个空格的字符串	Len(Space(5))=5
String$(N,C)	String	产生 N 个由 C 指定的第 1 个字符组成的字符串，C 可以是 ASCII 码数	String(5,"BASIC")="BBBBB" String(5,66)="BBBBB"
Left(C,N)	String	从字符串 C 左边截取 N 个字符	Left$("BASIC",3)="BAS"
Right$(C，N)	String	从字符串 C 的最右边开始，截取 N 个字符	Right$("BASIC",3)="SIC"
Mid$(C,N1 [,N2])	String	从字符串 C 中 N1 指定的起始处开始，截取 N2 个字符	Mid("BASIC",2,3)="ASI" Mid("BASIC",2)="ASIC"
Ltrim$(C)	String	删除字符串 C 的前导空格	Ltrim(" BASIC")="BASIC"
Rtrim$(C)	String	删除字符串 C 的尾部空格	Ltrim(" BASIC ")=" BASIC
Trim$(C)	String	删除字符串 C 中的前导和尾部空格	Ltrim(" BASIC ")="BASIC"
StrComp(C1,C2[,N])	Integer	比较字符串 C1 和字符串 C2 的大小，N 是比较类型，取值 0、1 或 2	StrComp("ABC","abc",1)=0 StrComp("ABC","abc",0)=-1 StrComp("abc ","ABC ",0)=1
InStr([N1,]C1,C2[,N2])	Integer	在字符串 C1 中，从 N1 开始到 N2 位置，开始找 C2，省略 N1 时从 C1 头开始找，省略 N2 时找到 C1 尾止。找不到时，函数值为 0	InStr(2,"ABCDE","C",4)=3 InStr(2,"ABCDEF","CDE")=3 InStr("ABCDEFGH","CDE")=3 InStr("ABCDEFGH","XY")=0

下面，对表中的函数进行补充说明。

（1）表中的 C 表示是字符串表达式，表中的 N 表示是数值表达式。

（2）对于数值函数 Val(C)，逗号 "," 和美元符号 "$"，都不能被识别；空格、制表符和换行符都将从参数中去掉；当遇到字母 E 或 D 时，将其按单精度或双精度实型浮点数处理。

（3）LenB(C) 函数与 Len(C) 函数功能相近，只不过 LenB 函数求的是字符串的字节数，而不是字符串中字符的个数。例如，LenB("ABCabc123")=18，LenB("字符串")=6。

（4）对于产生字符串函数 String$(N,C)，其中，C 参数可以为任何有效的数值表达式或字符串表达式，如果为数值表达式，则表示组成字符串的字符的 ASCII 码；如果为字符串表达式，则其第一个字符将用于产生字符串。

（5）对于字符串左截函数 Left(C,N)，N 参数为数值表达式，其值指出函数值中包含多少个字串，如果其值为 0，则函数值是长度为零的字符串（即空串）；如果其值大于或等于字符串 C 中的字符数，则函数值为整个字符串。

LeftB 函数与 Left 函数功能相近，只不过 LeftB 函数求的是字符串的字节数，而不是字符串中字符的个数。LeftB("ABCDE",8) = "ABCD"。

（6）对于字符串右截取函数 Right(C,N)，N 参数为数值表达式，其值指出函数值中包含多少个字符。如果其值为 0，则函数值为空串；如果其值大于或等于字符串 C 中的字符个数，则函数值为整个字符串。

RightB 函数与 Right 函数功能相近，只不过 RightB 函数求的是字符串的字节数，而不是字符串中字符的个数。例如，RightB("ABCDEFGHIJK",4) = "K"。

（7）N1 是数值表达式，其值表示开始截取字符的起始位置。如果该数值超过字符串 C 中的字符数，则函数值为空串。N2 是数值表达式，其值表示要截取的字符数。如果省略该参数，则函数值将包含字符串 C 中从起始位置到字符串末尾的所有字符。

MidB 函数与 Mid 函数功能相近，只不过 MidB 函数求的是字符串的字节数，而不是字符串中字符的个数。例如，MidB("ABCDEFG",7,6) = "DEF"。

（8）因为将一字符串赋值给一定长字符串变量时，如字符串变量的长度大于字符串的长度，则用空格填充该字符串变量尾部多余的部分，所以在处理定长字符串变量时，删除空格的 Ltrim 和 Rtrim 函数是非常有用的。

（9）对于字符串比较函数 StrComp(C1,C2[,N])，N 是指定字符串的比较类型。比较类型可以是 0、1 或 2，若比较类型为 0，则执行二进制比较，此时英文字母区分大小写；若比较类型为 1，则执行文本比较，此时英文字母不区分大小写；若比较类型为 2，则是执行基于数据库信息的比较，仅对 Microsoft Access 起作用。若省略该参数，则默认比较类型为 0。

当字符串 C1 小于字符串 C2 时，函数值为 –1；当字符串 C1 等于字符串 C2 时，函数值为 0；当字符串 C1 大于字符串 C2 时，函数值为 1。

3．日期和时间函数

日期和时间函数的函数名、函数值类型和函数功能如表 4-2-3 所示。针对表中的举例，设当前的系统时间为 2012 年 10 月 11 日下午 4 点 20 分 30 秒。

表4-2-3　日期和时间函数

函 数 名	函数值类型	功　能	举　例
Now	Date	返回当前系统日期和系统时间	Print Now 结果为 2012-10-11 16:20:30
Date$ 或 Date()	Date	返回当前的系统日期	Print Date 后的结果为：2012-10-11
Time$ 或 Time()	Date	返回当前的系统时间	Print Time 后的结果为：16:20:30
DateSerial(年，月，日)	Integer	相对 1899 年 12 月 30 日（为 0）返回一个天数值。其中的年、月、日参数为数值型表达式	Print DateSerial(2012,8,1) - DateSerial(2012,1,1) 值为：213
DateValue(C)	Integer	相对 1899 年 12 月 30 日（为 0）返回天数值，参数 C 为字符型表达式	Print DateValue("2012,8,01") - DateValue("2012,1,01") 值为：213
Year(D)	Integer	返回日期 D 的年份，D 可以是任何能够表示日期的数值、字符串表达式或它们的组合。其中，参数为天数时，函数值为相对 1899 年 12 月 30 日后的指定天数的年号，其取值为 1753～2078	Print Year(Date) 的结果为：2012 Print Year(365) 后的结果为：1900 1899 年 12 月 30 日后的 365 天是 1900 年
Month(D)	Integer	返回日期 D 的月份，函数值为 1～12 之间整数	Print Month(Date) 的结果为：10

函 数 名	函数值类型	功 能	举 例
Day(D)	Integer	返回日期 D 的日数，函数值为 1～31 之间的整数	Print Day(Date) 的结果为：11
WeekDay(D)	Integer	返回日期 D 是星期几，函数值与星期的对应关系如表 4-2-4 所示	Print WeekDay(Date) 的结果为：7
Hour(T)	Integer	返回时间参数中的小时数，函数值为 0～23 之间整数	Print Hour(Now) 的结果为：16
Minute(T)	Integer	返回时间参数中的分钟数，函数值为 0～59 之间整数	Print Minute(Now) 的结果为：20
Second(T)	Integer	返回时间参数中的秒数，函数值为 0～59 之间的整数	Print Second(Now) 的结果为：30
DateAdd(时间单位 , 时间 ,D)	Date	返回参考日期 D 加上一段时间 T 之后的日期，时间单位为一个字符串，表示所要加上的时间的单位，取值及含义如表 4-2-5 所示	Print DateAdd("m",2,Date) 的结果为：2012-12-11 Print DateAdd("q",1,Date) 的结果为：2013-1-11
DatcDiff(时间单位 , D1, D2)	Long	返回两个指定日期 D1 和 D2 之间的间隔时间。如果日期 D1 比 D2 早，则函数值为正数，否则函数值为负数。时间单位，同 DateAdd 函数的时间单位参数	Print DateDiff ("m", #10/11/2012#, #10/11/2011#) 的结果为：-12 Print DateDiff("m", #10/11/2011#, #10/11/2012#) 的结果为：12
IsDate(参数)	Boolean	判断参数是否可以转换成日期，参数可以是任何类型的有效表达式。可转化则函数值为 True，否则为 False	Print IsDate(2012-10-11) 的结果为 False Print IsDate("2012-10-11") 的结果为 True

下面，对表中的函数进行补充说明。

（1）在表 4-2-3 中，日期参数 D 是任何能够表示为日期的数值型表达式、字符串型表达式或它们的组合。时间参数 T 是任何能够表示为时间的数值型表达式、字符串型表达式或它们的组合。

当参数 D 是数值型表达式时，其值表示相对于 1899 年 12 月 30 日前后天数，负数是 1899 年 12 月 30 日以前，正数是 1899 年 12 月 30 日以后。

（2）星期函数 Weekday(D) 的函数值与星期的对应关系如表 4-2-4 所示。

表4-2-4 星期函数Weekday(D)的函数值与星期的对应关系

函 数 值	星 期	函 数 值	星 期	函 数 值	星 期	函 数 值	星 期
1	星期日	2	星期一	3	星期二	4	星期三
5	星期四	6	星期五	7	星期六		

（3）对于函数 DateAdd(时间单位 , 时间 ,D)，其时间单位为一个字符串，表示所要加上的时间单位，其取值及含义如表 4-2-5 所示；时间参数可以是数值型表达式，表示所要加上的时间；其函数值可以是正数（得到未来的日期），也可以是负数（得到过去的日期）。如果 T 参数值包含小数点，则在计算时先四舍五入，再求函数值。

表4-2-5 DateAdd函数中的时间单位参数取值及含义

单 位	yyyy	q	m	d	y	w	ww	h	n	s
含 义	年	季	月	日	一年天数	一周天数	周	时	分	秒

4. 转换函数

转换函数可将一种类型的数据转换成另一种类型的数据。常见的转换函数的函数名和函数值的类型如表 4-2-6 所示。

表4-2-6 转 换 函 数

函 数 名	函数值类型	函 数 名	函数值类型
CBool	Boolean（布尔型）	CInt	Integer（整型）
CByte	Byte（字节型）	CLng	Long（长整型）
CCur	Currency（货币型）	CSng	Single（单精度型）
CDate	Date（日期型）	CVar	Variant（变体型）
CDbl	Double（双精度型）	CStr	String（字符型）
Hex[$](N)	十进制数转换为十六进制数	Oct[$](N)	十进制数转换为八进制数

下面，对表中的函数进行补充说明。

（1）参数可以是任何类型的表达式，究竟是哪种类型的表达式，需根据具体函数而定。

（2）如果转换之后的函数值超过其数据类型的范围，将发生错误。

（3）当参数为数值型，且其小数部分恰好为 0.5 时，CInt 和 CLng 函数会将它转换为最接近的偶数值。例如，CInt(0.5) 的函数值为 0，CInt(1.5) 的函数值为 2，CInt(2.5) 的函数值为 2。

（4）当将一个数值型数据转换为日期型数据时，其整数部分将转换为日期，小数部分将转换为时间。其整数部分数值表示相对于 1899 年 12 月 30 日前后天数，负数是 1899 年 12 月 30 日以前，正数是 1899 年 12 月 30 日以后。例如，Cdate(30.5) 的函数值为 1900-1-29 12:00:00，Cdate(-30.25) 的函数值为 1899-11-30 6:00:00。

5．判断函数

（1）IsNumeric(N) 函数用来判断参数 N 的值是否为数值型。

其中，参数可以是任何有效的表达式，函数值为 Boolean 型。如果表达式的值为数值型，则函数值为 True，否则函数值为 False。

例如，下面的语句创建两个变量 N1 和 N2，其 IsNumeric(N1) 的值为 True，IsNumeric(N2) 的值为 False。

```
Dim N1 AS Variant, N2 AS Variant
N1=10
N2="ABCD你好"
```

（2）VarType(N) 函数用来求参数 N 的类型。

参数 N 可以是任何有效的表达式，表达式中包含除用户自定义数据类型的变量之外的任何其他类型的变量。函数值为整型数值，函数值与数据类型的对应关系如表 4-1-2 所示。例如，下面的语句创建两个变量 N1 和 N2，其 VarType(N1) 的值为 2，VarType(N2) 的值为 5。

```
Dim N1, N2
N1=18: N2=9.6
```

（3）TypeName(N) 函数用来求参数 N 的类型。

其中，参数 N 可以是任何有效的表达式，表达式中可以包含除用户自定义数据类型变量之外的任何其他类型变量。函数值为一个字符串，说明表达式的类型、函数值与数据类型的对应关系如表 4-2-6 所示。例如，下面的语句创建两个变量 N1 和 N2，其 TypeName(N1) 的值为 "Integer"，TypeName(N2) 的值为 "Double"。

```
Dim N1, N2
N1=18: N2=9.6
```

6. 输入和消息函数

（1）输入函数 InputBox() 用来在应用程序的运行过程中，创建一个对话框，用户可以输入一个数值，然后将该数值以字符串型数据返回，其格式为：

InputBox(prompt，title][[,default][，xpos，ypos])

参数 prompt 是一个字符串，用来提示用户输入什么内容，可以显示多行文字，但必须在每行文字的末尾加回车符 Chr(13) 和换行符 Chr(10)。参数 title 是一个字符串，显示对话框标题栏中的标题，是可选项，省略此参数时，则将工程名作为标题。参数 default 用来设置对话框的输入文本框中显示的默认值。参数 xpos 和参数 ypos 用来设置对话框（左上角）在屏幕上出现的位置。如果省略此参数，则对话出现在屏幕的中央。屏幕左上角为原点。输入函数一般出现在赋值号的右边，用来给赋值号左边的变量赋值。

例如，下面的语句在窗体的 Activate() 事件中利用对话框输入数据，运行该程序，此时屏幕显示如图 4-2-1 所示。

```
Private Sub Form_Activate()
  Dim STR1, STR2 As String
  STR1 = "请输入您的身份证号码！" + Chr(13) + Chr(10) + "再单击"确定"按钮或按回车键！"
  STR2 = InputBox(STR1, "身份证号码", "1101047710110822")
  Print STR2
End Sub
```

图4-2-1　"身份证号码"对话框

由图 4-2-1 可以看出，该对话框中的输入提示信息是"请输入您的身份证号码！"和"再单击"确定"按钮或按回车键！"，标题栏内的标题是"身份证号码"，文本框内的默认值是"1101047710110822"。在文本框内输入"1101044711010821"文字后，单击"确定"按钮或按Enter 键，即可关闭"输入"对话框，同时将输入的"1101044711010821"文字赋给字符型变量STR2；再执行 Print STR2 语句，在窗体中显示"1101044711010821"文字。如果不输入任何内容，直接单击"确定"按钮或按回车键，则将默认的文字"1101047710110822"赋给字符型变量 STR2。单击"取消"按钮，则不给变量 STR1 赋值。

（2）消息函数 MsgBox() 用来在应用程序的运行过程中，创建一个对话框显示提示信息，等待用户单击按钮，并返回一个整型数值，告诉应用程序用户单击的是哪一个按钮，其格式如下：

MsgBox(prompt[,buttons][,title])

参数 prompt 和 title 的作用与 InputBox 函数的参数相同。参数 buttons 为可选项，它是一个数值型表达式，表示在对话框中显示的按钮的数目、形式、图标样式和缺省按钮以及等待模式等信息，如表 4-2-7 所示。在此表格的每组值中取一个数字相加，即可生成此参数值。如果省略此参数，则默认为 0。

表4-2-7　按钮参数的取值及其含义

类　型	按 钮 值	解　　释
按钮	0	在"消息"对话框中显示"确定"按钮
	1	在"消息"对话框中显示"确定"和"取消"按钮
	2	在"消息"对话框中显示"终止（A）"、重试（R）"和"忽略（I）"按钮
	3	在"消息"对话框中显示"是（Y）"、"否（N）"和"取消"按钮
	4	在"消息"对话框中显示"是（Y）"和"否（N）"按钮
	5	在"消息"对话框中显示"重试（R）"和"取消"按钮
图标	16	在"消息"对话框中显示"X"图标
	32	在"消息"对话框中显示"?"图标
	48	在"消息"对话框中显示"!"图标
	64	在"消息"对话框中显示"I"图标
默认按钮	0	在"消息"对话框中第1个按钮是缺省值
	256	在"消息"对话框中第2个按钮是缺省值
	512	在"消息"对话框中第3个按钮是缺省值
等待模式	0	应用程序暂停运行，直到用户对"消息"对话框作出响应才继续执行下面的程序
	4 096	全部应用程序都被挂起，直到用户对消息框作出响应才执行下面程序

　　例如，如果对话框内显示"是（Y）"、"否（N）"和"取消"按钮，同时显示"!"图标，则按钮参数的取值应为3+48=51；如果对话框内显示"重试（R）"和"取消"按钮，同时显示"?"图标，则按钮参数的取值应为5+32=37。

　　当单击对话框中的某个按钮后，返回一个整型数值。按钮和数值的对应关系如表4-2-8所示。如果对话框内显示Cancel按钮，则按Esc键和单击Cancel按钮的效果一样。

表4-2-8　消息函数的函数值及其含义

函 数 值	含　义	函 数 值	含　义
1	OK（确定）	5	Ignore（忽略）
2	Cancel（取消）	6	Yes（是）
3	Abort（终止）	7	No（否）
4	Retry（重试）		

　　例如，在窗体的Activate()事件中，输入如下程序代码。运行该程序，屏幕显示如图4-2-2所示。可以看出，对话框中的提示信息是"确定是否继续运行程序！"，标题栏内的标题是"是否继续运行程序"，按钮有"是(Y)"、"否(N)"和"取消"。单击"是(Y)"按钮或按Enter键，可关闭"消息"对话框，同时将按钮值赋给变量N1；执行Print N1语句，在窗体中显示按钮值6。单击"否(N)"按钮，则显示按钮值为7。单击"取消"按钮，则显示按钮值为2。

图4-2-2　"是否继续运行程序"对话框

```
Private Sub Form_Activate()
  Dim N1 As Integer
  N1 = MsgBox("确定是否继续运行程序!", 3, "是否继续运行程序")
  Print N1
End Sub
```

7. 格式输出函数 Format

该函数可以使数值、日期或字符串按指定格式输出，常用于Print方法中。格式如下：

Format(expression[, format])

其中，参数 expression 是要格式化的数值、日期和字符串类型数值。参数 format 是表示输出表达式值时所采用的输出格式，格式名要用双引号括起来。

（1）数值格式化：它是将数值型表达式的值按参数 format 指定的格式输出。有关参数 format 及其应用举例如表 4-2-9 所示。

表4-2-9 数值格式化的参数format及其作用

符 号	作 用	数值表达式	参数 format	显示结果
0	实际数字小于符号位数时，数字前后加 0	1234.567	"00000.0000"	01234.5670
		1234.567	"000.0"	1234.6
#	实际数字小于符号位数时，数字前后不加 0	1234.567	"#####.####"	1234.567
		1234.567	"###.#"	1234.6
.	加小数点	12345	"00000.00"	12345.00
,	千分位	1234.567	"##,##0.0000"	1,234.5670
%	数值乘以 100，加百分号	1234.567	"####.##%"	12345.67%
$	在数字前强加 "$" 号	1234.567	"$####.#"	$1234.6
+	在数字前强加 "+" 号	1234.567	"+####.#"	+1234.6
1	在数字前强加 "-" 号	-1234.567	"-####.#"	-1234.6
E+	用指数表示	0.1234	"0.00E+00"	1.23E-01
E-	用指数表示	1234.567	".00E-00"	12E04

 注 意

对于符号 0 与 #，若要显示的数值表达式的整数部分位数多于参数 format 的位数，则按实际数值显示，若小数部分的位数多于参数 format 的位数，则四舍五入显示。

例如，下面的程序代码用来验证数值格式化输出，其运行结果如图 4-2-3 所示。

```
Option Explicit

Private Sub Form_Load()

Dim num As Single

num = 123.456

Print Format(num, "00000.00000")

Print Format(num, "00.00")

Print Format(num, "######.#####")

Print Format(num, "##.##")

Print Format(num, "##,##0.00000")

Print Format(num, "####.##%")

Print Format(num, "$###.##")

Print Format(num, "+#####.##")

Print Format(num, "-####.###")

Print Format(num, "0.00E+00")
```

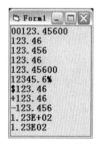

图4-2-3 数值格式化
输出验证程序运行结果

```
Print Format(num, "0.00E-00")

End Sub
```

（2）日期和时间格式化：它是将日期型表达式或数值型表达式的值转换为日期、时间的序数值，并按参数 format 指定的格式输出。有关参数 format 及其应用举例如表 4-2-10 所示。其中，分钟的格式化符号 m、mm 与月份的格式化符号相同，区分的方法是：跟在 h、hh 后的为分钟，否则为月份。非格式化符号 -、/、: 等照原样显示。

表4-2-10　日期和时间格式化的参数format及其作用

参数 format	作　　用	参数 format	作　　用
d	显示日期，个位前不加 0	dd	显示日期（01～31），个位前加 0
ddd	显示星期缩写（Sun～Sat）	dddd	显示星期全名（Sunday～Saturday）
ddddd	显示完整日期（日、月、年），默认格式为 mm/dd/yy	A/P 或 a/p	显示 12 小时的时钟，中午前 A 或 a，中午后 P 或 p
W	星期为数字（1 是星期日）	WW	一年中的星期数（1～53）
m	显示月份，个位前不加 0	mm	显示月份，个位前加 0
mmm	显示月份缩写（Jan～Dec）	mmmm	月份全名（January～December）
y	显示一年中天数（1～366）	yy	2 位数显示年份（00～99）
yyyy	4 位数显示年份（0100～9999）	q	显示季度数（1～4）
h	显示小时，个位前不加 0	hh	显示小时，个位前加 0
m	h 后显示分，个位前不加 0	mm	在 h 后显示分，个位前加 0
s	显示秒，个位前不加 0	ss	显示秒（00～59），个位前加 0
ttttt	显示时间（小时、分和秒），默认格式为 hh:mm:ss	AM/PM Am/pm	12 小时的时钟，中午前 AM 或 am，中午后 PM 或 pm

例如，下面的程序代码用来验证日期和时间格式化输出，Now 函数返回当前的系统日期和系统时间，Date 函数返回当前的系统日期，其运行结果如图 4-2-4 所示。

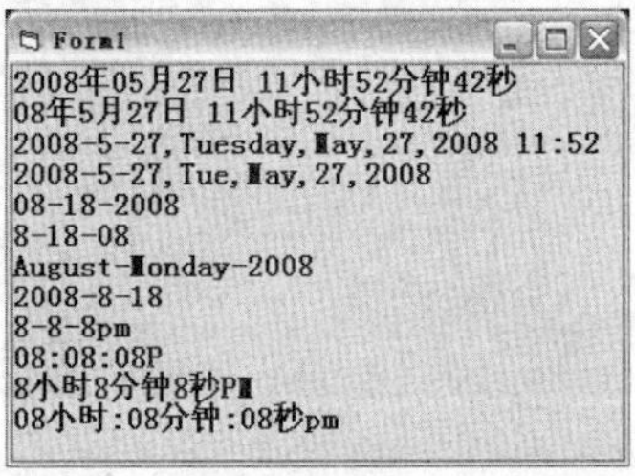

图4-2-4　验证程序运行结果

```
Option Explicit

Private Sub Form_Load()

Dim myTime As Date, myDate As Date

Rem 显示系统当前日期和时间

Print Format(Now, "yyyy年mm月dd日 hh小时mm分钟ss秒")

Print Format(Now, "yy年m月d日 h小时m分钟s秒")

Print Format(Now, "ddddd,dddd,mmmm,dd,yyyy hh:mm")

Rem 以系统预订一的格式显示系统当前日期

Print Format(Date, "ddddd,ddd,mmm,dd,yyyy")

myTime = #8:08:08 PM#

myDate = #8/18/2008#

Rem 显示日期myTime、myDate

Print Format(myDate, "mm/dd/yyyy")

Print Format(myDate, "m-d-yy")

Print Format(myDate, "mmmm/dddd/yyyy")
```

```
Print Format(myDate, "ddddd")
```

Rem 显示时间myTime

```
Print Format(myTime, "h-m-sam/pm")

Print Format(myTime, "hh:mm:ssA/P")

Print Format(myTime, "h小时m分钟s秒AM/PM")

Print Format(myTime, "hh小时:mm分钟:ss秒am/pm")

End Sub
```

（3）字符串格式化：字符串格式化是将字符串按格式化符号指定的格式进行强制大小写显示等。常用的字符串格式化符号及使用举例如表 4-2-11 所示。

表4-2-11　字符串格式化的参数format及其作用

符　号	作　用	字符串表达式	参数 format	显示结果
<	强迫字母以小写显示	Basic	"<"	basic
>	强迫字母以大写显示	Basic	">"	BASIC
@	实际字符位小于符号位时，字符前加空格	ABC	"→→→→→"	ABC（在"ABC"前有 2 个空格）
&	实际字符位小于符号位时，字符前不加空格	ABCDEFG	"&&&&&&&&&&"	ABCDEFG（在"ABCDEFG"前无空格）

例如，下面的程序代码用来验证字符串格式化输出，其运行结果如图 4-2-5 所示。

```
Option Explicit

Private Sub Form_Load()

Dim myStr As String

myStr = "Hello World"

Print Format(myStr, "<")

Print Format(myStr, ">")

Print Format(myStr, "@@@@@@@@@@@")

Print Format(myStr, "&&&&&&&&&&&")

End Sub
```

图4-2-5　验证程序
运行结果

8. 调用外部应用程序函数

调用外部应用程序函数 Shell() 的作用是按照指定的窗口类型调出指定的外部可执行程序。同时还可以在外部可执行程序中打开指定的文件，例如，在打开记事本的同时打开一个文本文件。Shell 函数的返回值是一个任务标识 ID，它是运行程序的唯一标识。如果未能执行外部应用程序则返回值为 0。Shell 函数的格式如下：

Shell(pathname[, windowstyle])

其中，参数 pathname 是要调用的外部文件的路径和文件名称，文件必须是可执行文件，其扩展名为：.exe、.com、.pif 或 .bat。例如，"D:\VB\ 实例 \pider.exe"。如果所调用的外部应用程序与 VB 本身的程序在同一个文件夹内，则可以省略路径。如果要在外部可执行程序中打开指定的文件，则字符串格式为：

外部文件的路径和文件名称 + " " + 打开文件的路径和文件名称

例如，在窗体中加入一个按钮，按钮的单击事件响应程序如下：

```
Private Sub Command1_Click()

    N=Shell("F:\VB\应用程序\NOTEPAD.exe" + " " + "F:\VB\WORD\TEXT1.TXT", 1)

End Sub
```

参数 windowstyle 表示在程序运行时窗口的样式，为整型数据，如表 4-2-12 所示。

表4-2-12　参数windowstyle的含义

参　数	含　义	参　数	含　义
0	窗口不显示	4	正常窗口，无指针
1	正常窗口，有指针	5	最小窗口，无指针
2	最小窗口，有指针	6	最大窗口，无指针
3	最大窗口，有指针		

4.2.2　表达式

根据表达式中使用的运算符以及表达式的数值类型可以将表达式分为算术表达式、字符串表达式、关系表达式和逻辑表达式。

1. 算术表达式

算术表达式也叫数值表达式。它是用算术运算符和圆括号将数值型的常量、变量和函数连接起来的有意义的式子，算术表达式的运算结果为数值型。

（1）算术运算符：Visual Basic 中的算术运算符有 8 种，即 $\wedge$、$-$、$+$、$*$、$/$、$\backslash$、Mod 和 $-$（负号）。Mod 是取余（或模）运算符，其值为两数四舍五入之后相除所得的余数，其值为整型数数值。$\backslash$ 是整除运算符，其值为两数四舍五入之后相除所得商的整数部分。例如，$23.2\backslash4.5=4$、$15.33\backslash3.8=3$。

（2）日期型数据减法：在减法运算中，如果两个数据均为日期（Date）型数据，则运算结果为双精度（Double）型数据，表示两个日期之间的间隔天数。

例如，下面第一条语句的输出值是 388，第二条语句的输出值是 388.5。

```
Print CDate("2008-8-30") - CDate("2007-8-8")

Print CDate("2008-8-30 12:00:00") - CDate("2007-8-8")
```

此外，将一个 Date 型数据加减任何能够转化成 Date 型的其他类型的数据，其结果仍为 Date 型，表示一个日期经过一定天数之后或之前的日期和时间。

例如，CDate("2008-8-25")+10 的值是 #2008-9-4#。

（3）表达式的书写规则：Visual Basic 中的算术表达式就相当于数学中的代数式，但与数学中代数式的书写方法不同。

◎ 表达式中，所有字符都必须写在同一行上。另外，要注意各种运算符的运算次序，可以通过加小括号 () 来调整运算次序。

◎ 代数式中省略的乘号，在书写成 Visual Basic 表达式时必须补上。如代数式 5X+A 写成 VB 表达式时应改为 5*X+A。

◎ 代数式中的分式写成 VB 表达式时，要改成除式，并且不能改变原代数式的运算顺序，必要时应加上括号。如代数式 Y 分之 X+5 写成 VB 表达式时，应写成 (X+5)/Y。

◎ 所有的括号，包括大括号和方括号，都必须用圆括号 () 代替，圆括号必须成对出现，并且可嵌套使用。

◎ 要把数学代数式中 VB 不能表示的符号用 VB 可表示的符号代替。

（4）算术表达式的运算顺序：在一个表达式中可以出现多个运算符，因此必须确定这些运算符的运算顺序，如果运算顺序不同，所得的结果也就不同。

◎ 算术运算符的运算顺序如下：()（圆括号）→ -（负号）→ ^（乘方）→ *（乘）、/（除）→ \（整除）→ MOD（取模）→ +（加）、-（减）。

◎ 同级运算自左至右顺序进行。

（5）不同类型数据的混合运算：在一个算术表达式中，如果包含各种不同类型的数值型数据，则它们运算结果的数据类型遵从下述规定。

◎ 相同类型数据的运算：其运算结果的数据类型不变。但应注意运算结果不能超过该类型数据所表示的数值范围，否则将出现"溢出"错误信息。

◎ 不同类型数据的运算：其结果与表示数据最精确的数据类型相同。

在加减法运算中，精确度由低到高的顺序为：

Byte → Integer → Long → Single → Double → Currency

在乘除法运算中，其精确度与加减法的精确度顺序略有不同：在乘除法运算中 Double 型数据的精确度高于 Currency 型数据的精确度。整型数据和长整型数据在一起运算后的结果为长整型数据，单精度型数据和双精度型数据在一起运算后的结果为双精度型数据，长整型和单精度型数据运算后的结果为单精度型数据。

◎ 如运算结果的数据类型是变体（Variant）型数据，但超过本身原数据类型所能表示的数据范围时，则自动转换成可以表示更大数据范围的数据类型。例如，参加运算的变体型数据原来是整型数据，运算结果超出了整型数据所能表示的数据范围时，则转换成长整型数据。

除此之外，也有一些例外情况。例如，在加法和乘法运算中，一个单精度型数据和一个长整型数据相加或相乘，其结果不是单精度型数据，而是双精度型数据等。因此，应多加注意，并不断总结。

2. 字符串表达式

（1）字符串运算符：字符串运算符有两个，一个是 + 运算符，另一个是 & 运算符，它们都是字符串连接运算符。在字符串变量后边使用 & 运算符时，应注意，变量与 & 运算符之间应加一个空格，以避免 VB 系统认为是长整型变量。

（2）字符串表达式：字符串表达式是用字符串运算符和圆括号将字符串常量、变量和函数连接起来的有意义的式子，它的运算结果仍为字符串。其格式为：

< 字符串 1> &|+ < 字符串 2>

其功能是将字符串 1 和字符串 2 连接起来，组成一个新的字符串。"+"运算符与"&"运算符有如下差别。

◎ 运算符 +：运算符两边的参数必须是字符串型数据或字符串型表达式，如果一个为字符串型数据，另一个为数值型数据，则会产生错误。

◎ 运算符 &：运算符两边的参数可以是字符型数据，也可以是数值型数据，进行数据连接以前，先将它们转换为字符型数据，然后再连接。

字符串表达式的书写规则与算术表达式的书写规则完全相同。

例如，"08"&" 奥运 " 相当于 "08 奥运 "，"AB"&66 相当于 "AB66"，"AB"+"08 北京奥运 " 相当于 "AB08 北京奥运 "。

3. 关系表达式

（1）关系运算符：关系运算符又称比较运算符，是进行比较运算所使用的运算符，包括 >（大于）、<（小于）、:（等于）、>=（大于等于）、<=（小于等于）和 <>（不等于）6 种。其中大于、小于和等于运算符与数学上的相应运算符写法完全一样，另外 3 种运算符与数学上的相应运算写法虽不完全一样，但其含义是完全一样的。

（2）关系表达式：用关系运算符和圆括号将两个相同类型的表达式连接起来的式子。其格式为：

< 表达式 1>< 关系运算符 >< 表达式 2>

其功能是先计算表达式 1 和表达式 2 的值，得出两个相同类型的值，然后再进行关系运算符所规定的关系运算。如果关系表达式成立，则计算结果为 True，否则为 False。

表达式 1 和表达式 2 是两个类型相同的表达式，可以是算术表达式，也可以是字符串表达式，还可以是其他的关系表达式等。

对于数值型数据，按其数值的大小进行比较大小；对于字符串型数据，从左到右依次按其每个字符的 ASCII 码值的大小进行比较，如果对应字符的 ASCII 码值相同，则继续比较下一个字符，如此继续，直到遇到第一个不相等的字符为止。

例如，8+3>28-6 的值是 False，"ABCD"<="ABD" 的值是 True。

所有比较运算符的优先顺序均相同，如要想改变运算的先后顺序，需使用圆括号括起来。关系表达式的书写规则与算术表达式的书写规则相同。

4. 逻辑表达式

（1）逻辑运算符：逻辑运算符是进行逻辑运算所使用的运算符，包括 Not（非）、And（与）和 Or（或）、Xor（异或）、Eqv（等价）和 Imp（蕴含）等。

Not（逻辑非）：将原逻辑数值取反。

And（逻辑与）：两个数值均为 True 时，计算结果才为 True。

Or（逻辑或）：两个数值中只要有一个为 True，则计算结果为 True。

Xor（逻辑异或）：两个数值相同时，计算结果为 False，否则为 True。

Eqv（等价）：两个数值相同时，计算结果为 True；否则为 False。

Imp（蕴含）：左边的数为 True，右边的数为 False 时，计算结果为 False；其余情况，计算结果为 True。

逻辑运算符的运算次序如下：

Not（非）→ And（与）→ Or（或）→ Xor（异或）→ Eqv（等价）→ Imp（蕴含）

（2）逻辑表达式：用逻辑运算符将两个关系表达式连接起来的有意义的式子。先计算表达式本身的值，计算结果为真（True）或假（False），再进行逻辑符的运算，计算结果是逻辑数据真（True）或假（False）。

表达式一般是关系表达式，也可以是另外的逻辑表达式。逻辑表达式的书写规则与算术表达式的书写规则相同。逻辑运算符及其真值如表4-2-13所示，其中用A和B代表两个表达式的值。

表4-2-13　逻辑运算符及其真值表

A	B	Not A	A And B	A Or B	A Xor B	A Eqv B	A Imp B
True	True	False	True	True	False	True	True
True	False	False	False	True	True	False	False
False	True	True	False	True	True	False	True
False	False	True	False	False	False	True	True

例如，在下面的语句中，变量 D 的值为 True，变量 E 的值为 False，变量 F 的值为 True，变量 G 的值为 False，变量 H 的值为 True，变量 I 的值为 False。

```
Dim A, B, C, D, E, F, G, H, I
A=10:B=8:C=6
D=A>B And B>C:E=B>A And B>C:F=A>B Or B>C:G=B>A Or C>B
```

```
H=A>B Xor B>C:I=B>A Xor B>C
```

5. 复合表达式的运算顺序

复合表达式中可以有多种运算符，它们的运算次序如下：

算术运算符 >= 字符串运算符 > 关系运算符 > 逻辑运算符

例如，在表达式 18-5>2+3 And 5*2=10 中，先进行算术运算"18-5"、"2+3"和"5*2"，分别得 13、5 和 10；再进行关系运算"13>5"和"10=10"，其值都是 True；再进行逻辑运算"True And True"，其值为 True。

案例13 求一元二次方程的根1

"求一元二次方程的根 1"程序运行后的画面如图 4-2-6（a）所示。在 3 个文本框中分别输入方程式的 3 个系数（a，b，c，必须符合 $b \times b - 4 \times a \times c \geq 0$），单击"计算"按钮，可显示出该方程的实数根，如图 4-2-6（b）所示。一元二次方程 $ax^2+bx+c=0$ 的求根公式是：

$x = \dfrac{-b \pm \sqrt{b^2 - 4ac}}{2a}$。该程序的设计方法如下：

（a）　　　　　　　　　　　（b）

图4-2-6　"求一元二次方程的根1"程序运行后画面

（1）创建一个新的工程。拖曳鼠标以调整窗体的大小。在窗体的"属性"窗口中设置 Caption 属性值为"求一元二次方程的根"。

（2）在窗体内创建 9 个对象，它们的属性设置如表 4-2-14 所示，所有控件的 Font 属性均为宋体、粗体、四号，布局如图 4-2-6（a）所示。

表4-2-14　"求一元二次方程的根1"程序控件对象的属性设置

对象类型	对象名称	属　　性	属　性　值
标签	Label1	Caption	系数 a
	Label2	Caption	系数 b
	Label3	Caption	系数 c
	Label4	Caption	空值
		BorderStyle	1 – Fixed Single
文本框	Text1、Text2、Text3	Text	空值
命令按钮	Command1	Caption	计算
	Command2	Caption	退出

（3）在"代码"窗口中输入程序如下：

```
Dim a As Integer,b As Integer,c As Integer    '定义变量a,b,c 为整型变量
Dim r1 As Double,r2 As Double    '定义变量r1和r2为双精度浮点型变量
Private Sub Command1_Click()
```

```
a=CInt(Text1.Text)
b=CInt(Text2.Text)
c=CInt(Text3.Text)
r1=(-b+Sqr(b*b-4*a*c))/(2*a)          '计算方程式的根
r2=(-b-Sqr(b*b-4*a*c))/(2*a)
Label4.Caption="方程式的一个根为 "+CStr(r1)+"，另一个根为 "+CStr(r2)
End Sub
Private Sub Command2_Click()
    End
End Sub
```

（4）在上面的程序代码中，声明了 3 个 Integer 类型变量 a、b 和 c，分别用来保存系数 a、b 和 c 的值。Double 类型的变量 r1 和 r2 为方程式的两个根。用户输入的系数必须符合 b*b-4*a*c>=0，否则程序将出现错误信息。Sqr() 是数学函数，用来求其系数的平方根。

案例14 计算圆周长、面积和球体体积

设计一个"计算圆周长、面积和球体体积"程序，该程序运行后的画面如图 4-2-7 所示，此时窗体中只有"输入半径"按钮是有效的。单击"输入半径"按钮后，弹出一个"输入半径"对话框，该对话框的提示信息是"请输入半径"和"r="，输入文本框中的默认值为 10，如图 4-2-8 所示。在文本框中输入半径数值（例如：输入 25）后，单击"确定"按钮，又回到窗体，此时，除了"退出"按钮外，其他各个按钮均变为有效。

图4-2-7　程序运行后的画面　　　　图4-2-8　"输入半径"对话框

单击"周长"按钮，即可在窗体中显示出相应的圆周长，如图 4-2-9 所示；单击"面积"按钮，即可在窗体中显示出相应的圆面积，如图 4-2-10 所示；单击"体积"按钮，即可在窗体中显示出相应的球体体积，如图 4-2-11 所示。单击上述三个按钮中的任意一个按钮，均会使"退出"按钮变为有效。再次单击"输入半径"按钮后，"退出"按钮又会变为无效。该程序的设计方法如下：

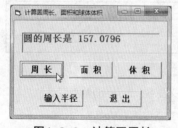

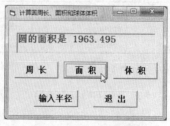

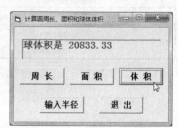

图4-2-9　计算圆周长　　　　图4-2-10　计算圆面积　　　　图4-2-11　计算球体体积

（1）新建一个工程，然后在其窗体中，添加1个标签控件对象和5个命令按钮控件对象。按照表4-2-15所示设置窗体和各个控件的属性。

表4-2-15　程序"计算圆周长、面积和球体体积"中窗体、各个控件的属性

对象名称	属　性	属　性　值
Form1	Caption	计算圆周长、面积和球体体积
	StartUpPosition	2- 屏幕中心
Label1	Caption	空值
	Font	宋体、粗体、四号
	ForeColor	深紫色
Command1	Caption	周　长
	Font	宋体、粗体、小四
	Endabled	False
Command2	Caption	面　积
	Font	宋体、粗体、小四
	Endabled	False
Command3	Caption	体　积
	Font	宋体、粗体、小四
	Endabled	False
Command4	Caption	输入半径
	Font	宋体、粗体、小四
Command5	Caption	退　出
	Font	宋体、粗体、小四
	Endabled	False

（2）调出"代码"窗口，在其中输入如下程序代码。

```
Option Explicit
Rem 声明变量R、L、S为单精度型，在整个窗体模块程序中有效
Dim R As Single, L As Single, S As Single, V As Single
Const PI As Single = 3.1415926
Private Sub Command1_Click()
    L = 2*PI*R
    Label1.Caption = "圆的周长是 " + CStr(L)
    Command5.Enabled = True
End Sub
Private Sub Command2_Click()
    S = PI*R*R
    Label1.Caption = "圆的面积是 " + CStr(S)
    Command5.Enabled = True
End Sub
Private Sub Command3_Click()
    V = 4/3*R*R*R
    Label1.Caption = "球体积是 " + CStr(V)
    Command5.Enabled = True
```

```
End Sub
Private Sub Command4_Click()
    Dim TS$
    TS$ = "请输入半径" + Chr(13) + Chr(10) + "r="
    R = Val(InputBox(TS$, "输入半径", 10, 5000, 1000))
    Command1.Enabled = True
    Command2.Enabled = True
    Command3.Enabled = True
End Sub
Private Sub Command5_Click()
    End
End Sub
```

（3）在上面的程序中，声明的变量 R 用来保存圆的半径，变量 L 用来保存圆的周长，变量 S 用来保存圆的面积，变量 V 用来保存圆的体积。常量 PI 用来保存一个近似圆周率的数值。因为声明的变量匀为 Single 类型，所以需要使用 CStr() 将其转换为 String 类型，才能赋值给 Caption 属性。

（4）将工程和窗体保存在"【案例14】计算圆周长、面积和球体体积"文件夹中。

案例15 随机数四则运算

"随机数四则运算"程序运行后，单击"随机数"按钮，随机产生两个 2 位正整数，如图 4-2-12（a）所示。单击运算按钮，在第 3 个文本框中会显示计算结果，如图 4-2-12（b）所示。该程序的设计方法如下：

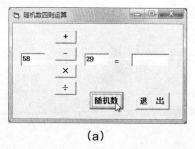 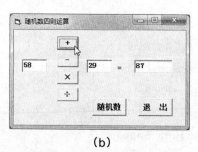

(a)   (b)

图4-2-12 "随机数四则运算"程序运行后的2幅画面

（1）新建一个工程，然后在其窗体中，添加 3 个文本框控件对象和 6 个命令按钮控件对象。请读者参考图 4-2-12 所示设置窗体和各个控件对象的属性。

（2）在"代码"窗口中输入的代码程序如下：

```
Dim num1 As Integer,num2 As Integer   '定义保存随机产生的第1个数和第2个数的变量
Dim num3 As Long                       '定义保存计算结果的变量
Rem 随机产生两个2位正整数
Private Sub Command5_Click()
    Text1.Text=Fix(Rnd()*100)+1
```

```
    Text2.Text=Fix(Rnd()*100)+1
End Sub
Rem 计算两数的和
Private Sub Command1_Click()
    num1=CInt(Text1.Text)
    num2=CInt(Text2.Text)
    num3=num1+num2
    Text3.Text=num3
End Sub
Rem 计算两数的差
Private Sub Command2_Click()
    num1=CInt(Text1.Text)
    num2=CInt(Text2.Text)
    num3=num1-num2
    Text3.Text=num3
End Sub
Rem 计算两数的积
Private Sub Command3_Click()
    num1=CInt(Text1.Text)
    num2=CInt(Text2.Text)
    num3=num1*num2
    Text3.Text=num3
End Sub
Rem 计算两数的商
Private Sub Command4_Click()
    num1=CInt(Text1.Text)
    num2=CInt(Text2.Text)
    num3=num1/num2
    Text3.Text=num3
End Sub
Private Sub Command6_Click()
    End
End Sub
```

（3）在上面的程序代码中，使用了 CInt 函数来进行数据的转换，CInt 函数可用于将字符串形式表示的数据转化为数值类型的数值。

（4）将工程和窗体保存在"【案例 15】随机数四则运算"文件夹中。

案例16 调用外部程序

"调用外部程序"程序运行后的画面如图4-2-13（a）所示。单击"记事本"按钮，可调出Windows的"记事本"软件，并打开该程序所在文件夹下的MyCon.txt文件，如图4-2-13（b）所示。单击"画图"按钮，可调出Windows的"画图"软件，并打开该程序所在文件夹下的1.jpg图片文件，如图4-2-13（c）所示；单击"计算器"按钮，可调出Windows的"计算器"软件，如图4-2-13（d）所示。通过本案例的学习，可掌握Shell函数的使用方法。该程序的设计方法如下：

（a）程序起始画面　　（b）记事本程序　　（c）画图程序　　（d）计算器

图4-2-13 "调用外部程序"程序运行后的4幅画面

（1）创建一个新的工程。拖曳调整窗体大小。在"属性"窗口中设置Form1的Caption属性值为"调用外部程序"，StartUpPosition属性为"2-屏幕中心"。

（2）创建4个命令按钮，请读者参考图4-2-13（a）所示，自行设置属性。

（3）在"代码"窗口中输入的程序如下：

```
Dim a As Integer, b As Integer, c As Integer
Rem    调用"记事本"软件并打开文本文件
Private Sub Command1_Click()
    a = Shell("NOTEPAD.exe" + " " + "C:\Users\Gracie\Desktop\VB6(2012)\
VB6程序集\【案例16】调用外部程序\MyCon.txt", 1)
End Sub
Rem    调用"画图"软件并打开图片文件
Private Sub Command2_Click()
    b = Shell("mspaint.exe" + " " + "C:\Users\Gracie\Desktop\VB6(2012)\
VB6程序集\【案例16】调用外部程序\1.jpg", 1)
End Sub
Rem    调用"计算器"软件
Private Sub Command3_Click()
    c = Shell("calc.exe", 1)
End Sub
Private Sub Command4_Click()
    End
End Sub
```

（4）在上面的程序代码中，Shell函数用来调用外部程序。将工程和窗体保存在"【案例16】调用外部程序"文件夹中。

案例17 结算工资

设计一个"结算"程序，该程序运行的起始画面如图4-2-14（a）所示。在3个文本框中分别输入工作的起始日期和结束日期，以及每日的工资，然后单击"结算"按钮，计算工作的总天数和总工资金额，如图4-2-14（b）所示。该程序的设计方法如下：

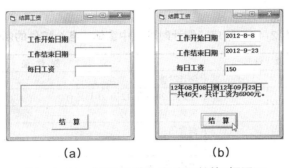

（a）　　　　　　　（b）

图4-2-14 "结算工资"程序运行的2幅画面

（1）新建一个工程，在其窗体中添加4个标签控件、3个文本框控件和1个命令按钮控件对象。请读者参照图4-2-14（a），自行设置窗体和各个控件对象的属性。

（2）调出"代码"窗口，在其中输入如下程序代码。

```
Private Sub Command1_Click()
    Dim D1 As Date, D2 As Date
    Dim n As Integer
    Dim gz As Single
    D1 = CDate(Text1.Text)          '将字符串转换为日期型数据
    D2 = CDate(Text2.Text)          '将字符串转换为日期型数据
    n = D2-D1                       '计算经过的天数
    gz = n*Val(Text3.Text)          '将字符串转换为数值再计算
    '使用CStr函数将数值转化为字符串再连接字符串
    Label1.Caption = Format(Text1, "yy年mm月dd日") + _
                     "到" + Format(Text2, "yy年mm月dd日") + "一共" + _
                     CStr(n) + "天，共计工资为" + CStr(gz) + "元。"
End Sub
```

（3）在上面的程序代码中，变量D1用来保存工作开始的日期，变量D2用来保存工作结束的日期，变量n用来保存工作的天数，变量gz用来保存总的薪酬。给对象Label1的Caption属性赋值时，因为表达式过长一行显示不下，所以分3行显示，使用符号 _ 来连接。为了使输出信息更加符合汉语习惯，使用Format函数格式化了日期的输出格式。

（4）将工程和窗体保存在"【案例17】结算工资"文件夹中。

案例18 倒计时牌

设计一个"倒计时牌"程序，该程序运行后，窗体内显示一个倒计时牌，倒计时牌动态显示距离2013年12月21日还有多少天、小时、分和秒,如图4-2-15所示。该程序的设计方法如下：

（1）新建一个工程，在其窗体中添加9个标签控件对象和1个时钟控件对象。在窗体中，第1行标签控件对象的名称是Label1，第2行标签控件对象的名称从左到右分别是Label2、Label3、Label4、Label5、Label6、Label7、Label8和Label9。按照表4-2-16所示设置窗体和其内的各个控件的属性。

图4-2-15　倒计时牌

表4-2-16　程序"倒计时牌"中窗体、各个控件的属性

对象名称	属 性	属 性 值
Form1	Caption	倒计时牌
Label1	Caption	今天距2013年12月21日还有
	Font	宋体、粗体、一号
	ForeColor	深青色
Label2、Label4、Label6、Label8	Caption	空值
	Font	宋体、粗体、二号
	BorderStyle	1 – Fixed Single
	ForeColor	深红色
Label3	Caption	天
	Font	宋体、粗体、二号
	ForeColor	深青色
Label5	Caption	小时
	Font	宋体、粗体、二号
	ForeColor	深青色
Label7	Caption	分
	Font	宋体、粗体、二号
	ForeColor	深青色
Label9	Caption	秒
	Font	宋体、粗体、二号
	ForeColor	深青色
Timer1	Interval	1000

（2）调出"代码"窗口，在其中输入如下程序代码。

```
Dim diff As Double
Private Sub Form_Load()
dueDay = #12/21/2013#
diff = DateDiff("s", Now, dueDay)
days = diff\86400
diff = diff Mod 86400
hours = diff\3600
diff = diff Mod 3600
mins = diff\60
diff = diff Mod 60
secs = diff
Label2.Caption = CStr(days)
Label4.Caption = Format(CStr(hours), "00")
Label6.Caption = Format(CStr(mins), "00")
```

```
Label8.Caption = Format(CStr(secs), "00")
End Sub
Private Sub Timer1_Timer()
diff = DateDiff("s", Now, dueDay)
days = diff\86400
diff = diff Mod 86400
hours = diff\3600
diff = diff Mod 3600
mins = diff\60
diff = diff Mod 60
secs = diff
Label2.Caption = CStr(days)
Label4.Caption = Format(CStr(hours), "00")
Label6.Caption = Format(CStr(mins), "00")
Label8.Caption = Format(CStr(secs), "00")
End Sub
```

（3）在上面的程序代码中，Form_Load() 过程用来初始化程序窗体，显示当程序刚运行时倒计时的状态，Timer1_Timer() 过程在程序运行后 1 秒被执行，此后隔一秒执行一次更新倒计时情况，从而达到动态显示时间的效果。计算倒计时的步骤如下：

◎ 使用 DateDiff() 函数计算出系统当前时间和倒计时时间（也就是设定的 2013 年 12 月 21 日）相差的秒数，保存到变量 diff 中。

◎ 用 diff 整除 86 400（1 天相当于 86 400 秒）计算出包含多少个整天数，保存到变量 days 中，再用 diff Mod 86400 计算出余数，将剩下的不足一天的秒数保存到变量 diff 中。

◎ 用 diff 整除 3 600（1 小时相当于 3 600 秒）计算包含多少个整小时数，保存到变量 hours 中，再用 diff Mod 3600 计算出余数，将剩下的不足一小时的秒数保存到变量 diff 中。

◎ 用 diff 整除 60（1 分钟相当于 60 秒）计算出包含多少个整分钟数，保存到变量 mins 中，再用 diff Mod 60 计算出余数，将剩下的不足 1 分钟的秒数保存到变量 diff 中。

◎ 将剩下的秒数保存到变量 secs 中。

（4）将工程和窗体保存在"【案例 18】倒计时牌"文件夹中。

思考与练习4-2

1. 填空题

（1）Abs（-10.8）=_____，Asc（"ABC"）=_____，Chr（66）=_____，Len（"2012 年春节晚会"）=_____。

（2）Str$（-123）+Str$（123）=_____，Val（"123"）+Val（"123**"）=_____，Len（Space（10））=_____，String$（6, "*&^%$#"）=_____。

（3）Left（"保护我们的家园", 4）=_____，Right（"保护我们的家园", 2）=_____，Mid（"保护我们的家园", 3, 5）=_____，"保护我们的家园"& 999=_____。

（4）68\5=_____，10 Mod 3=_____，-10 Mod 3=_____，10 Mod -3=_____，-10 Mod -3=_____，5^2=_____。

（5）Abs(18-29)=_____，Sgn(18-29) =_____，Fix(-10.9) = _____，Int(-10.9) = _____，Fix(10.9) = _____，Int(10.9) = _____。

2. 问答题

（1）计算下列表达式的值。

Int（36.2+12.5）>Fix（12.35-Abs（-2））

((16<4) And (12>3)) Or ((6>=2) And (-3<-2))

（2）表达式有几种？各种表达式的运算顺序是怎样的？

（3）将下列 Visual Basic 6.0 表达式转化为数学代数式。

a1*x^2+2*a2*X+a3+10*Abs((10-1/2) +3) -6

Sqr（C*（C-A）*（C-B））/（A^2+B^2+C^2）

1-1/（1-（1/（1-1/n)))

3. 操作题

（1）设计一个"计算正方形周长、面积和正方体体积"程序,该程序运行后的画面如图 4-2-16 所示,此时"计算正方形周长、面积和正方体体积"窗体中只有"输入边长"按钮是有效的。单击"输入边长"按钮后，弹出一个"输入边长"对话框，该对话框的提示信息是"请输入边长"和"R="，输入文本框中的默认值为 10，如图 4-2-17 所示。在"输入边长"对话框的文本框中输入边长数值（例如：输入 25）后，单击"确定"按钮，又回到窗体，此时，除了"退出"按钮外，其他各个按钮均变为有效。

图4-2-16　程序运行起始画面

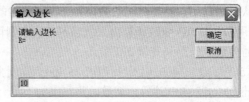
图4-2-17　"输入边长"对话框

单击"周长"按钮,可在窗体中显示相应的正方形面积,如图 4-2-18 所示;单击"面积"按钮,可显示相应的正方形面积,如图 4-2-19 所示;单击"体积"按钮,可在显示相应的正方体体积,如图 4-2-20 所示。单击上述 3 个按钮中的任意一个按钮,均会使"退出"按钮变为有效。再次单击"输入边长"按钮后,"退出"按钮又会变为无效。

图4-2-18　显示正方形周长

图4-2-19　显示正方形面积

图4-2-20　显示正方体体积

（2）设计一个"计算运费"程序,该程序运行后,在 2 个文本框内分别输入货物的重量（千克）和运费单价（元 / 千克）,单击"计算"按钮,即可在一个标签内显示运费。

（3）设计一个"三角形周长和面积"程序,该程序运行后,在 3 个文本框内分别输入三角形的 3 个边长,再单击"计算"按钮,即可在 2 个标签内分别显示三角形周长和面积。

（4）设计一个程序,该程序运行后可以显示 ASCII 码（32 ～ 126）和与它对应的字符。

（5）设计一个程序,该程序运行后可以陆续输入 10 个学生的语文成绩,输入完后显示出 10 个学生语文成绩的总分和平均分。

第5章　选择结构语句和选择类控件

本章主要介绍基本的算法、Visual Basic 6.0 语言的选择结构流程控制语句（包括 If 语句和 Select Case 语句）、焦点、控件数组，以及选择类控件（包括单选按钮控件、复选框控件、列表框控件、组合框控件和框架控件）等。

5.1　基本算法

对计算机编程语言来说，算法是用于求解某个特定问题的一些指令的集合。具体地说，用计算机所能实现的操作或指令，来描述问题的求解过程，就得到了这一特定问题的计算机算法。

5.1.1　算法简介

1. 算法的定义

一般来说，所谓算法是指解决一个特定问题采用的特定的、有限的方法和步骤。例如，计算 6! 的步骤是：计算 1×2 的值为 2 →计算 2×3 的值为 6 →计算 6×4 的值为 24 →计算 24×5 的值为 120，→计算 120×6 的值为 720，即 6!=720。

利用计算机来解决问题需要设计程序，在设计程序前要对问题进行充分的分析，设计解题的步骤与方法，也就是设计算法，然后根据算法设计程序。例如，计算 6! 的值，上面已给出了计算的步骤，要实现上述计算，需用变量 SUM 存放初值 1，以后存放每次乘积的值和最后的计算结果，用变量 N 存放初值 0，用 N=N+1 使 N 依次取整数 1、2、3、4、5 和 6，用 SUM=SUN*N 完成每次的乘法运算。根据上述算法，设计计算 6! 的程序代码如下：

```
SUM=1:N=0
N=N+1:SUM=SUM*N
N=N+1:SUM=SUM*N
N=N+1:SUM=SUM*N
N=N+1:SUM=SUM*N
N=N+1:SUM=SUM*N
N=N+1:SUM=SUM*N
Print "6!= ";SUM
```

如果使用上述算法计算 15! 值，会使程序冗长而烦琐，这显然不是一个好算法。考虑到程序中多次使用 N=N+1 和 SUM=SUM*N 语句，可使用循环的方法，循环一次执行一次 N=N+1 和 SUM=SUM*N 语句，一共循环 15 次。如果是求 M!，则循环 M 次。产生循环的方法可以使用两个时钟控件对象。一个 Timer1 时钟对象的 Interval 属性值设置为 100 ms，每隔 100 ms 触发一次，执行一次 N=N+1 和 SUM=SUM*N 语句。再用一个 Timer1 时钟对象，它的 Interval 属性值设置为 M*100 ms，每隔 M*100 ms 触发一次，触发后使 Timer1 时钟对象停止工作，即设置 Timer1 时钟对象的 Interval 属性值为 False。

由此可见，解决同一问题的算法可以有多种，应设计简单、明了、步骤尽量少的算法，这样编写出来的程序才能短小、精练、易读。

2. 使用图形描述算法

算法有许多描述方法，例如前面所用的方法是自然语言法，即使用人们日常使用的语言描述解决问题的步骤与方法。这种描述方法通俗易懂，但比较烦琐，且对条件转向等描述欠直观。针对自然语言法描述的缺点，又产生了流程图法、N-S 图法和 PAD 图等方法。计算机的算法有数值型运算算法和非数值型运算算法。例如，前面提到的计算 M! 的算法就属于数值型运算算法；而进行数据检索、分类、排序和计算机绘图、制表等都属于非数值型算法。

（1）流程图：它是一种用图形来表示算法的描述方法。它通过各种几何框图和流程线来描述各步骤的操作和执行的过程。这种方法直观形象、逻辑清楚、容易理解，但它占用篇幅大，流程随意转向，较大的流程图不易读懂。对于初学者和编写较小的程序时，可采用流程图的方法。流程图规定的几何图形如表 5-1-1 所示。

表5-1-1 流程图规定的几何图形

符 号	作 用	符 号	符 号
（圆角矩形）	起始框：表示程序的起始和终止	（平行四边形）	输入输出框：表示输入输出数据
（矩形）	处理框：表示完成某种项目的操作	→ ↓	流程线：表示程序执行的方向
（菱形）	判断框：表示进行判断	（圆形）	连接点：表示两段流程图流程的连接点

（2）N-S 图：它是 1973 年美国科学家 Nassi 和 Shneid erman B 首次提出的一种描述算法的图形方法。N-S 图形方法完全去掉了流程线，全部算法写在一个矩形框内，总框内包含其他的功能框。

（3）PAD 图：PAD 是英文 Problem Analysis Diagram 的缩写，其原意是问题分析图。它是近年来在软件开发中被推广使用的一种描述算法的图形方法。它是一种二维图形，从上到下按各框图功能顺序执行，从左到右表示层次关系。这种描述算法的方法，层次清楚，逻辑关系明了，在有多次嵌套时，不易出错。

3. 算法的特征

一个算法具有下列 5 个重要特性。只有同时具有这 5 种特性才能够被称为算法。

（1）有穷性：对任何合法的输入数值来说，一个算法必须总是在执行有穷（即有限）的操作步骤之后结束，且每一个操作步骤都可在有穷的时间内完成。

（2）确定性：算法中每一步操作都必须有准确的含义，不允许有二义性。算法的正确性要求，对于相同的输入，算法只有唯一的一条执行路径，即对于相同的输入只能得出相同的输出。

（3）可行性：算法中描述的所有操作，都可以通过执行有限次的基本运算来实现。

（4）输入性：一个算法有零个或多个输入，这些输入取自于特定的对象的集合。如果没有输入，则算法的内部应确定其初始条件。

（5）输出性：一个算法有一个或多个输出，没有输出的算法毫无意义。算法的输出与算法的输入之间存在着特定的关系，算法完成从输入到输出之间的数据加工。

算法的 5 个特性中最重要的是有穷性，如果不具有有穷性，只可以称为计算方法。

5.1.2 3种程序控制结构

一个算法的功能不仅与选用的操作命令有关，而且与这些操作命令之间的执行顺序有关。算法的控制结构给出了算法的执行框架，它决定了算法中各种操作命令的执行次序。博姆（bohm）和雅可比尾（Jacopini）两位学者于1966年提出程序有3种基本结构：顺序结构、选择结构和循环结构。这3种基本结构都具有只有一个入口和一个出口的特点，不会出现死循环，一个程序通常可以相应地分为输入、处理和输出3个部分。

VB 6.0 虽然采用面向对象的编程方法，但它还采用了事件驱动调用相对划分得比较小的过程子过程。对于具体的过程本身，仍然要用到结构化程序的方法，用控制结构来控制程序执行的流程。

1. 顺序结构

顺序结构是一种线性结构，也是程序设计中最简单、最常用的基本结构。顺序结构程序是把计算机要执行的各种处理依次排列起来。程序运行后，便从左至右、自顶向下地顺序执行这些语句（一个语句行中，从左至右顺序执行各条语句），直至执行完所有语句行的语句或执行至 End 语句止。使用上面介绍的3种描述方法绘制的顺序结构图如图 5-1-1 所示。

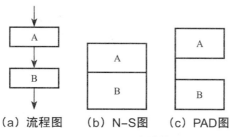

（a）流程图　（b）N–S图　（c）PAD图

图5-1-1　顺序结构

2. 选择结构

选择结构是一种常用的主要基本结构，是计算机科学用来描述自然界和社会生活中分支现象的重要手段。在实际工作中，常常需要根据某个条件是否成立，来决定下一步应做什么工作。设计程序让计算机工作，同样存在这种情况。在这种情况下，程序不再按照行号的顺序来执行各语句行的语句，而是根据给定的条件来决定选取哪条路径，执行哪些语句。选择结构的特点是：根据所给定选择条件为真（即条件成立）与否，而决定从各实际可能的不同操作分支中，选择执行某一分支的相应操作，并且任何情况下均有"无论分支多少，仅选其一"的特性。使用上面介绍的3种描述方法绘制的选择结构图如图 5-1-2 所示。

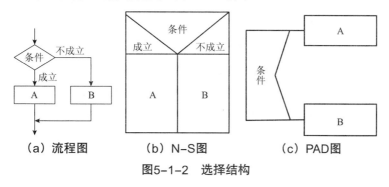

（a）流程图　（b）N–S图　（c）PAD图

图5-1-2　选择结构

3. 循环结构

在设计程序让计算机工作时，常需要在某个条件成立时反复执行某段程序或某条语句，直到条件不成立后才停止这种重复工作。这类的程序结构叫循环结构。循环结构又分为当型循环结构与直到型循环结构，前者是先进行条件判断，再执行程序段或语句；后者是执行一次要重复执行的程序段或语句，再进行条件判断。使用上面介绍的 3 种描述方法绘制的循环结构图如图 5-1-3 所示。

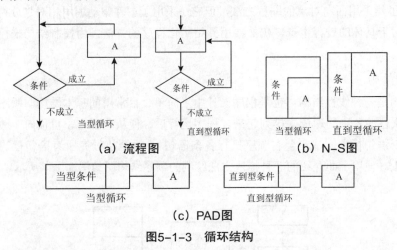

（a）流程图　　　　　　　　　　（b）N–S图

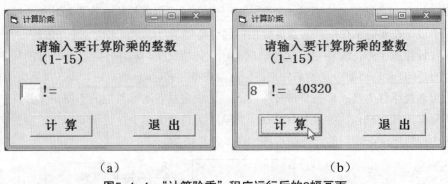

（c）PAD图

图5-1-3　循环结构

案例19 计算阶乘

设计"计算阶乘"程序，程序运行后如图 5-1-4（a）所示，用户在文本框中输入一个 1～15 之间的整数（例如，输入 8）。然后单击"计算"按钮，稍等片刻，即可显示出 8! 值，如图 5-1-4（b）所示。该程序是根据本节前面介绍的算法来计算阶乘的。程序的设计方法如下：

（a）　　　　　　　　　　　　（b）

图5-1-4　"计算阶乘"程序运行后的2幅画面

（1）新建一个工程，然后在其窗体中添加 1 个标签控件对象，设置它的 Caption 属性值为"请输入要计算阶乘的整数（1-15）"，设置文字的字体为宋体、粗体、字大小为四号、颜色为蓝色。再创建 1 个文本框控件对象，设置文字的字体为宋体、粗体、字大小为四号、颜色为红色，Text 属性值为空值，再创建 2 个标签控件对象、2 个命令按钮控件对象和 2 个 timer 控件对象。按照表 5-1-2 所示设置窗体和各个控件的属性。

表5-1-2　"计算阶乘"程序中窗体、各个控件的属性

名　称	属　性	属　性　值
Form1	Caption	计算阶乘
	StartUpPosition	2- 屏幕中心
Text1	Text	空值
	Font	宋体、粗体、四号
	ForeColor	&H000000FF&
Label1	Caption	请输入要计算阶乘的整数（1-15）
	Font	宋体、粗体、四号
	ForeColor	&H00FF0000&
Label2	Caption	!=
	Font	宋体、粗体、小二
Label3	Caption	空值
	Font	宋体、粗体、四号
Command1	Caption	计　算
	Font	宋体、粗体、四号
Command2	Caption	退　出
	Font	宋体、粗体、四号
Timer1	Interval	100
	Enabled	False
Timer2	Interval	0（也可以设置其他数值）
	Enabled	False

（2）调出"代码"窗口，在其中输入如下程序代码。

```
Dim SUM As Double                        '定义一个双精度变量SUM
Dim N As Integer, M As Integer           '定义2个整型变量N和M
'单击"计算"按钮事件
Private Sub Command1_Click()
    M = Val(Text1.Text)
    SUM = 1: N = 1
    Timer2.Interval = M * 100            '设置Timer2时间控件的Interval属性
    Timer1.Enabled = True                '设置Timer1时间控件有效
    Timer2.Enabled = True                '设置Timer2时间控件有效
End Sub
'每隔100 ms，产生Timer1时间控件的触发事件
Private Sub Timer1_Timer()
    N = N + 1                            '每次变量N自动加1
    SUM = SUM * N                        '计算累积，赋给变量SUM
End Sub
'隔M*1000 ms，产生Timer2时间控件的触发事件
Private Sub Timer2_Timer()
    Timer1.Enabled = False               '设置Timer1时间控件无效
    Timer2.Enabled = False               '设置Timer2时间控件无效
```

```
    Label3.Caption = SUM                '在Label3标签内显示变量SUM的值
End Sub
'单击"退出"按钮事件
Private Sub Command2_Click()
    End
End Sub
```

（3）Timer1 时间控件用来控制每隔 100 ms 进行一次累积计算，Timer2 时间控件用来控制立即计算的次数。

案例20 发工资

职工领工资的时候，一般都希望钱币的张数越少越好，那么作为会计室的工作人员如何才能使职工拿到的钱币张数最少呢？编写一个"发工资"的程序，用户输入工资的金额数，然后单击"发工资"按钮，标签中显示出各种面值所需的张数，如图 5-1-5 所示。通过本案例的学习，可进一步了解程序设计的方法，以及算法的基础知识。该程序的设计方法如下：

（1）创建一个新的工程。拖曳鼠标以调整窗体的大小，在窗体的"属性"窗口中设置 Caption 属性值为"发工资"。

（2）创建 2 个文本框控件对象，分别用来输入工资金额的整数部分和小数部分；添加 1 个命令按钮控件对象，其 Caption 属性为"发工资"；添加若干个标签控件对象，请读者参考图 5-1-6，自行设置属性。

图5-1-5 "发工资"程序运行后的画面

图5-1-6 "发工资"程序的用户界面

（3）在"代码"窗口内输入如下程序。

```
Private Sub Command1_Click()
    Dim amount As Long                  '定义变量amount为长整型变量，用来保存工资金额
    Dim r1 As Long, r2 As Integer, r3 As Integer, r4 As Integer, r5 As
Integer, r6 As Integer, r7 As Integer, r8 As Integer, r9 As Integer, r10
As Integer, r11 As Integer, r12 As Integer, r13 As Integer
    amount = CLng(Text1.Text) * 100 + CLng(Text2.Text) '将金额以分为单位表示
    r1 = amount\10000                            '求100元票张数
    amount = amount - r1 * 10000                 '求剩余款额
    r2 = amount\5000                             '求50元票张数
    amount = amount - r2 * 5000                  '求剩余款额
    r3 = amount\2000                             '求20元票张数
    amount = amount - r3 * 2000                  '求剩余款额
```

```
    r4 = amount\1000                                      '求10元票张数
    amount = amount - r4 * 1000                           '求剩余款额
    r5 = amount\500                                        '求5元票张数
    amount = amount - r5 * 500                             '求剩余款额
    r6 = amount\200                                        '求2元票张数
    amount = amount - r6 * 200                             '求剩余款额
    r7 = amount\100                                        '求1元票张数
    amount = amount - r7 * 100                             '求剩余款额
    r8 = amount\50                                         '求5角票张数
    amount = amount - r8 * 50                              '求剩余款额
    r9 = amount\20                                         '求2角票张数
    amount = amount - r9 * 20                              '求剩余款额
    r10 = amount\10                                        '求1角票张数
    amount = amount - r10 * 10                             '求剩余款额
    r11 = amount\5                                         '求5分票张数
    amount = amount - r11 * 5                              '求剩余款额
    r12 = amount\2                                         '求2分票张数
    amount = amount - r12 * 2                              '求剩余数额
    r13 = amount                                           '求1分票张数
    Rem 给相应的标签对象的Text属性赋值
    Label16.Caption = r1: Label17.Caption = r2: Label18.Caption = r3
    Label19.Caption = r4: Label20.Caption = r5: Label21.Caption = r6
    Label22.Caption = r7: Label23.Caption = r8: Label24.Caption = r9
    Label25.Caption = r10: Label26.Caption = r11: Label27.Caption = r12
    Label28.Caption = r13
End Sub
```

（4）上面程序代码采用的算法是：将工资金额以分为单位表示，然后整除以 10 000，也就是求最多可以有多少张 100 元（相当于 10 000 分）面额；再将剩余的钱除以 5 000，也就是求最多可以有多少张 50 元（相当于 5 000 分）面额；依此类推，直到求有多少张 1 分面额。

思考与练习5-1

1. 填空题

（1）算法是指 _____。

（2）算法有 _____、_____、_____ 和 _____4种描述方法。

（3）顺序结构程序是 _____。

（4）选择结构的特点是 _____。

（5）循环结构的特点是 _____。

（6）循环结构又分为 _____ 结构与 _____ 结构，前者是 _____，再 _____；后者是 _____，再 _____。

（7）算法的特征有 _____、_____、_____、_____ 和 _____ 5种。

2. 操作题

（1）参考【案例19】"计算阶乘"程序的设计方法，设计一个"计算连续自然数的和"程序。该程序运行后，在两个文本框中分别输入两个不同的自然数，单击"计算"按钮，即可计算出这两个自然数之间（包括这两个自然数）所有自然数的和。

（2）参考【案例19】"计算阶乘"程序的设计方法，设计一个"计算连续偶数的和"程序。该程序运行后，在两个文本框中分别输入两个不同的偶数，单击"计算"按钮，即可计算出这两个偶数之间（包括这两个偶数）所有偶数的和。

5.2　选择结构语句

在 Visual Basic 6.0 语言中，实现选择结构的语句有：If Then Else（单选择双分支）、If Then ElseIf（多选择多分支）、Select Case（多分支开关）语句。条件语句的功能都是根据表达式的值是否成立，有条件地执行一组语句。

5.2.1　If Then Else语句

1. 单行式 If Then Else 语句

【格式】If 条件 Then 语句组 1 [Else 语句组 2]

【功能】格式中的"条件"可以是关系表达式或逻辑表达式。当条件成立（即其值为 True）时，执行"语句组 1"的各条语句；当条件不成立（即其值为 False）时，执行"语句组 2"的各条语句，如果没有"Else 语句组 2"选项则不执行。然后再执行其后的语句。如图 5-2-1 所示为 If Then Else 语句的流程图，图中判断框内的条件是 If Then Else 语句中的条件，处理框 A 是关键字 Then 后面的语句组 1，处理框 B 是关键字 Else 后面的语句组 2，处理框 C 是 If Then Else 语句下面的语句。

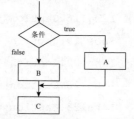

图5-2-1　If Then Else语句流程图

【说明】

（1）语句组中的语句可有多条，各条之间应用冒号分隔。

（2）格式中的"条件"可以是数值表达式和数值形式的字符串表达式，当它们的值为非零的数（例如，123）或由非零的数组成的字符串（例如，"a string"）时，执行"语句组 1"的各条语句；当它们的值为 0 或由 0 的数组成的字符串（例如，0、"0"）时，执行"语句组 2"的各条语句。

【举例1】设计一个程序。当程序运行后，调出"输入数"对话框，要求输入一个数，如图 5-2-2 所示。输入数后单击"确定"按钮。当该数为偶数时（此处输入 10），显示"是偶数"，如图 5-2-3 所示；当该数为奇数时（此处输入 11），显示"是奇数"，如图 5-2-4 所示。程序代码如下：

```
Private Sub Form_Activate()
    X = Val(InputBox("请输入数：", "输入数", 0, 600, 120))
    If X Mod 2 = 0 Then Print "是偶数" Else Print "是奇数"
End Sub
```

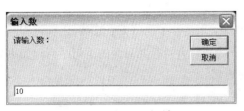

图5-2-2 程序运行结果　　图5-2-3 输入偶数的结果　图5-2-4 输入奇数的结果

2. 区块式 If Then Else 语句

【格式】

If 条件 Then

　语句序列 1

[Else

　语句序列 2]

End If

【功能】 当条件成立时，执行"语句序列 1"的各条语句；当条件不成立时，执行"语句序列 2"的各条语句，如果没有"Else 语句序列 2"选项则不执行，然后执行 End If 后面的语句。

【说明】 "语句序列 1"和"语句序列 2"可以由一个语句行或多个语句行组成。在书写代码的习惯上，常把夹在关键字 If、Then 和 Else 之间的语句序列以缩排的方式排列，这样会使程序更容易阅读理解。

【举例 2】 采用 If Then Else 语句设计上面的例子如下：

```
Private Sub Form_Activate()
    X = Val(InputBox("请输入数: ", "输入数", 0, 600, 120))
    If X Mod 2 = 0 Then
     Print "是偶数"
    Else
     Print "是奇数"
    End If
End Sub
```

5.2.2　If Then ElseIf语句

无论是单行式还是区块式的 If Then Else 语句，都只有一个条件表达式，只能根据一个条件表达式进行判断，因此最多只能产生两个分支。如程序需要根据多个条件表达式进行判断，产生多个分支时，就需要使用 If Then ElseIf 语句。

【格式】

If 条件 1 Then

　语句序列 1

[ElseIf 条件 2 Then

　语句序列 2]

...

[Else

　语句序列 n]

End If

【功能】当条件 1 的值为 True 时，则执行语句序列 1；当条件 1 的值为 False 时，则再判断条件 2 的值，依此类推，直到找到一个值为 True 的条件为止，并执行其后面的语句序列。如果所有条件的值都不是 True，则执行关键字 Else 后面的语句序列 n。无论哪一个语句序列，执行完后都接着执行关键字 End If 后面的语句。如图 5-2-5 所示为 If Then ElseIf 语句的流程图，图中判断框内的条件 1 是 If Then 语句中的条件 1，条件 2 是 ElseIf 语句中的条件 2。处理框 A 是关键字 Then 下面的语句序列 1，处理框 B 是关键字 ElseIf 下面的语句序列 2，处理框 C 是关键字 Else 下面的语句序列 n，处理框 D 是 If Then ElseIf 语句下面的语句。

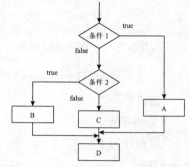

图5-2-5 If Then ElseIf语句流程图

【说明】语句中的"条件"和序列的要求及功能与 If Then Else 语句相同。

【举例3】制作一个"符号函数"程序。该程序运行后的 3 个画面如图 5-2-6 所示。在图 5-2-6（a）所示的文本框内输入一个数值，单击"求符号函数的值"按钮，即可在右边的文本框内显示出相应的数值，其对应关系符合符号函数的特点：输入大于零的数时输出 1，例如图 5-2-6（b）所示，输入等于零的数时输出 0，输入小于零的数时输出 -1，例如图 5-2-6（c）。"符号函数"程序的窗体设计和对象属性设置比较简单，由读者自行完成。

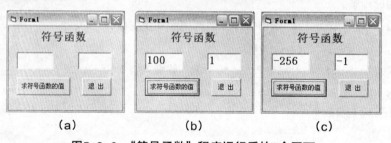

(a)   (b)   (c)

图5-2-6 "符号函数"程序运行后的3个画面

```
Private Sub Command1_Click()
    Dim N As Integer            '声明变量N是数值型
    N = Val(Text1.Text)         '将Text1文本框中的数据转换为数值，并赋给变量N
    If N > 0 Then               '如果N>0则使Text2文本框中显示1
        Text2.Text = "1"
    ElseIf N = 0 Then           '如果N=0则使Text2文本框中显示0
        Text2.Text = "0"
    Else                        '否则（即N<0）使Text2文本框中显示-1
        Text2.Text = "-1"
    End If
End Sub
Private Sub Command2_Click()    '单击"退出"按钮后，退出程序运行
    End
End Sub
```

5.2.3　Select Case语句

If Then ElseIf 语句可以包含多个 ElseIf 子语句，这些 ElseIf 子语句中的条件一般情况下是不同的。但当每个 ElseIf 子语句后面的条件都相同，而条件表达式的值并不相同时，使用 If Then ElseIf 语句设计程序就会很烦琐，此时可使用 Select Case 语句。

【格式】

Select Case 表达式

　[Case 取值列表 1

　　语句序列 1]

　[Case 取值列表 2

　　语句序列 2]

　...

　[Case Else

　　语句序列 n]

End Select

【功能】计算表达式的值，再将其值依次与每个 Casc 关键字后面的"取值列表"中的数据和数据范围进行比较，如果相等，就执行该 Case 后面的语句序列；如果都不相等，则执行 Case Else 子语句后面的语句序列 n。无论执行的是哪一个语句序列，执行完后都接着执行关键字 End Select 后面的语句。Select Case 语句流程图如图 5-2-7 所示。

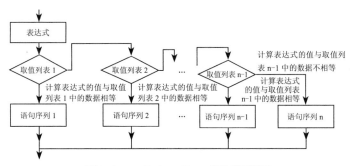

图5-2-7　Select Case语句流程图

【说明】

（1）表达式可以是数值表达式或字符串表达式。

（2）每一个 Case 后面的"取值列表"中的数据是表达式可能取得的结果，其"取值列表"的格式有以下 3 种：

◎ 数值型或字符型常量或表达式。例如，"10"、"1,5,7"、"Val("n")-5"、"S"、"A",F,E"、"Chr(65) & 12"等。其中，认为数字可以是数值或字符，认为字母是变量，只有用引号括起来的字母才会被认为是字母。

◎ 使用"To"来表示数值或字符常量区间，"To"两边可以是数值型或字符型常量。例如，"1 To 10"、[A To D]、""A" To "D""等。

 注　意

　　"To"左边的数值或字符应小于"To"右边的数值或字符。

◎ 使用"Is 表达式"采来表示数值或字符串区间。这种方法适用于取值为含有关系运算符的式子，在实际输入时，加或不加 Is 都可以，光标一旦离开该行，Visual Basic 会自动将它加上。例如，"Is>10"、"Is>=S"、"Is<="X""等。可以混合使用这 3 种格式。例如，Case A TO F，16，30，Is>10。其中，A TO F 为变量 A 和 F 所表示的数据区间的数据，16 和 30 可以是数值或字符数据，Is>10 为 Is 表达式，表示所有大于 10 的数据。

（3）如果不止一个 Case 后面的取值与表达式相匹配，则只执行第一个与表达式匹配的 Case 后面的语句序列。

【举例 4】在窗体内创建一个名称为"Command1"的按钮和一个名成为"Label1"的标签，标签用来显示输入的数据。单击"Command1"按钮后即可执行下面的程序。在输入不同的数据后，会在窗体中显示不同的内容。读者可以上机操作，并输入不同的数据，以了解 Select Case 语句的功能，理解"取值列表"格式的特点。读者还可以修改程序，来进一步掌握 Select Case 语句的功能。程序如下：

```
Private Sub Command1_Click()
    Dim N As String, B, C As Integer    '声明变量FS1是字符型，B和C变量是数值型
    N = InputBox$("请输入字符数据：")    '输入一个数据，赋给变量N
    Cls: Label1.Caption = N: B = 100: C = 200
    Select Case N
    Case "A" To "G"        '输入打头字母为A到G(包括字母A和G)的字符串时，输出1
        Print "1"
    Case 11, 18, 36, "20"    '输入11、36、20时，输出2
        Print "2"
    Case Val("50") - 10      '输入40时，输出3
        Print "3"
    Case B, C                '输入100或200时，输出4
        Print "4"
    Case "H", B + C          '输入H或300时，输出5
        Print "5"
    Case "W" + Chr(65) & 22  '输入WA22时，输出6
        Print "6"
    Case Is > "R"            '输入大于R的字母时，输出7
        Print "7"
    Case "X" To "Z",30,50,Is<0  '输入X到Z的字母或30或50或负数时，输出8
        Print "8"
    Case Else                '输入不符合上述要求的数据时，输出"无符合的数据！"
        Print "无符合的数据！"
    End Select
End Sub
```

5.2.4　选择结构的嵌套

选择结构的语句中的"语句序列"可以是一个选择结构语句，这就叫选择结构的嵌套。

【举例 5】"符号函数"程序可以采用选择结构的嵌套方式修改如下：

```
Private Sub Command1_Click()
  Dim N As Integer: Cls
  N = Val(Text1.Text)
  If N >= 0 Then
    If N > 0 Then
      Text2.Text = "1"
    Else
      Text2.Text = "0"
    End If
  Else
    Text2.Text = "-1"
  End If
End Sub
```

嵌套的选择结构语句

案例21 判断闰年

"判断闰年"程序运行后,会弹出一个"输入年份"对话框,默认年份是2012年,如图5-2-8(a)所示。在文本框内输入需要判断的年份,如图5-2-8(b)所示。按 Enter 键或单击"确定"按钮,会弹出一个"确认年份"对话框,如图5-2-8(c)所示。这个对话框是一个消息对话框,其中的信息是提示用户确认要判断的年份,单击"确定"按钮或按 Enter 键,即可关闭该消息对话框,同时在窗体中显示判断的结果,如图5-2-8(d)所示。单击"取消"按钮,则会返回如图5-2-8(b)所示的对话框,让用户重新输入判断的年份。通过该案例,可以基本掌握选择结构的嵌套。

判断某年是否为闰年的方法是:如果某年能被4整除,但不能被100整除或者能被400整除,则该年为闰年。该算法的流程图如图5-2-9所示。该程序的设计方法如下:

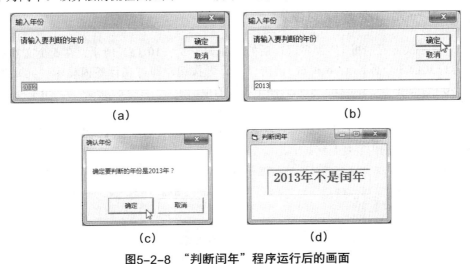

(a)   (b)

(c)   (d)

图5-2-8 "判断闰年"程序运行后的画面

(1)创建一个新的工程。拖曳鼠标以调整窗体的大小。在窗体的"属性"窗口中设置 Caption 属性值为"判断闰年"。

（2）创建一个标签，请读者参考图5-2-8（d），自行设置属性。其中，Caption 属性值为空值。

（3）在"代码"窗口内输入如下程序。

```
Dim year,N As Integer
Private Sub Form_Activate()
BT:year=InputBox$("请输入要判断的年份","输入年份",2012)
    N=MsgBox("确定要判断的年份是"+CStr(year)+"年？ ",1,"确认年份")
    If N<>1 Then   '如果单击"取消"按钮，则
        GoTo BT    '转移到BT语句重新输入要判断的年份
    End If
    If year Mod 400<>0 Then
        If year Mod 4=0 And year Mod 100<>0 Then
            Label1.Caption=CStr(year)+"年是闰年"
        Else
            Label1.Caption=CStr(year)+"年不是闰年"
        End If
    Else
        Label1.Caption=CStr(year)+"年是闰年"
    End If
End Sub
```

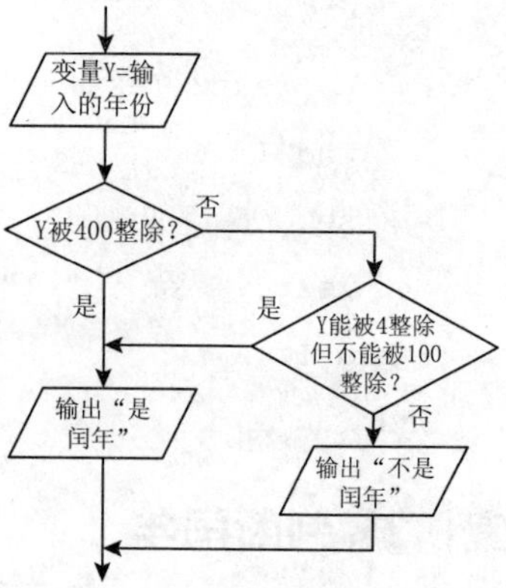

图5-2-9 判断闰年的算法流程图

（4）在上面程序中的 GoTo 语句的作用是转移到 BT 指示的语句去执行。变量 year 用来保存用户输入的年份。首先判断 year 是否能被 400 整除，如果表达式值为 True，则输出 year 的值是闰年。如果表达式的值为 False，则执行嵌套的 If 语句判断 year 是否能被 4 整除且不能被 100 整除，如果表达式值为 True，则输出 year 的值是闰年。如果表达式的值为 False，则执行嵌套的 Else 语句，输出 year 的值不是闰年。

案例22 求一元二次方程的根2

"求一元二次方程的根 1"程序运行后的画面如图 5-2-10（a）所示。在 3 个文本框中分别输入方程式的 3 个系数 a、b 和 c，单击"计算"按钮，即可在标签内显示一元二次方程 $ax^2+bx+c=0$ 根，如图 5-2-10（b）所示为两个相等的根，图 5-2-10（c）所示为两个不同的实根，图 5-2-10（d）所示为没有实根。程序的设计方法如下：

（1）创建一个"【案例 22】求一元二次方程的根 2"文件夹，将"【案例 13】求一元二次方程的根 1"文件夹中的内容复制到其中。

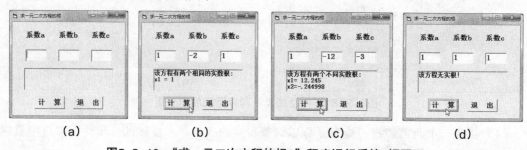

(a)　　　　　　　　(b)　　　　　　　　(c)　　　　　　　　(d)

图5-2-10 "求一元二次方程的根2"程序运行后的4幅画面

（2）使用 VB 6.0 打开工程，删除原有的程序代码。下面采用两种语句分别编写程序，程序的运行效果一样。

◎ 使用选择结构嵌套的代码程序：

```
Private Sub Command1_Click()
  Dim a As Integer, b As Integer, c As Integer
  Dim D As Single, x1 As Single, x2 As Single
  Dim FCG As String
  a = Val(Text1.Text)
  b = Val(Text2.Text)
  c = Val(Text3.Text)
  D = b*b-4*a*c
  If D < 0 Then
    FCG = "该方程无实根！"              '判断是否有实根
  Else
    If D = 0 Then
      x1 = (-b)/(2 * a)               '求方程的实根
      FCG = "该方程有两个相同的实数根:" + Chr(13) + "x1 =" + Str(x1)
    Else
      x1 = (-b + Sqr(D))/(2 * a)        '求方程的第一个实根
      x2 = (-b - Sqr(D))/(2 * a)        '求方程的第二个实根
      FCG = "该方程有两个不同实数根:" + Chr(13) + "x1=" + Str(x1) + Chr(13)
+ "x2=" + Str(x2)
    End If
  End If
  Label4.Caption = FCG
End Sub
Private Sub Command2_Click()
    End
End Sub
```

程序中的 sqr() 是求数学表达式平方根的函数。Chr() 函数用于返回给定 ASCII 码值对应的字符，Chr(13) 为回车符，用于换行。Str() 函数用于将数值表达式转换为字符串。程序中的选择结构程序的流程图如图 5-2-11 所示。

◎ Select Case 语句的代码程序。程序中选择结构程序的流程图如图 5-2-12 所示。

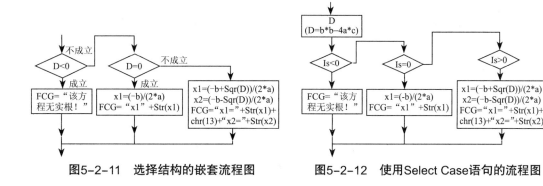

图5-2-11 选择结构的嵌套流程图　　图5-2-12 使用Select Case语句的流程图

```
Private Sub Command1_Click()
    Dim a As Integer, b As Integer, c As Integer
    Dim D As Single, x1 As Single, x2 As Single
    Dim FCG As String
    a = Val(Text1.Text)
    b = Val(Text2.Text)
    c = Val(Text3.Text)
    D = b*b-4*a*c
    Select Case D                           '使用为分支条件，判断是否有根
        Case Is < 0
          FCG = "该方程无实根！"            '判断是否有实根
        Case Is = 0
          x1 = (-b)/(2 * a)                 '求方程的实根
          FCG = "该方程有两个相同的实数根:" + Chr(13) + "  x1 = " + Str(x1)
        Case Is > 0
          x1 = (-b + Sqr(D))/(2 * a)        '求方程的第一个实根
          x2 = (-b - Sqr(D))/(2 * a)        '求方程的第二个实根
          FCG="该方程有两个不同实数根:"+Chr(13)+"x1="+Str(x1)+Chr(13)+"x2="
+Str(x2)
    End Select
    Label4.Caption = FCG
End Sub
Rem 退出程序运行
Private Sub Command3_Click()
    End
End Sub
```

案例23 猜属相

"猜属相"程序运行后，如图 5-2-13（a）所示。在"请输入您的姓名"文本框中输入姓名，在"请输入您的出生年份"文本框中输入出生年份，再单击"判断"按钮，即可显示出其属相，如图 5-2-13（b）所示。如果单击"清除"按钮，则清空文本框和标签，用户可以重新输入。程序的设计方法如下：

(a)　　　　　　　　　　　(b)

图5-2-13　"猜属相"程序运行后的2幅画面

（1）创建一个新的工程。用鼠标拖曳调整窗体的大小。在窗体的"属性"窗口中设置 Caption 属性值为"猜属相"。

（2）创建 3 个标签、2 个文本框和 2 个命令按钮，各控件的属性设置如表 5-2-1 所示。

表5-2-1　"猜属相"窗体的对象属性设置

对　象	名　称	Caption	其　他
Form1	Form1	猜属相	
Command1	Command1	判　断	宋体、粗体、四号、黑色
Command2	Command2	清　除	宋体、粗体、四号、黑色
Label1	Label1	请输入您的姓名	宋体、粗体、小四、蓝色
Label2	Label2	请输入您的出生年份	宋体、粗体、小四、蓝色
Label3	Label3		宋体、粗体、四号、红色
TextBox1	Text1		TabIndex 属性值为 1，宋体、粗体、四号、蓝色
TextBox2	Text2		TabIndex 属性值为 2，宋体、粗体、四号、蓝色

（3）在"代码"窗口内输入如下代码程序。

```
Private Sub Command1_Click()
Const thisYear = 2006          '定义一个常量thisYear，其值为2006年份
Rem 定义两个整型变量，gap保存输入年份与2006年的差，year保存输入年份
    Dim gap, year As Integer
    year = CInt(Text2.Text)
    gap = (thisYear - year) Mod 12     '将年份分为12类
    Rem 如果输入年份大于2006年，则gap = 12 - Math.Abs(gap)
    If gap < 0 Then
        gap = 12 - Abs(gap)
    End If
    Select Case gap
        Case 0
            Label3.Caption = Text1.Text + "的属相为 狗"
        Case 1
            Label3.Caption = Text1.Text + "的属相为 鸡"
        Case 2
            Label3.Caption = Text1.Text + "的属相为 猴"
        Case 3
            Label3.Caption = Text1.Text + "的属相为 羊"
        Case 4
            Label3.Caption = Text1.Text + "的属相为 马"
        Case 5
            Label3.Caption = Text1.Text + "的属相为 蛇"
        Case 6
            Label3.Caption = Text1.Text + "的属相为 龙"
        Case 7
            Label3.Caption = Text1.Text + "的属相为 兔"
```

```
            Case 8
                Label3.Caption = Text1.Text + "的属相为 虎"
            Case 9
                Label3.Caption = Text1.Text + "的属相为 牛"
            Case 10
                Label3.Caption = Text1.Text + "的属相为 鼠"
            Case 11
                Label3.Caption = Text1.Text + "的属相为 猪"
        End Select
    End Sub
    Private Sub Command2_Click()
        Text1.Text = ""
        Text2.Text = ""
        Label3.Caption = ""
    End Sub
```

在上面的代码中，声明一个常量 thisYear 用来保存年份 2006，它的对应属相为"狗"。然后，以 2006 年的属相为"狗"作为标准，通过 gap = (thisYear - year) Mod 12 语句将用户输入的年份分为 12 类（变量 gap 取值分别为 0 ～ 11），分别对应"狗"……"猪" 12 个属相。如果用户输入年份大于 2006 时，可以用 gap = 12 - Abs(gap) 表达式使变量 gap 获得新值，保证 gap 值与属相的对应关系不变。参看表 5-2-2。

表5-2-2　年份、属相、gap值和gap = 12 - Abs(gap)值的对应关系

年　份	属　相	gap 值	gap = 12 - Abs(gap) 值
1994	狗	0	0
1995	猪	11	11
1996	鼠	10	10
1997	牛	9	9
1998	虎	8	8
1999	兔	7	7
2000	龙	6	6
2001	蛇	5	5
2002	马	4	4
2003	羊	3	3
2004	猴	2	2
2005	鸡	1	1
2006	狗	0	0
2007	猪	-1	11
2008	鼠	-2	10

思考与练习5-2

1. 填空题

（1）单行式 If Then Else 语句中的"条件"可以是 _____ 或 _____ 表达式。

（2）选择结构语句中的"语句序列"可以是一个选择结构语句，这叫 _____。

2. 分析下面程序的运行结果

```
Private Sub Form_Activate()
    If "AC">="ABC" Then Print "1" Else Print "2"
    If 7 Mod 2=1 And Int(18/2)= 18/2 Then Print "1" Else Print "2"
    If 7 Mod 3-Int(7/5) Then Print "1" Else Print "2"
    If 5>=5 Then Print "1" Else Print "2"
    If "0" Then Print "1" Else Print "2"
End Sub
```

3. 操作题

（1）设计一个"求分段函数的值"程序，该程序运行后，在"X"文本框中分别输入一个数，然后单击"计算"按钮，即可在"Y"文本框内显示分段函数 Y 的值。

$$Y=\begin{cases} 5X-1 & (X \leqslant 0) \\ X^2-3X-1 & (0 < X \leqslant 15) \\ X^3-2X^2+X-1 & (X>15) \end{cases}$$

（2）编写一个程序，判断用户输入的数字是否能同时被 3 和 5 整除。

（3）设计一个"3 个数排序显示"程序，该程序运行后，在 3 个文本框中分别输入 3 个数，然后单击"排序"按钮，即可在文本框下边的标签内将这 3 个数按照从小到大的顺序显示出来。

（4）设计一个"判断是否是三角形"程序，该程序运行后，在 3 个文本框中分别输入 3 个正数，然后单击"判断"按钮，即可在文本框下边的标签内显示相关信息。如果以这 3 个数为边长可以构成一个三角形，则显示"可以构成三角形"文字，并显示它的周长和面积，否则显示"不可以构成一个三角形"文字；如果构成的三角形是一个直角三角形，则还显示"这是一个直角三角形"。

5.3 焦点和控件数组

5.3.1 焦点和Tab键的顺序

焦点和 Tab 键的顺序是程序界面设计中的重要概念，Tab 键顺序设计的好坏，对于应用程序的使用有着重要的意义。

1. 焦点

（1）什么是焦点：焦点决定在任一时刻由哪一个对象接收用户信息。只有当对象具有焦点时，才可以接收键盘输入信息。

在 Windows 环境中，可以有多个应用程序、多个窗口、多个控件对象，但在同一时间焦点只有一个。"拥有焦点"的对象通常会以突出显示标题或标题栏来表示。焦点的定位可由用户来完成，也可由程序代码来完成。

例如，当同时运行多个应用程序时，只有具有焦点的应用程序才具有激活的标题栏，并能接受键盘的输入。当打开多个窗体时，只有具有焦点的窗体才是活动窗体。在活动窗体中，任一时刻都将只有一个控件具有焦点，即处于激活状态，并能接受键盘的输入。

只有当活动窗体的所有控件都不具有焦点时，窗体才具有焦点。

对于某些对象，是否具有焦点可以通过某些特征看出来。例如，当某个命令按钮具有焦点时，标题周围的边框将突出显示。

（2）对象接收焦点的条件：对于某一对象能否接收焦点，取决于该对象的 Enabled 和 Visible 属性的取值。Enabled 属性允许对象响应键盘、鼠标等事件。Visible 属性则决定对象是否显示在屏幕上。只有这两个属性的取值同时均为 True 时，该对象才能接收焦点。

> **注 意**
>
> 框架 (Frame) 控件、标签 (Label) 控件、菜单 (Menu) 控件、线形 (Line) 控件、形状 (Shape) 控件、图像 (Image) 控件、数据（Data）控件和定时器 (Timer) 控件等都不能接收焦点。

2. Tab 键的顺序

当按下 Tab 键时，焦点在窗体中的各控件间移动的顺序：每个窗体都具有相应的 Tab 键的顺序。默认情况下，Tab 键的顺序与控件对象的建立顺序相同。

例如：依次建立了三个名字分别为 Textl、Text2 和 Text3 的文本框。当执行应用程序时，Textl 首先具有焦点。当按下 Tab 键时，焦点将按照控件建立的顺序在控件间移动，即按一下 Tab 键，焦点将从 Textl 移至 Text2，再按一下 Tab 键，焦点将移至 Text3。

通过设置控件对象的 TabIndex 属性值可以改变 Tab 键的顺序。如果一个控件的 Tab 键顺序位置发生了改变，其他控件的 Tab 键顺序位置将被自动重新编号。

对于不能接收焦点的控件对象，无效的和不可见的控件，以及 TabStop 属性设为 False 的对象，不会被包含在 Tab 键顺序中。当按下 Tab 键时，这些控件将被自动跳过。

3. 与焦点有关的事件和方法

由于在 Windows 和 Windows 的应用程序中，某一时刻只能有一个窗体或控件对象具有焦点，所以当窗体或控件对象失去焦点或获得焦点时，会产生相应的事件。当对象得到焦点时，将激发 GotFocus 事件；反之，当对象失去焦点时，将激发 LostFocus 事件。多数控件都支持这两个事件。SetFocus 方法可用来设定具有焦点的对象。

（1）LostFocus 事件：当一个窗体或对象失去焦点，而另一个窗体或对象获得焦点时，会触发 LostFocus（失去焦点）事件。原来具有焦点的窗体或控件对象将产生 LostFocus 事件。

（2）GotFocus 事件：当一个窗体或对象获得焦点时，会触发 GotFocus 事件。

（3）SetFocus 方法：为对象设置焦点，执行该方法后，对象将获得焦点。

5.3.2 控件数组

1. 什么是控件数组

控件数组是由一组相同类型的控件组成。它们共用一个相同的控件名称（即"名称"属性必须相同），具有基本相同的属性设置。当建立控件数组时，系统给每个元素赋予了一个唯一的索引号 (Index)，即下标，下标值由 Index 属性指定。通过"属性"窗口的 Index 属性，可以知道该控件的下标是多少，第 1 个下标是 0。也就是说，控件数组的名字由"名称"属性指定，而数组中的每个元素则由 Index 属性指定。例如：控件数组 BN(4) 表示名称为 BN 的控件数组中的第 5 个元素。在设计阶段，可以改变控件数组元素的 Index 属性，但不能在运行时改变。

控件数组适用于若干个控件执行相似操作的场合，它通过数组名和括号中的下标来引用。控件数组共享同样的事件过程。例如，控件数组 BN 有 4 个命令按钮，不管单击哪个命令按钮，都会调用同一个事件过程。与普通数组一样，控件数组的下标也在圆括号中，例如 BN(0)。为了区分控件数组中的各个元素，VB 会把下标值传送给过程。例如，单击上述控件数组中的任意命令按钮时，会调用如下的事件过程。通过按钮的 Index 属性，可以确定用户单击了哪个按钮，并可在对应的过程中进行有关的编程。例如：下面这段程序段表示了，如果单击了BN(1)按钮，则该按钮的上边会显示"单击的是第2个按钮"文字。

```
Private Sub BN_Click(Index As Integer)
    If Index=1 then
        BN(Index).Caption="单击的是第2个按钮"
    Endlf
End Sub
```

2. 创建控件数组的方法

（1）方法一：将几个相同类型控件的Index属性设置为不同的非0数，再将它们的名称改为一样。

（2）方法二：在进行复制粘贴时创建控件数组的步骤如下所述。

◎ 在窗体上创建一个控件对象，可进行控件名称的属性设置，这是创建的第1个控件数组元素。选中该控件对象，将选中的控件对象复制到剪贴板中。

◎ 选中控件数组元素所在的窗体，再进行"粘贴"操作，在进行粘贴操作时，会弹出一个提示框，例如，控件元素为按钮的提示框如图5-3-1所示。

◎ 单击"是"按钮后，就建立了一个控件数组元素；单击"否"按钮，则放弃创建控件数组的操作，只是

图5-3-1　提示框

粘贴了一个控件对象，VB系统自动将它的名字进行修改（序号自动增加）。

◎ 再进行若干次粘贴操作，就建立了所需个数的控件数组元素。

（3）方法三：在给控件对象命名时创建控件数组的步骤如下所述。

◎ 在窗体上创建作为数组元素的各控件对象。

◎ 单击要包含到数组中的某个控件，将其激活。再进行控件名的属性设置（例如将它命名为"按钮"），这是创建的第1个控件数组元素。

◎ 单击要包含到数组中的另一个控件，再在其"属性"窗口内改变它的名称，使它的名称与第1个控件的名称一样。此时也会弹出一个提示框。单击"是"按钮后，就建立了一个控件数组元素。

◎ 再进行若干次上述操作后，就建立了所需个数的控件数组元素。

3. 动态控件数组

动态控件数组可以在程序运行中动态地增加或删除控件，创建动态控件数组的方法如下：

（1）在窗体上创建作为数组元素的一个控件对象，设置该控件对象的Index属性值为0，表明该控件对象为数组，也可以进行控件对象名称的设置（例如将它命名为"按钮"）。这是创建的第1个控件数组元素。

（2）在程序中，使用Load语句添加多个控件数组的其他数组元素；也可以通过使用UnLoad语句删除一些后添加的数组元素。Load语句和UnLoad语句的格式如下：

【格式1】Load 对象名称（Index 数值）

【格式2】UnLoad 对象名称（Index 数值）

（3）在程序中，利用控件数组元素的Left、Top、Width和Height属性来确定每个添加控件数组元素的位置和大小等。同时，将它们的Visible属性设置为True,使它们可见。TabIndex（焦点的序号）属性的数值也需要重新设置。

控件数组建立后，只要将该控件数组元素的 Index 属性值改为空，即可删除该控件数组。

4. 控件数组的属性

（1）LBound 属性：返回控件数组中控件的索引下界，参看第 7 章第 7.1 节有关内容。

（2）UBound 属性：返回控件数组中控件的索引上界，参看第 7 章第 7.1 节有关内容。

（3）TabIndex 属性：获取或设置父窗体中大部分对象的 Tab 键的次序。它的取值为 0 ～ (n-1) 的整数，这里 n 是窗体中有 TabIndex 属性的控件的个数。给该属性赋一个小于 0 的值时，会产生错误。

（4）TabStop 属性：获取或设置一个值，该值用来指示是否能够使用 Tab 键来将焦点从一个对象移动到另一个对象。当属性值为 True 时，表示指定对象能够获得焦点；当属性值为 False 时，表示当用户按下 Tab 键时，将跨越该对象，虽然该对象仍然在实际的 Tab 键顺序中，按照 TabIndex 属性的决定，保持其位置。系统默认为 True。该属性能够在窗体的 Tab 键次序上加入或删除一个控件。

案例24 猜字母

"猜字母"程序运行后的画面如图 5-3-2（a）所示。单击"开始"按钮，计算机随机产生一个字母让用户猜，同时屏幕显示一个数字钟。在文本框中输入所猜的英文大写字母后，计算机会根据所猜字母的情况，给出相应的提示（"太大了！"或"太小了！"），如图 5-3-2（b）所示。当猜对后，会显示用了几次才对的，并给出相应的评语，如图 5-3-2（c）所示。如果想继续玩游戏，可再次单击"开始"按钮。该程序的设计方法如下：

  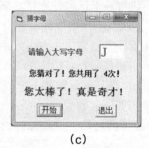

（a） （b） （c）

图5-3-2 "猜字母"程序运行后的三幅画面

（1）在该程序中，使用了 3 个标签，1 个文本框，2 个按钮和 2 个时钟控件对象。对象的主要属性设置参考图 5-3-2 所示。

（2）程序代码如下（不包含响应"退出"按钮部分的代码，请读者自行完成）。

```
Dim N As Integer, M As Integer, S As Integer, NS$, MS$
Private Sub Command1_Click()
    Randomize
    N = Int(Rnd * 26) + 65          '产生65～91之间的随机数
    NS$ = Chr(N)                    '将产生的随机数转换为随机大写英文字母
    Text1.Enabled = True            '文本框 Text1清空
    Text1.Text = ""                 '文本框 Text1有效
    Label2.Caption = ""             '标签Label2用来显示猜字母提示信息
    Timer2.Enabled = True           '时钟控件Timer2有效
```

```
        Text1.ForeColor = vbRed          '设置文本框Text1文字颜色为红色
        Label3.Caption = 0               '标签Label3用来显示猜字母所用秒数
        S = 0                            '变量用来保存猜字母所用秒数
        Text1.SetFocus                   '将光标定位在文本框Text1中
        M = 0                            '变量M用来统计猜字母的次数,将它清零
    End Sub
    Private Sub Text1_KeyUp(KeyCode As Integer, Shift As Integer)
        M = M + 1                        '变量M自动加1
        MS$ = RTrim$(Text1.Text)   '将文本框Text1中字母后边的空格清除后,赋给变量MS$
        Rem    判断猜得是否正确,以显示不同的信息
        If MS$>NS$ Then Label2.Caption="太大了!已经猜了"&Str$(M)&"次了!"
        If MS$<NS$ Then Label2.Caption="太小了!已经猜了"&Str$(M)&"次了!"
        Timer1.Enabled = True    '使时钟Timer1有效,产生延时效果,以便用户看清输入的字母
        Rem 如果猜对了,则显示相应的信息
        If MS$ - NS$ Then
            Timer1.Enabled = False       '使时钟Timer1无效
            Timer2.Enabled = False       '使时钟Timer2无效
            Label2.Caption = "您猜对了!您共用了" & Str$(M) & "次!"
            Rem 根据猜对所用的次数,显示相应的评语
            If M >= 9 Then Label3.Caption = "您应该学一些技巧!"
            If M < 9 And M > 6 Then Label3.Caption = "您还可以!要继续努力!"
            If M <= 6 Then Label3.Caption = "您太棒了!真是奇才!"
            Command1.SetFocus
        End If
    End Sub
    Private Sub Timer1_Timer()           '用来产生500ms延时
        Timer1.Enabled = False           '时钟控件Timer1无效
        Text1.Text = ""                  '文本框 Text1清空
    End Sub
    Private Sub Timer2_Timer()           '用来使数字钟1s变化一次
        S = S + 1                        '秒数自动加1
        Label3.Caption = S               '显示秒数
    End Sub
```

（3）在上面的程序代码中，Timer1 时钟对象负责显示输入的字母后，延时约 500 ms，再自动擦除输入的字母；Timer2 时钟对象负责显示动态的数字钟，该数字钟只有在猜字母的过程中显示，一旦猜对了，数字钟将自动消失，取代它的是计算机对用户玩游戏的评语。

案例25 电子试卷的选择题1

设计"电子试卷的选择题 1"程序，该程序运行后的画面如图 5-3-3（a）所示。可以看到，它是一个选择题的界面。单击某个选项按钮，进行答案的选择，会弹出一个消息对话框，说明

选择是否正确，如图 5-3-3（b）和图 5-3-3（c）所示。如果按下 Tab 键，则焦点会在 4 个命令按钮之间移动。当焦点移动到某个按钮上时，该按钮控件上边有一个虚线矩形框，按 Enter 键，即相当于单击该按钮。

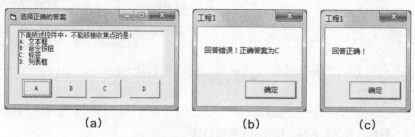

(a)　　　　　　　　(b)　　　　　　　　(c)

图5-3-3　"电子试卷的选择题1"程序运行后的3幅画面

（1）新建一个"标准 .EXE"工程，在窗体上创建一个文本框。再设置该文本框控件的 TabStop 属性为 False，使得文本框不能接收焦点；Multiline 属性设置为 True，使文本框可显示多行文字；文本框 Locked 属性设置为 True，锁定文本框的内容，使程序运行中不能通过键盘输入或删除字符；BorderStyle 属性设置为"1-Fixed Single"，设置文本框呈下凹状。

（2）在窗体上创建一个命令按钮控件 Command1。设置该按钮控件的 Caption 属性为"A"，Insex 属性为 0，TabInsex 属性为 0。

（3）单击选中该按钮控件对象，单击标准工具栏内的"复制"按钮，将选中的按钮控件对象复制到剪贴板中。

（4）单击选中窗体，再单击标准工具栏内的"粘贴"按钮，弹出一个提示框，如图 5-3-1 所示。单击"是"按钮后，即可创建立一个控件数组元素。该按钮的名称为"Command1"。它的 Index 属性会自动设置为 1，TabIndex 属性自动设置为 1。

（5）再进行 2 次粘贴操作，就创建 4 个按钮控件组成的"Command1"控件数组。这两个按钮控件的 Index 属性会自动设置为 2 与 3，TabIndex 属性自动设置为 2 与 3。

（6）按先后顺序，依次设置按钮控件数组元素的 Caption 属性为"A"、"B"、"C"、"D"，从左向右排列，按图 5-3-3（a）所示进行适当调整。

（7）在窗体的"代码"窗口中输入以下代码。

```
Private Sub Form_Load()

    Text1.Text = "下面所述控件中，不能够接收焦点的是: " + Chr(13) + Chr(10) +
    "A: 文本框" + Chr(13)  + Chr(10) + "B: 命令按钮" + Chr(13) + Chr(10) +
    "C: 标签" + Chr(13) + Chr(10) + "D: 列表框"

End Sub
Private Sub Command1_Click(Index As Integer)

    Select Case Index                           '对控件数组的索引值进行判断

        Case 0

            MsgBox "回答错误! 正确答案为C"

        Case 1

            MsgBox "回答错误! 正确答案为C"

        Case 2

            MsgBox "回答正确! "

        Case 3
```

```
        MsgBox "回答错误! 正确答案为C"
    End Select
End Sub
```

（8）在窗体加载（Form_Load）事件中，通过对文本框 Text1 的 Text 属性赋值将问题及待选的答案选项显示在文本框中。语句中的"Chr(13)+ Chr(10)"用于回车换行，其后的字符串会另起一行显示。程序中的命令按钮都使用了同一个事件 Command1_Click，在该事件中，通过 Select 语句对各个按钮的索引值 Index 进行判断，并执行相应的代码，以达到对按钮选项进行判断的目的。

案例26 动态标签

"动态标签"程序运行后的画面如图 5-3-4（a）所示。单击"添加标签"按钮，可添加一个动态标签"标签 0"；再单击该按钮，可再添加一个动态标签"标签 1"。添加 4 个标签后，再单击该按钮，不会再添加动态标签，添加 4 个动态标签后的窗体画面如图 5-3-4（b）所示。单击"删除标签"按钮，可以删除添加的最后一个标签。通过本案例的学习，可以了解控件数组的常用属性以及创建和使用控件数组的方法。该程序的设计方法如下：

（1）创建一个新的工程，在窗体内添加一个命令按钮控件对象。设置 Caption 属性为"添加标签"，Index 属性设置为 0，TabIndex 属性设置为 0。

（2）单击选中"添加标签"按钮，单击标准工具栏内的"复制"按钮 ，将"添加标签"按钮复制到剪贴板中。再单击标准工具栏内的"粘贴"按钮 ，将剪贴板中的"添加标签"按钮粘贴到窗体中。然后，将粘贴的"添加标签"按钮的 Caption 属性设置为"删除标签"，它的 Index 属性会自动设置为 1，TabIndex 属性自动设置为 1。经上述操作后，创建了一个名称为 Command1 的按钮控件数组。其中的 Command1(0) 按钮的 Caption 属性为"添加标签"，按钮 Command1(1) 的 Caption 属性为"删除标签"。

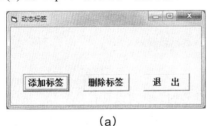
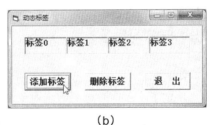

（a）   （b）

图5-3-4 "动态标签"程序运行后的画面

（3）重复步骤（2），创建 Command1(2) 按钮，其 Caption 属性为"退出"。

（4）在窗体内添加一个标签控件对象，其 Caption 属性值为空，文字颜色为蓝色，大小为四号字，粗体，BorderStyle 属性值为 1-Fixed Single，Index 属性设置为 0。由此，创建了一个名称为 Label1 的按钮控件数组，该标签控件为 Label1(0)。将其移动到"添加标签"按钮所在位置，大小与"添加标签"按钮一样，让"添加标签"按钮将其覆盖。

（5）在"代码"窗口中输入如下程序。

```
Private Sub Command1_Click(Index As Integer)
    If Index=0 Then
        If Label1.UBound<4 Then          '如果添加的动态标签超过4个，则不添加按钮
            n=Label1.UBound             '通过控件索引上界建立新控件索引序号
```

```
         Load Label1(n+1)                              '加载新的按钮控件
         Label1(n+1).Top=Label1(0).Top-1000           '设置新添加标签控件的垂直位置
         Rem 如添加第1个动态标签，则它与Label1标签的Left属性一样（水平位置一样）
         If n=0 Then
             Label1(1).Left=Label1(0).Left  '第1个动态标签与Label1的Left属性一样
         Else
             Rem 其他动态标签比上一个填加的动态标签的Left属性值大1200
             Label1(n+1).Left=Label1(n).Left+1200
         End If
         Label1(n+1).Visible=True                      '使新添加控件可见
         Label1(n+1).Caption="标签"&(n)                 '设置新添加控件的标题文字
     End If
     ElseIf Index=1 Then
         If Label1.UBound > 0 Then                     '判断控件是否是动态添加的
             Unload Label1(Label1.UBound)              '删除序号最大的控件
         End If
     Else
         End
     End If
End Sub
```

（6）单击"删除标签"按钮时，所删除的只能是动态添加的动态标签，而不能删除程序设计时通过操作添加的标签。程序中，用语句"If Label1.UBound > 0 Then"来对数组的索引上界进行判断，以识别该按钮是否为动态添加的标签。

思考与练习5-3

1．填空题

（1）焦点决定了 _____。只有当对象具有焦点时，才可以具有 _____ 能力。

（2）只有对象的 _____ 和 _____ 两个属性的取值同时为 True 时，该对象才能接收焦点。

（3）Tab 键的顺序是 _____。

（4）控件数组是 _____ 组成。它们共用一个相同的 _____。

（5）创建控件数组的一种方法是：将几个相同类型控件的 _____ 属性设置为不同的非 0 数，再将它们的 _____ 属性改为一样。

（6）动态控件数组可以在程序运行中动态地 _____ 或 _____ 控件对象。

2．操作题

（1）修改【案例 25】"电子试卷的选择题 1"程序，使它可以做 5 道题并能够统计分数。

（2）修改【案例 26】"动态标签"程序，使它可以在垂直方向增添 6 个标签的程序。

5.4 选择类控件

选择类控件有单选按钮控件、复选框控件和框架控件，以及列表框控件和组合框控件。

5.4.1 单选按钮控件、复选框控件和框架控件

1. 单选按钮控件和复选框控件的特点

（1）单选按钮控件的特点：单选按钮（OptionButton）控件主要用于在多种功能中选择一种功能的情况。它是一个标有文字说明的圆形框⊙，选中它后，圆圈中会出现一个黑点⊙。单选按钮必须成组出现，在一组单选按钮中必须选择一项，且只能选择一项，如图 5-4-1（a）所示。

（2）复选框控件的特点：复选框（CheckBox）控件主要用于选择某一功能的两种不同状态。它是一个标有文字说明的方形框☐，选中它后，方框中会出现对勾☑，可同时选择一项或多项，如图 5-4-1（b）所示。

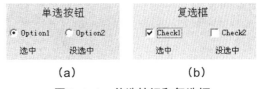

图5-4-1　单选按钮和复选框

单选按钮和复选框控件都可以接收 Click 事件，但一般不需要编写 Click 事件过程。因为当用户单击单选按钮或复选框时，它们会自动改变状态。

2. 单选按钮控件和复选框控件的属性

（1）Caption 属性：设置单选按钮或复选框的文本注释，即⊙或☐边上的文字标题。

（2）Alignment 属性：它有两个取值。取 0 值（默认）时，标题显示在⊙或☐的右边；取 1 值时，标题显示在⊙或☐的左边。

（3）Value 属性：表示单选按钮或复选框的状态。

◎ 单选按钮：选 True 值，表示它被选中；选 False（默认）值，表示单选按钮没被选中。

◎ 复选框：选 0-Unchecked（默认）值，表示复选框没被选中；选 1-Checked 值，表示复选框被选中；选 Grayed 值，表示复选框禁止选择，此时复选框变成灰色。

（4）Style 属性：用来指定单选按钮或复选框的显示方式。取 0-Standard 值，表示标准方式；取 1-Graphical 值，表示图形方式。当该属性设置为 1-Graphical 时，可以利用 Picture、DownPicture 和 DisabledPicture 中分别设置不同的图像，用 3 种不同的图像分别表示没选中、选中和禁止选择 3 种状态。

3. 框架控件的特点和属性

当需要在同一窗体中建立几组相互独立的单选按钮时，就需要用框架将每一组单选按钮框起来，这样在一个框架内的单选按钮为一组，它们的操作不影响框外的其他组的单选按钮，如图 5-4-2 所示。另外，对于其他类型的控件用框架框起来，可提供视觉上的区分和总体的激活。

图5-4-2　框架

在窗体上创建框架及其内部控件对象时，必须先创建框架，然后在其中创建控件对象。创建控件不能用双击工具箱中控件的方式。如果要用框架将已有控件对象分组，可按住 Shift 键，同时单击选中所有控件对象，将它们剪切到剪贴板中，再选中框架，把剪贴板中的控件对象粘贴到框架上。对框架的操作也是对其内部的控件对象的操作。框架的主要属性如下：

（1）Caption 属性：用来设置框架左上角的标题名称。如果 Caption 为空值，则框架为封闭的矩形框。

（2）Enabled 属性：将它设置为 False 时，程序运行后，该框架在窗体中的标题正文为灰色，表示框架内的所有对象均被屏蔽，不允许用户对其进行操作。

（3）Visible 属性：其值为 False 时，程序运行后，框架及其内所有控件对象会被隐藏。

5.4.2 列表框和组合框控件

1. 列表框控件的特点和属性

ListBox（列表框）控件用来以选项列表形式显示一系列选项，并可从中选择一项或多项。如果有较多的选项，超出列表框区域而不能一次全部显示时，会自动加上滚动条。列表框最主要的特点是只能从中选择，不能直接写入或修改其内容。

VB 6.0 提供了列表框的不同风格来方便程序设计，在程序中，可以使用简单的单列列表框来进行单项内容的选择，也可以通过带复选风格的列表框选择多个选项，还可以通过多列列表框来提供多列选项以供选择。图 5-4-3 所示为 3 个不同风格的列表框。

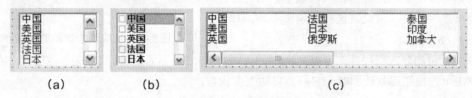

(a)　　　　　　(b)　　　　　　　　　(c)

图5-4-3　3种列表框

列表框的基本属性如下：

（1）Columns 属性：

【格式】列表框名称 .Colunms[=number]

【功能】返回或设置一个值，其取值为整数类型，默认值为 0。用来决定 ListBox 控件是加水平滚动条还是加垂直滚动条，以及如何显示列表框中的列表项。如果加水平滚动条，则 Columns 属性决定显示多少列的列表项。

【说明】number 表示一个整数值，当其取值为 0 时，加水平滚动条，所有列表项安排在一列中显示，被称为单列列表框，如图 5-4-3（a）所示。当其取值为大于 0 时，加水平滚动条，列表项将被安排在多个列中显示，被称为多列列表框，如图 5-4-3（c）所示。多列列表框中列表项被安排在多个列中，先填第一列，再填第二列……。对于水平滚动的列表框控件，列宽等于列表框的宽度除以列数。ColumnS 可以在设计状态下设置，但不可以在程序运行中，将多列列表框变为单列列表框或将单列列表框 ListBox 变为多列列表框。

（2）List 属性：

【格式】列表框对象名称 .List(index)[=string]

【功能】它用来设置或返回列表框控件对象中指定的列表项。

【说明】该属性是一个字符型数组，每一个列表项都是这个数组中的一个元素，每个列表项都是一个字符型数据。其中，index 表示列表框控件中指定列表项的序号，string 表示与指定下标号相对应的一个列表项。List 数组的下标是从 0 开始的。例如，在图 5-4-3 中，List(0) 的值是"中国"，List(1) 的值是"美国"，List(2) 的值是"英国"……

List 属性既可以在设计状态设置，也可以在程序中设置或引用。在设计时，可以通过设置列表框的 List 属性为列表框添加列表项。当输入完一个列表项时，按 Ctrl+Enter 键可以添加下一个列表项。列表项只能被添加到列表框的末尾处。

（3）ListCount 属性：它表示列表框中列表项的数量，其值为整数。第一个列表项序号为 0，最后一个列表项序号为 ListCount-1 值。该属性只能在程序中设置或引用。

（4）ListIndex 属性：它表示执行时选中的列表项序号，其值为整数。如果没选中任何项，则 ListIndex 的值为 -1。该属性只能在程序中设置或引用。

（5）ItemData 属性：

【格式】ListBoxl.ItemData（index）[=number]

【功能】返回或设置列表框控件中每个列表项具体的编号。其中，index 表示列表框控件中指定列表项的编号，number 表示与指定列表项相关联的整数。

【说明】ItemData 属性是一个整数数组，数组大小与列表框控件对象的 List 属性的项目数相同。通常可以作为列表项的索引或者标识。例如，在图 5-4-3 中，列表项为各个国家的名字，则可以将 ItemData 属性设置为各国家对应的编号。

注　意

> ItemData 属性是整型数组，而 List 属性是字符型数组。

（6）NewIndex 属性

【格式】ListBoxl.NewIndex

【功能】返回最后添加到列表框中的列表项索引。该属性只在运行时可用，且为只读属性。

（7）Selected 属性：它是一个逻辑数组，其元素对应列表框中相应的选项，表示对应的列表项在程序运行期间是否被选中。例如，如果 Selected(0) 的值为 True，则表示第一项被选中；如果其值为 False，则表示没被选中。该属性只能在程序中设置或引用。

（8）Sorted 属性：它决定了列表框中项目在程序运行期间是否按字母顺序排列显示。如果其值为 True，则项目按字母顺序排列显示；如果其值为 False，则项目按加入先后顺序排列显示。该属性只能在设计时设置。

（9）Text 属性：它的值是被选中列表项的文本内容。注意 List(ListIndex) 等于 Text。例如，在图 5-4-3 所示的列表框中，如果选中"中国"，则 Text 属性值为"中国"，而 ListIndex 为 0，因此 List(ListIndex) 是"中国"。该属性是默认属性，只能在程序中设置或引用。

（10）MultiSelect 属性：用来确定是否可选择多个选项。

◎ 其值为"0-None"时，禁止多项选择。

◎ 其值为"1-Simple"时，可选择多个选项，用鼠标器单击选项或按空格键来选中或取消选中一个选项。

◎ 其值为"2-Extended"时，可扩展多项选择。

扩展多项选择时按住 Ctrl 键，同时用鼠标单击或按空格键来选中或取消选中一个选择项；按住 Shift 键同时单击鼠标，或者按住 Shift 键并移动光标键，即可从前一个选中的选项扩展选中到当前的多个连续选项。

（11）Style 属性：用来获取或设置一个值，该值用来决定控件的风格。该属性在运行时是只读的。列表框风格可以是以下两种：

◎ vbListBoxStandard，值为 0，标准风格，该值为缺省值。ListBox 控件为文本项的列表。

◎ vbListBoxCheckbox，值为 1，复选框样式，如图 5-4-3（b）所示。在 ListBox 控件中，每一个文本项的旁边都有一个复选框。

2. 组合框控件的特点和属性

ComboBox(组合框) 控件是组合了文本框和列表框的特性而形成的一种控件。组合框在列表框中列出可供用户选择的选项，另外还有一个文本框。当列表框中没有所需选项时，除了下拉式列表框（Style 属性为 2）之外都允许在文本框中用键盘输入。若用户选中列表框中某个选项，则该选项的内容会自动装入文本框中。组合框占用的窗体空间比列表框要小。

组合框有 3 种不同的风格：下拉式组合框、简单组合框和下拉式列表框，如图 5-4-4 所示。组合框的风格由 Style 属性值来确定。

（1）下拉式组合框：它的 Style 属性为 0(默认)，显示在窗体的仅是文本编辑框和一个箭头按钮▼。程序运行时，用户可通过键盘直接在文本框区域输入文本，也可用鼠标单击右边的箭头按钮或按 Alt+↓键，打开列表框，选择已有的选项，选中的内容会显示在文本框中。这种组合框允许用户输入不属于列表内的选项。

图5-4-4　3种组合框

当用户再用鼠标单击箭头按钮时，刚刚输入的选项会消失，仅显示原有的选项。下拉式组合框如图 5-4-4 所示。

（2）简单组合框：它的 Style 属性为 1。列表框中列出所有的选项，右边没有下拉箭头，列表框不能被收起和拉下，与文本编辑框一起显示在屏幕上。可以在文本框中用键盘输入列表框中没有的选项。当列表中选项的数目超过列表框的大小时，列表框将自动加入一个垂直滚动条。简单组合框如图 5-4-4 所示。

（3）下拉式列表框：它的 Style 属性为 2。其功能与下拉式组合框类似，区别是不能输入列表框中没有的列表项。下拉式列表框如图 5-4-4 所示。

组合框拥有列表框和文本框的大部分属性，也有 SelLength、SelStart 和 SelText 这 3 个文本框的属性。当 Style 属性值为 0 或 1 时，Text 属性可用来返回或设置文本框的内容。当 Style 属性值为 2 时，Text 属性可返回列表框中的内容，组合框的 Text 属性在程序运行中是只读的。

3．列表框和组合框控件的方法

（1）AddItem 方法：它适用于列表框和组合框。

【格式】控件对象名称 .AddItem string[,number]

【功能】它可以把列表框或组合框中的一个选项加入到指定的列表框或组合框中。

【说明】"控件对象名称"是列表框或组合框的名称；string 参数是加入到列表框或组合框的选项，它必须是字符型表达式；number 参数决定了新增选项在列表框或组合框中的排序位置，对于第一个选项，其 number 值为 0。如果省略 number 参数，则新增选项会添加到列表框或组合框所有选项的最后面。

（2）RemoveItem 方法：它适用于列表框和组合框。

【格式】控件对象 .RemoveItem number

【功能】从列表框或组合框中删除一个指定的选项。

【说明】"控件对象"参数是列表框或组合框的名称；number 参数是被删除选项在列表框或组合框中的位置，对于第一个选项，number 值为 0。

（3）Clear 方法：它适用于列表框、组合框和剪贴板。

【格式】控件对象 . Clear

【功能】用来删除列表框、组合框或剪贴板中的所有内容。

【说明】"控件对象"参数是列表框或组合框的名称。

4．列表框和组合框控件的事件

（1）列表框拥有大多数的基本事件，其中，使用最多的是 Click、DblClick 与 Scroll。

（2）组合框中使用较多的事件是 Click、DblClick、Change 和 Scroll。

（3）只有当组合框下拉部分列表框中的内容被滚动时，才会触发 Scroll 事件。只有当组合框的文本框架部分发生输入操作，内容改变时，才会触发 Change 事件。

案例27 电子试卷的选择题2

"电子试卷的选择题 2"程序运行后的画面如图 5-4-5（a）所示，窗体内有两道单选练习题。

选中你认为正确的单选项,再单击"下一组题目"按钮,即可切换到另一个窗体,如图5-4-5(b)所示(还没有选择和判分)。由图5-4-5(b)可以看出,窗体内上边的标题是"选择正确答案(复选)",窗体内有两道复选练习题。选中你认为正确的复选框,再单击"判分"按钮,即可在分数文本框内显示出相应的分数。此时,"退出"按钮变为有效,单击"退出"按钮,即可退出程序的运行。该程序的设计方法如下:

(a)　　　　　　　　　(b)

图5-4-5 "电子试卷的选择题2"程序运行后的2幅画面

(1)"电子试卷的选择题 2"应用程序有 2 个窗体,一个名称为 Form1,另一个窗体的名称为 Form2。Form1 窗体中有多个控件对象:3 个标签、2 个框架、8 个单选按钮和 1 个按钮,如图 5-4-5(a)所示。这些对象的主要属性设置如表 5-4-1 所示。对象的序号按空间的分类,从上到下、从左到右的顺序依次排号。窗体对象的 StartUpPosition 属性设置为"2-屏幕中间"。

表5-4-1　Form1窗体控件对象的属性设置

序　号	类　别	名　称	Caption	Font 属性和 ForeColor 属性	Index
1	窗体	Form1	电子试卷的选择题		
2	标签	Label1	选择正确答案(单选)	小四号、红色	
3	标签	Label2	空	小四号、蓝色	
4	标签	Label3	空	小四号、蓝色	
5	框架	Frame1		12 号、黑色	0
6	框架	Frame1		12 号、黑色	1
7	单选按钮	Option1	2	小五号、蓝色	0
8	单选按钮	Option1	10	小五、蓝色	1
9	单选按钮	Option1	13	小五、蓝色	2
10	单选按钮	Option1	14	小五、蓝色	3
11	单选按钮	Option2	AVI	小五、蓝色	0
12	单选按钮	Option2	DOC	小五、蓝色	1
13	单选按钮	Option2	TXT	小五、蓝色	2
14	单选按钮	Option2	JPG	小五、蓝色	3
15	按钮	Command1	下一组题目	12 号、黑色	

(2)Form2 窗体中有多个控件对象:5 个标签、2 个框架、9 个复选框和 2 个按钮,如图 5-4-5(b)所示。这些对象的主要属性设置如表 5-4-2 所示。对象的序号按从上到下、从左到右的顺序依次排号。窗体对象的 StartUpPosition 属性设置为"2-屏幕中间"。

表5-4-2　Form2窗体控件对象的属性设置

序　号	类　别	名　称	Caption	Font 属性和 ForeColor 属性	Index
1	窗体	Form2	电子试卷的选择题	12 号、黑色	
2	标签	Label1	选择正确答案(复选)	小四号、红色	

序 号	类 别	名 称	Caption	Font 属性和 ForeColor 属性	Index
3	标签	Label2	空	小四号、蓝色	
4	标签	Label3	空	小四号、蓝色	
5	标签	Label4	分数：	小四号、红色	
6	标签	Label5	空	小四号、红色	
7	框架	Frame1		12 号、黑色	0
8	框架	Frame1		12 号、黑色	1
9	复选钮	Check1	C	小五号、蓝色	0
10	复选钮	Check1	JAVA	小五、蓝色	1
11	复选钮	Check1	VB	小五、蓝色	2
12	复选钮	Check1	Photoshop	小五、蓝色	3
13	复选钮	Check2	RAM	小五、蓝色	0
14	复选钮	Check2	ROM	小五、蓝色	1
15	复选钮	Check2	硬盘	小五、蓝色	2
16	复选钮	Check2	U 盘	小五、蓝色	3
17	复选钮	Check2	光盘	小五、蓝色	4
18	按钮	Command1	判分	12 号、黑色	0
19	按钮	Command1	退出	12 号、黑色，Enabled=False	1

（3）在"Form1"窗体的"代码"窗口内的代码程序如下：

```
Public FS As Integer      '定义一个全局变量FS用来保存分数
Rem 给两个标签赋字符串，显示题目
Private Sub Form_Activate()
    Label2.Caption = "1.将二进制数1101转换为十进制数是："
    Label3.Caption = "2.Word文档的扩展名是："
End Sub
Rem 单击"下一组题目"按钮后产生的事件
Private Sub Command1_Click()
    FS = 0                '保存分数的变量FS赋初值0
    If Option1(2) = True Then FS = FS + 25    '选中第1题第3个单选按钮后加25分
    If Option2(1) = True Then FS = FS + 25    '选中第2题第2个单选按钮后加25分
    Unload Form1          '卸载窗体Form1
    Form2.Show            '加载并显示窗体Form2
End Sub
```

（4）在"Form2"窗体的"代码"窗口内的代码程序如下所示。

```
Rem 载入窗体Form2后产生的事件，给两个标签赋题目
Private Sub Form_Activate()
    Label2.Caption = "1.目前流行的计算机程序设计语言有哪些？"
    Label3.Caption = "2.能够永久存储数据的器件有哪些？"
End Sub
```

```
Rem 单击按钮后产生的事件
Private Sub Command1_Click(Index As Integer)
    If Command1(0) = True Then '如果单击"判分"按钮,则
        Dim FSZ As Integer
        FSZ = 0                         '变量FSZ赋初值0
        FSZ = Form1.FS                  '将窗体Form1中定义的变量FS的值赋给变量FSZ
        Rem 如果选中了第1题第1、2、3个复选框,则加25分
        If Check1(0) And Check1(1) And Check1(2) Then FSZ = FSZ + 25
        Rem 如果选中了第2题第2、3、4、5个复选框,则加25分
        If Check2(0) And Check2(2) And Check2(3) And Check2(4) Then FSZ =
        FSZ + 25
        Label5.Caption = FSZ            '给标签Label5赋分数
        Command1(1).Enabled = True      '使"退出"按钮有效
    End If
    If Command1(1) = True Then          '如果单击"退出"按钮,则
        End
    End If
End Sub
```

案例28 模拟"字体"对话框

"模拟'字体'对话框"程序运行后的画面如图5-4-6所示,该程序可以模拟演示"字体"对话框,设置字体、字形、字号、对齐方式,以及是否有下画线和删除线,并在标签中显示当前的字体效果,图5-4-7为其中一个效果。按 Tab 键,可以依次在列表框、组合框、单选按钮和复选框各对象之间选择不同的控件对象。该程序的设计方法如下:

(1)在窗体上创建 4 个标签、2 个复选框、3 个组合框和 1 个框架,再在框架控件内创建 3 个单选按钮,如图5-4-6所示。

(2)按照表 5-4-3 所示对各控件对象进行属性的设置。表 5-4-3 中未列出的控件对象的属性采用默认值。

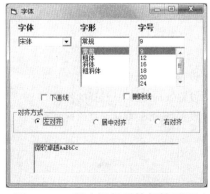

图5-4-6　程序运行后的起始画面

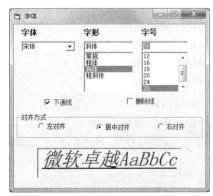

图5-4-7　设置字体

表5-4-3 控件属性设置

名 称	Caption	Index	TabIndex	其他属性
Label1	微软卓越 AaBbCc			BorderStyle=1-Fixed Single
Label2	字体			
Label3	字形			
Label4	字号			
Frame1	字体			
Check1	下画线	0	1	
Check1	删除线	1	3	
Combo1			2	Style=0-Dropdown Combo
Combo2			4	Style=1-Simple Combo
Combo3			6	Style=1-Simple Combo
Option1	左对齐	0	7	
Option1	居中对齐	1	8	
Option1	右对齐	2	9	

（3）在"代码"窗口内输入的程序代码如下：

```
Rem   Form1窗体加载后产生的事件，赋初值
Private Sub Form_Load()
    Rem 初始化组合框Combo1、Combo2和Combo3
    Combo1.AddItem "宋体", 0              '为组合框Combo1添加列表项
    Combo1.AddItem "楷体_GB2312", 1
    Combo1.AddItem "隶书", 2
    Combo1.AddItem "黑体", 3
    Combo1.AddItem "幼圆", 4
    Combo2.AddItem "常规", 0              '为组合框Combo2添加列表项
    Combo2.AddItem "粗体", 1
    Combo2.AddItem "斜体", 2
    Combo2.AddItem "粗斜体", 3
    Combo3.AddItem "9", 0                '为组合框Combo3添加列表项
    Combo3.AddItem "12", 1
    Combo3.AddItem "16", 2
    Combo3.AddItem "18", 3
    Combo3.AddItem "20", 4
    Combo3.AddItem "24", 5
    Combo3.AddItem "28", 6
    Combo1.ListIndex = 0                 '设置Combo1默认选择的列表项
    Combo2.ListIndex = 0                 '设置Combo2默认选择的列表项
    Combo3.ListIndex = 0                 '设置Combo3默认选择的列表项
    Rem   设置单选按钮组Option1的初始值
    Option1(0).Value = True
End Sub
Rem 单击复选框Check1后产生的事件
Private Sub Check1_Click(Index As Integer)
```

```
    Rem 通过控件数组下标来判断单击了哪个复选框，并执行相应的过程
    Select Case Index
      Case 0
        If Check1(0) = 1 Then
           Label1.FontUnderline = True        '设置下画线有效
        Else
           Label1.FontUnderline = False       '设置下画线无效
        End If
      Case 1
        If Check1(1) = 1 Then
           Label1.FontStrikethru = True       '设置删除线有效
        Else
           Label1.FontStrikethru = False      '设置删除线无效
        End If
    End Select
End Sub
Rem   单击单选按钮后产生的事件
Private Sub Option1_Click(Index As Integer)
    Rem 判断哪个单选按钮被选中，并执行相应动作
    Select Case Index
      Case 0
         Label1.Alignment = 0                 '标签文字左对齐
      Case 1
         Label1.Alignment = 2                 '标签文字居中对齐
      Case 2
         Label1.Alignment = 1                 '标签文字右对齐
    End Select
End Sub
Rem   单击选中组合框列Combo1表项后产生的事件
Private Sub Combo1_Click()                     '组合框列表项被选择（单击）
    Label1.FontName = Combo1.Text             '设置字体
End Sub
Rem   单击选中组合框Combo2列表项后产生的事件
Private Sub Combo2_Click()
    Rem 设置粗体与斜体格式
    Select Case Combo2.Text
      Case "常规"
           Label1.FontBold = False            '设置粗体无效
           Label1.FontItalic = False          '设置斜体无效
      Case "粗体"
           Label1.FontBold = True             '设置粗体有效
           Label1.FontItalic = False          '设置斜体无效
```

```
        Case "斜体"
            Label1.FontBold = False              '设置粗体无效
            Label1.FontItalic = True             '设置斜体有效
        Case "粗斜体"
            Label1.FontBold = True               '设置粗体有效
            Label1.FontItalic = True             '设置斜体有效
    End Select
End Sub
Rem    单击选中组合框Combo3列表项后产生的事件
Private Sub Combo3_Click()                        '组合框文字改变
    If Val(Combo3.Text) > 0 Then
    Label1.FontSize = Val(Combo3.Text)           '设置字体大小
    End If
End Sub
```

案例29 电子词典

"电子词典"是一个中英文查询的电子词典程序，其运行后的画面如图5-4-8（a）所示。用户在左边的"中文"列表框中选择中文单词，单击"中—> 英"按钮，则右边的"英文"列表框将查找并高亮显示对应的英文单词，如图5-4-8（b）所示；用户在右边的"英文"列表框中选择英文单词，单击"中 <—英"按钮，则左边的"中文"列表框将查找并高亮显示对应的中文单词。

除了程序自带的单词外，用户还可以添加新的单词。用户在下方"中文单词"和"英文单词"文本框中输入中、英文单词后，单击"添加"按钮就可以将新单词添加到列表框中。

此外，用户还可以对词典进行维护，单击"删除"按钮将删除列表框中被选中的单词，单击"初始化"按钮，将清空列表框中的所有内容。程序的设计方法如下：

   （a）   （b）

图5-4-8 "电子词典"程序运行后的2幅画面

（1）新建一个"标准 .EXE"工程，在窗体上添加 5 个标签控件、2 个文本框、2 个列表框、和6个命令按钮。按图5-4-8(a)所示对各个对象进行设置，各个控件的属性设置如表5-4-4所示，设置 Label1 字体为宋体、三号。

表5-4-4　"电子词典"程序各个控件的属性设置

名　称	Caption	名　称	Caption	名　称	Caption
Form1	电子词典	Label5	英文单词	Command5	初始化
Label1	电子词典	Command1	中→英	Command6	退出
Label2	中文：	Command2	中←英		
Label3	英文：	Command3	添加		
Label4	中文单词：	Command4	删除		

（2）在代码窗口中添加如下代码。

```
Private Sub Command1_Click()
    List2.ListIndex = List1.ListIndex    '将List2的当前选项设置与List1当前选项相同
End Sub
Private Sub Command2_Click()
    List1.ListIndex = List2.ListIndex    '将List1的当前选项设置与List2当前选项相同
End Sub
Private Sub Command3_Click()
    If Len(Text1.Text) > 0 And Len(Text2.Text) > 0 Then '判断文本框不为空
        '添加单词来列表框
        List2.AddItem (Text2.Text)
    End If
End Sub
Private Sub Command4_Click()
    Dim N As Integer
    N = List1.ListIndex
    List1.RemoveItem(N)                  '删除两个列表框中对应的词条
    List2.RemoveItem(N)
End Sub
Private Sub Command5_Click()
    List1.Clear                          '清空列表框内容
    List2.Clear
End Sub
Private Sub Command6_Click()
    End                                  '退出程序
End Sub
Private Sub Form_Load()
    '下面代码在List1添加初始化列表项
    List1.AddItem("中国")
    List1.AddItem("计算机")
    List1.AddItem("程序")
    List1.AddItem("软件")
    List1.AddItem("设计")
    List1.AddItem("数据")
    List1.AddItem("编译")
```

```
List1.AddItem("接口")
List1.AddItem("互联网")
List1.AddItem("服务器")
List1.AddItem("可视化")
List1.AddItem("对象")
List1.AddItem("工程")
List1.AddItem("控制")

'下面代码在List2添加初始化列表项
List2.AddItem("China")
List2.AddItem("computer")
List2.AddItem("program")
List2.AddItem("software")
List2.AddItem("design")
List2.AddItem("data")
List2.AddItem("compile")
List2.AddItem("interface")
List2.AddItem("Internet")
List2.AddItem("service")
List2.AddItem("visual")
List2.AddItem("object")
List2.AddItem("project")
List2.AddItem("control")
End Sub
```

程序中，在程序加载时使用了列表框的 AddItem 方法在程序运行时往列表框中添加新的列表项，例如下面的语句所示：

```
List1.AddItem("中国")

List2.AddItem("China")
```

当单击"中—>英"按钮时，程序通过下面的语句将英文列表框中与中文列表框当前所选项序号相同的列表项置为当前项，并高亮显示。

```
List2.ListIndex = List1.ListIndex
```

这里的 ListIndex 属性使用了两种用法，赋值号右边的 List1.ListIndex 用来取得中文列表框当前所选项序号，左边的 List2.ListIndex 用来设置英文列表框中的当前列表项。

当单击"中 <—英"按钮时，代码原理与单击"中—>英"按钮时相同。

当单击"添加"按钮时，程序通过下面的代码判断两个文本框内容不为空。

```
If Len(Text1.Text) > 0 And Len(Text2.Text) > 0 Then
```

语句中的 Len 函数用于计算文本框中字符串的长度，如果文本框为空，则长度为 0。

然后，再通过 AddItem 方法将文本框中的内容添加到列表框中。

当单击"删除"按钮时，程序通过下面的语句将两个列表框中对应的列表项删除。

```
N = List1.ListIndex
List1.RemoveItem(N)
```

```
List2.RemoveItem (N)
```

这段代码中，先记录下了 List1 中的当前选项 N，再通过 RemoveItem 方法将两个列表框中的第 N 项删除。

需要注意的是，上面的语句不能改成如下语句：

```
List1.RemoveItem(List1.ListIndex)                 '错误的用法
List2.RemoveItem(List1.ListIndex)                 '错误的用法
```

因为当执行语句"List1.RemoveItem (List1.ListIndex)"删除 List1 中的当前选项后，在语句"List2.RemoveItem (List1.ListIndex)"中再次引用 List1.ListIndex 获取 List1 中的当前选项时，此时的当前项可能与删除前的当前项不是同一序号，因此会发生错误。

当单击"初始化"按钮时，程序将通过下面的语句，清除两个列表框的所有内容。

```
List1.Clear
List2.Clear
```

语句中调用了列表框的 Clear 方法来清除列表框内容。

思考与练习5-4

1. 填空题

（1）单选按钮（OptionButton）控件主要用于 _____。

（2）在 _____ 和 _____ 时候，需要使用框架。

（3）ListBox（列表框）控件用来 _____。

（4）ComboBox(组合框) 控件是 _____ 一种控件。

（5）列表框可以有 _____、_____ 和 _____ 3 种不同的风格。

（6）组合框有 _____、_____ 和 _____ 3 种不同的风格。组合框的风格由 _____ 属性值来确定。

2. 操作题

（1）修改【案例27】"电子试卷的选择题 2"程序，使它可以做 5 道单选题和 5 道复选题。

（2）设计一个"四则运算练习"程序，该程序运行后的 2 幅画面如图 5-4-9 所示。在"选择运算方式"栏内可选择运算方式，在"选择功能"栏内可选择激活哪个按钮。单击"计算"按钮，可在"运算结果"文本框中显示计算结果；单击"批改"按钮，可在"批改"标签中显示"√"或"×"；单击"出题"按钮后可重新出题。

图5-4-9 "四则运算练习"程序运行后的2幅画面

第6章 循环结构语句和其他常用内部控件

本章主要介绍循环结构程序的设计方法，循环结构 For Next 语句、While Wend 语句和 Do Loop 语句等的格式和功能，以及常用的内部控件，包括驱动器下拉列表框控件、目录列表框控件、文件列表框控件、图片框控件、图像控件、形状控件和线形控件。

6.1 循环结构语句

循环结构语句是在某个条件成立时反复执行一段程序，直到条件不成立后才停止执行这段程序，退出循环语句。

6.1.1 For Next语句

1. For Next 语句的格式与功能

【格式】

For 循环变量 = 初值 To 终值 [Step 步长值]

　[循环体语句序列]

Next [循环变量]

【功能】

（1）执行 For 语句时，首先计算初值、终值和步长值各数值型表达式的值，再将初值赋给循环变量。然后将循环变量的值与终值进行比较，如果循环变量的值没超出终值，则执行循环体语句序列的语句，否则执行 Next 下面的语句。

（2）执行 Next 语句时，将循环变量的值与步长值相加，再赋给循环变量，然后将循环变量的值与终值进行比较，如果循环变量的值没超出终值，则执行循环体语句序列的语句，否则执行 Next 下面的语句。

（3）若步长值为正数，则循环变量的值大于终值时为超出；若步长值为负数，则循环变量的值小于终值时为超出。For Next 语句的流程图如图 6-1-1 所示。

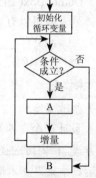

图6-1-1　For Next语句流程图

【说明】

（1）如果没有关键字 Step 和其后的步长值，则默认步长值为 1。

（2）循环变量是数值型变量，初值、终值和步长值都是数值型的常量、变量或表达式，但不能是数组的数组元素。

（3）在循环体语句序列中可以加入 Exit For 语句，执行该语句后会强制程序脱离循环，执行 Next 下面的语句。Exit For 语句通常放在选择结构语句之中使用。

（4）如果出现循环变量的值总没有超出终值的情况，则会产生死循环。此时，可按 Ctrl+Break 键，强制终止程序的运行。

2. For Next 语句的程序分析

分析循环语句程序的运行过程和运行结果，有利于帮助了解循环语句的功能。

【举例1】分析下列程序的运行结果。

```
Private Sub Form_Activate()
    For N = 1 To 5 Step 2
        Print N,
    Next N
    Print : Print "N=";N
End Sub
```

该程序运行后，执行 For 语句，循环变量 N 取值 1<5（终值），因步长值为正数，没有超出终值，则执行循环体语句"Print N,"，在窗体中第 1 行第 1 列显示变量 N 的值 1。执行 Next 语句时，N 加步长值 2 后再赋值给变量 N（等于 3），与终值 5 比较（3<5），没有超出终值，再执行"Print N,"语句，在窗体中第 1 行第 15 列（第 2 显示区的第 1 列）显示 N 的值 3。

再执行 Next 语句时，N 加步长值后的取值为 5，与终值 5 比较没有超出终值，再执行"Print N,"语句，在窗体中第 1 行第 29 列（第 3 显示区的第 1 列）显示 N 的值 5。然后，再执行 Next 语句，N 加步长值后的取值为 7，超出终值，退出循环语句，执行"Next N"语句下面的语句"Print : Print"N=";N，在第 2 行第 1 列显示 N 的值 7。窗体显示如图 6-1-2 所示。

【举例2】分析下列程序的运行结果。

```
Private Sub Form_Activate()
    For N = 5 To 1 Step -2
        Print N,
    Next N
    Print : Print "N=";N
End Sub
```

该程序运行后，执行 For 语句，循环变量 N 取值 5>1（终值），因步长值为负数，没有超出终值，则执行执行语句"Print N,"，在窗体中第 1 行第 1 列显示变量 N 的值 5。执行 Next 语句时，N 加步长值 -2 后再赋值给 N（等于 3），与终值 5 比较（3>1），没有超出终值，再执行"Print N,"语句，在窗体中显示 3。再执行 Next 语句时，N 加步长值后的取值为 1，与终值 1 比较没有超出终值，再执行"Print N,"语句，在窗体中显示 1。

然后，再执行 Next 语句，N 加步长值后的取值为 -1，超出终值，退出循环语句，执行"Next N"语句下面的语句"Print : Print"N=";N，在第 2 行第 1 列显示"N="和 N 的值 -1。窗体显示如图 6-1-3 所示。

图6-1-2　举例1程序运行结果　　图6-1-3　举例2程序运行结果

【举例3】计算 1+2+…+10 的值。程序运行结果如图 6-1-4 所示。其中 n 为循环变量，sum 保存累加和。

程序代码如下：

图6-1-4　举例3程序运行结果

```
Dim n As Integer, sum As Integer
Private Sub Form_Activate()
    FontSize=12
    sum=0                    '给变量sum赋初值0
```

```
Rem 共循环10次，每次循环使变量n加1，n依次取值1～10
For n=1 To 10
    sum=sum+n                              '累加语句，进行变量n的累加
    Print "n=";n,"sum=";sum
Next n
Label1.Caption=CStr(sum)        '显示计算结果
End Sub
```

当程序执行到 For Next 语句时，变量 n 的初值为 1，终值为 10，默认步长值为 1。每循环一次，变量 n 加 1。当 n 为 11 时，n 大于终值 10，循环结束。循环过程见表 6-1-1。

表6-1-1　计算1+2+…+10的循环过程

循环次数	循环变量 n	变量 n≤终值	变量 sum(sum=sum+n)
1	1	True	sum=0+1=1
2	2	True	sum=1+2=3
3	3	True	sum=3+3=6
4	4	True	sum=6+4=10
5	5	True	sum=10+5=15
6	6	True	sum=15+6=21
7	7	True	sum=21+7=28
8	8	True	sum=28+8=36
9	9	True	sum=36+9=45
10	10	True	sum=45+10=55
11	11	False	循环结束

由表 6-1-1 可知，当循环结束时，变量 sum 的值为 55，也就是 1+2+…+10 的值，而循环变量 n 的值为 11。sum=sum+n 语句又称为累加器，它是用来计算一组数字的和，变量 sum 用来存储计算结果，变量 n 为要计算的一组数字。通过循环语句改变变量 n 中的值来进行计算。通常在使用累加器之前，先要给变量 sum 赋初值 0，以确保变量 sum 的初值不会影响到计算结果。

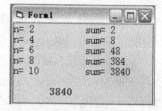

图6-1-5　举例4程序运行结果

【举例 4】计算 $1×2×4×…×10$ 的值。该程序的运行结果如图 6-1-5 所示。其中 n 是循环变量，sum 用来保存累乘的积。

程序代码如下：

```
Dim n As Integer, sum As Integer
Private Sub Form_Activate()
    FontSize=12
    sum=1                                  '给变量sum赋初值1
    Rem 共循环5次，每循环一次使变量n自动加2，n依次取值2,4…10
    For n=2 To 10 Step 2
        sum=sum*n                          '累乘语句，变量sum累乘
        Print "n=";n,"sum=";sum
    Next n
```

```
    Label1.Caption=CStr(sum)                    '显示计算结果
End Sub
```

当程序执行到 For Next 语句时，变量 n 的初值为 2，终值为 10，步长值为 2。每循环一次，变量 n 的值加 2。当 n 的值为 12 时，n 大于终值 10，循环结束。循环过程见表 6-1-2。

表6-1-2 计算1×2×4×…×10的循环过程

循环次数	循环变量 n	变量 n≤终值	变量 sum(sum=sum * n)
1	2	True	sum=1 * 2=2
2	4	True	sum=2 * 4=8
3	6	True	sum=8 * 6=48
4	8	True	sum=48 * 8=384
5	10	True	sum=384 * 10=3 840
6	12	False	循环结束

sum=sum*n 语句又称为累乘器，用来计算一组数字的乘积。变量 sum 用来存储计算结果，变量 n 为要计算的一组数字。通过循环语句改变变量 n 中的值来进行计算。通常在使用累乘器之前，先要给 sum 赋初值 1，以确保 sum 的初值不会影响到计算结果。

【举例5】求 1+（1+2）+…+（1+2+…+100）的值。

程序代码如下：

```
Private Sub Form_Activate()
    Dim N As Integer, SUM, SUN1 As Long
    SUM = 0: SUM1 = 0                          '给变量SUM和SUM1赋初值0
    Rem 可循环100次，每一次循环使变量N自动加1，N依次取值1，2，…，100
    For N = 1 To 100
        SUM = SUM + N                          '累加语句，进行变量N的累加运算
        SUM1 = SUM1 + SUM                      '累加语句，进行变量SUM的累加运算
    Next N
    Print "1+(1+2)+…+(1+2+…+100)="; SUM1   '显示计算结果
End Sub
```

在求 1+2+…+100 值的程序中，第 1 次循环中，SUM 的值为 1；第 2 次循环中，SUM 的值为 1+2=3；…；第 100 次循环中，SUM 的值为 1+2+3+…+100=5050。可见，每次循环中 SUM 的值正好是求 1+（1+2）+…+（1+2+…+100）值式子中的各项值，因此只要在每循环时将 SUM 进行累加即可。

程序的运行结果为：

1+（1+2）+…+（1+2+…+100）=171700

6.1.2 循环嵌套

1. 循环嵌套的实现

把一个循环结构放入另一个循环结构之中，这称为循环结构的嵌套。例如，可以在一个 For Next 语句中嵌套另一个 For Next 语句，组成嵌套循环，不过在每个循环中的循环控制变量应使用不同的变量名，以避免互相影响。

使用循环嵌套应注意以下几点。

（1）内循环与外循环的循环变量名称不能够相同。

（2）外循环必须完全包含内循环，不可以出现交叉现象。

（3）不可以没有执行 For 语句，就执行 Next 语句。

下面的情况是错误的：

出现交叉现象　　　　　　　　　内外循环变量名称相同

```
For A=1 TO 100            For A=1 TO 100
   For B=3 TO 1 Step -1      For A=3 TO 1 Step -1
   ……                       …
   Next A                    Next A
Next B                   Next A
```

2．循环嵌套举例

【举例 6】下面的程序就是一个循环嵌套结构，变量 K 是外循环的循环变量，变量 L 是内循环的循环变量。它的执行过程分析如下（为了说明方便，给每条语句加上了编号）。程序运行结果如图 6-1-6 所示。

程序代码如下：

```
Private Sub Form_Activate()
1  For K=2 To 3
2    For L=6 To 4 Step -2
3      Print K,L
4    Next L
5  Next K
6  Print "K=";K,"L=";L
End Sub
```

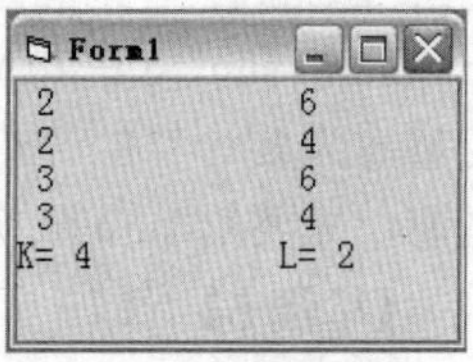

图6-1-6　程序运行结果

（1）执行 1 语句，变量 K 等于 2，外循环的终值为 3，外循环的步长值为 1。

（2）执行 2 语句，变量 L 等于 6，内循环的终值为 4，内循环的步长值为 -2。

（3）执行 3 语句，在第 1 行显示变量 K 的值 2，变量 L 的值 6。

（4）执行 4 语句，变量 L 加步长值 -2 给变量 L，变量 L 为 4，与终值 4 比较，不小于终值 4，返回到第 3 语句，在第 2 行显示变量 K 的值 2，变量 L 的值 4。

（5）执行 4 语句，变量 L 加步长值 -2 给变量 L，变量 L 为 2，与终值 4 比较，小于终值 4，执行第 5 条语句。

（6）执行 5 语句，K 加步长值 1 给 K，K 为 3，不大于终值 3，执行第 2 条语句。

（7）执行 2 语句，变量 L 等于 6，内循环的终值为 4，内循环的步长值为 -2。

（8）执行 3 语句，在第 3 行显示变量 K 的值 3，变量 L 的值 6。

（9）执行 4 语句，L 加步长值 -2 给 L，L 为 4，不小于终值 4，返回到第 3 语句。

（10）执行 3 语句，在第 4 行显示变量 K 的值 3，变量 L 的值 4。

（11）执行 4 语句，变量 L 加步长值 -2 给变量 L，变量 L 为 2，与终值 4 比较，小于终值 4，执行第 5 条语句。

（12）执行 5 语句，K 加步长值 1 给 K，K 为 4，与终值 3 比较，大于终值 3，执行第 6 条语句，在第 5 行显示 K 的值 "K=4"，L 的值 "L=2"。

【举例 7】有 3 个正整数，其和为 30，第 1 个数与第 2 个数的 2 倍及第 3 个数的 3 倍之和为 53，第 1 个与第 2 个数和的 2 倍减去第 3 个数的 3 倍为 20，设计程序求这 3 个数。

设第 1、2、3 个数分别为 A、B、C，由题意可知 A+B+C=30，A+2*B+3*C=53，2*(A+B)−3*C=20。解决这类问题可以采用穷举法，即产生 0～30 的数分别赋给 A、B、C，然后按照条件进行筛选，符合条件的便显示出来。下面介绍 3 种方法。

（1）方法一：

```
Private Sub Form_Activate()
Dim A, B As Integer
For A = 0 To 30
  For B = 0 To 30
    For C = 0 To 30
      If A + B + C = 30 And A + 2 * B + 3 * C = 53 And 2 * (A + B) - 3 * C = 20 Then
        Print "A="; A, "B="; B, "C="; C
      End If
    Next C
  Next B
Next A
End Sub
```

程序运行结果是：

A=15　　　B=7　　　C=8

（2）方法二：

```
Private Sub Form_Activate()
Dim A, B As Integer
For A = 0 To 30
  For B = 0 To 30
    C = 30 - A - B          '保证A+B+C=30
    If A + 2 * B + 3 * C = 53 And 2 * (A + B) - 3 * C = 20 Then
      Print "A="; A, "B="; B, "C="; C
    End If
  Next B
Next A
End Sub
```

可以看出，该程序比第一个程序运行的时间要短，程序更优化。

（3）方法三：

```
Private Sub Form_Activate()
Dim A, B As Integer
For A = 0 To 30
  For B = 0 To 30
    C = 30 - A - B
    If A + 2 * B + 3 * C <> 53 Or 2 * (A + B) - 3 * C <> 20 Then GoTo BT
    Print "A="; A, "B="; B, "C="; C
BT:
  Next B
Next A
End Sub
```

在该程序中，使用了"Goto 标号"语句，其功能是无条件转到标号（例如：BT）所指示的语句行，标号的右边一定要加冒号"："。在程序中应尽量少用 Goto 语句。

【举例8】 猜父子年龄。

父子二人，已知儿子年龄不大于 40 岁，父亲年龄不大于 100 岁，10 年前父亲年龄是儿子年龄的 4 倍，10 年后父亲年龄是儿子年龄的整数倍。求父子现在的年龄。

设父、子年龄各为 A、B 岁，10 年前儿子的最小岁数是 1 岁，现在至少为 11 岁，因此现在父亲年龄至少 14 岁。由此可设 A 的初值为 11，B 的初值为 14。解决这个问题也可以采用穷举法。所用的判断式子如下：

A-10=(B-10)*4 和 Int((A+10)/(B+10))=(A+10)/(B+10)

设计的程序如下：

```
Private Sub Form_Activate()
  Dim A, B As Integer
  For A = 14 To 100
    For B = 11 To 40
      If (A-10)=(B-10)*4 And (A+10)/(B+10) = Int((A+10)/(B+10)) Then
        Print "父亲现在岁数："; A, "儿子现在岁数："; B
      End If
    Next B
  Next A
End Sub
```

程序运行结果如下：

父亲现在岁数：50；儿子现在岁数：20

【举例9】 人民币取法。

有面值为壹元、贰元和伍元的人民币若干，从中取出 20 张使其总值为 60 元，问有多少种取法？每种取法中的壹元、贰元和伍元人民币各有多少张？

设取壹元人民币有 A 张，贰元人民币有 B 张，伍元人民币有 C 张，共有 N 种取法。用三重循环产生各种取法，在循环体内用条件判断语句进行是否符合条件的判断，从而找出符合其总值为 60 元的取法。根据题意可知，变量 A、B 的循环变量的终值不能大于 20，而变量 C 的循环变量的终值不能大于 12（因 5×12=60）。程序如下：

```
Private Sub Form_Activate()
  For A = 0 To 20
    For B = 0 To 20
      For C = 0 To 12
        If A + B + C = 20 And A + B * 2 + C * 5 = 60 Then
          N = N + 1
          Print Tab(1); "壹元张数："; A;
          Print Tab(15); "贰元张数："; B;
          Print Tab(30); "伍元张数："; C
        End If
    Next C, B, A    '三个连续的Next可采用这种写法
  Print: Print "人民币取法的总数为："; N
End Sub
```

程序运行结果如图 6-1-7 所示。

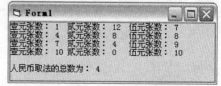

图6-1-7　举例9程序运行结果

6.1.3　While Wend语句

1. While Wend 语句的格式和功能

【格式】

While 条件

[循环体语句序列]

Wend

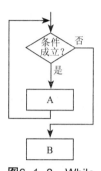

【功能】当条件成立时，重复执行语句序列，否则，转去执行关键字 Wend 后面的语句。执行 Wend 语句的作用就是返回到 While 语句去执行。While Wend 语句的流程图如图 6-1-8 所示。图中判断框内的条件是 While Wend 语句的条件，处理框 A 是循环体，处理框 B 是 While Wend 语句下面的语句。当程序执行到 While Wend 语句时，首先计算条件的值，如果值为 True，则执行 While Wend 语句中的循环体 A，然后再次计算 While Wend 语句中条件的值，如果值为 True，则再次执行 While 语句中的循环体 A，如此反复循环下去。当表达式的值为 False 时，则不再执行循环体 A，而是直接执行 While Wend 语句下面的语句 B。

图6-1-8　While Wend语句流程图

【说明】条件实际上是一个表达式，对它的要求与对 If Then Else 语句的要求一样。经常使用的是关系和逻辑表达式。

2. While Wend 语句应用举例

【举例 10】程序内容如下：

```
Private Sub Form_Activate()
Dim N As Integer, SUM As Integer
N = 1: SUM = 0
While N <= 3
    SUM = SUM + N
    N = N + 1
Wend
Print "SUM="; SUM
End Sub
```

该程序运行后，执行到 While N <= 3 语句时，判断 N <= 3 关系表达式成立（其值为 True），则执行循环体语句，使 SUM=1,N=2。执行 Wend 语句返回 While 语句。再判断 N <= 3 关系表达式成立，则执行循环体语句，使 SUM=3,N=3。然后，第 3 次执行 While 语句，判断 N <= 3 关系表达式成立，则执行循环体语句，使 SUM=6,N=4。接着第 4 次执行 While 语句，判断 N <= 3 关系表达式不成立，则执行 Wend 语句下边的语句 Print "SUM="; SUM。程序运行结果为 SUM=6 。

如果将 N <= 3 关系表达式改为 N <= 100，即可求 1+2+…+100 的值。

【举例 11】程序内容如下，While Wend 语句流程如图 6-1-9 所示。

```
Private Sub Form_Activate()
Dim N  As Integer
```

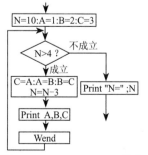

图6-1-9　While Wend语句的流程图

```
N = 10:A=1:B=2:C=3
While N >4
   C=A:A=B:B=C
   N = N - 3
   Print A,B,C
Wend
Print "N=";N
End Sub
```

第 1 次执行 While N>4 语句时，判断 N>4 关系表达式成立，执行循环体语句。语句 C=A:A=B:B=C 的作用是将 A、B 的值互换，输出 A、B、C 的值分别为 2、1、1；N＝N－3 语句使变量 N 变为 7。第 2 次执行 While N >4 语句时，判断 N>4 关系表达式成立，执行循环体语句，输出 A、B、C 的值分别为 1、2、2；N＝N－3 语句使变量 N 变为 4。第 3 次

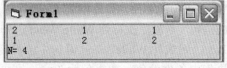

图6-1-10　举例11程序运行结果

执行 While N >4 语句时，判断 N>4 关系表达式不成立，执行 Wend 语句下边的语句 Print "N=";N，输出 N=4。程序运行后的结果如图 6-1-10 所示。

【举例 12】求 2!+4!+…+10! 的值。

设计的程序如下：

```
Private Sub Form_Activate()
  Dim I, J As Integer, N, SUM As Long
  MUM = 0: I = 2                      '给变量赋初值
  FontSize = 10                        '设置窗体中文字的大小
  ForeColor = RGB(0, 0, 255)           '设置窗体中文字的颜色为蓝色
  While I <= 10                        '产生2~10的偶数
    J = 1: N = 1                       '给变量赋初值
    While J <= I                       '求偶数的阶乘
     N = N * J                         '进行累积运算
     J = J + 1                         '变量J自动加1
    Wend
    SUM = SUM + N                      '进行阶乘的累加
    I = I + 2                          '变量I自动加2
  Wend
  Print "2!+4!+……+10! =" ; SUM      '显示计算结果
End Sub
```

程序运行结果如图 6-1-11 所示。

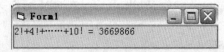

图6-1-11　举例12程序运行结果

6.1.4　Do Loop语句

Do Loop 语句也是循环语句的一种，它具有两种形式。

1. 当型 Do Loop 语句

【格式】

Do [While|Unitl 条件]

[循环体语句序列]

Loop

【功能】选关键字 While，当条件成立（其值为 True、非零的数或非零的数字符串）时，重复执行循环体语句序列的语句；当条件表达式不成立（其值为 False、0 或 "0"）时，转去执行关键字 Loop 后面的语句，其流程图如图 6-1-12 所示。选关键字 Unitl，当条件表达式不成立（其值为 False、0 或 "0"）时，重复执行循环体语句序列的语句；当条件成立（其值为 True、非零的数或非零的数字符串）时，转去执行关键字 Loop 后面的语句。当型 Do Loop 语句是先判断条件，再执行循环体语句序列中的语句。

【说明】条件实际上是一个表达式，对它的要求与对 If Then Else 语句的要求一样。经常使用的是关系和逻辑表达式。

在循环体语句序列中可以使用 [Exit Do] 语句，它的作用是退出该循环体，它一般用于循环体语句序列中的判断语句。

2. 直到型 Do Loop 语句

【格式】

Do

[循环体语句序列]

Loop [While|Unitl 条件]

【功能】与当型 Do Loop 语句的功能基本一样，只是直到型 Do Loop 语句是先执行循环体语句序列中的语句，再判断条件。其流程图如图 6-1-13 所示。

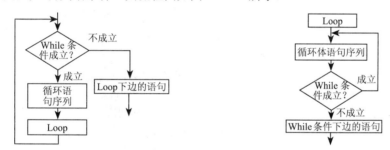

图6-1-12　当型Do Loop语句的流程图　　图6-1-13　直到型Do Loop语句的流程图

案例30　3个有趣的整数

有 3 个正整数，其和为 23，第 1 个数的 2 倍、第 2 个数的 3 倍和第 3 数的 5 倍三者的和为 81，第 1 个数与第 2 个数的和的 10 倍减去 3 个数的积除以 2 为 -76。编程求这 3 个数。

设 第 1、2、3 个 数 分 别 为 A、B、C， 由 题 意 可 知 2*A+3*B+5*C=81，10*(A+B)-A*B*C/2=-76。解决这类问题可以产生 0 ～ 23 的数分别赋给 A、B、C，再按照条件筛选，符合条件的便显示出来，程序运行结果如图 6-1-14 所示。程序代码如下：

```
Private Sub Form_Activate()
Dim A Integer,B As Integer
    For A=0 To 23
        For B=0 To 23
            C=23-A-B            '保证A+B+C=23
                If 2*A+3*B+5*C=81 And 10*(A+B)-
```

图6-1-14　"3个有趣的整数"程序运行结果

```
        A*B*C/2=-76 Then
                    Print "A=";A,"B=";B,"C=";C
                End If
            Next B
        Next A
End Sub
```

案例31 求1!+3!+…+9!的值

"求 1!+3!+…+9! 的值 1"程序运行后的画面如图 6-1-15（a）所示，单击"计算"按钮，可显示 1!+3!+…+9! 的值，如图 6-1-15（b）所示。程序的设计方法如下：

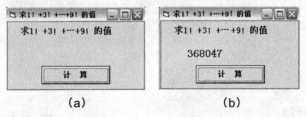

(a)　　　　　　　(b)

图6-1-15 "求1!+3!+…+9!的值"程序运行后的2幅画面

（1）创建 2 个标签和 1 个按钮控件，名称采用默认值。下面的标签的 Caption 属性值为空值，颜色为蓝色，小三号字，按钮控件的名称为"计算"。

（2）在"代码"窗口中输入使用 For Next 语句的程序代码如下：

```
Dim I As Integer, J As Integer,N,SUM As Long
Private Sub Command1_Click()
    SUM=0:N=1                           '给变量赋初值
    For I=1 To 9 Step 2                  '产生1～9的奇数
        J=1:N=1                         '给变量赋初值
        For J=I To 1 Step -1            '求奇数的阶乘
            N=N*J                       '进行累积运算
        Next J
        SUM=SUM+N                       '进行阶乘的累加
    Next I
    Label1=SUM                          '显示计算结果
End Sub
```

（3）使用 While Wend 语句编写的程序代码如下，该代码的运行结果与上面使用 For Next 语句的结果一样。

```
Dim I As Integer, J As Integer, N As Long, SUM As Long
Private Sub Command1_Click()
    SUM=0:I=1                           '给变量赋初值
    While I<=10                         '产生1～9的奇数
        J=1:N=1                         '给变量赋初值
        While J<=I                      '求偶数的阶乘
            N=N*J                       '进行累积运算
```

```
        J=J+1                            '变量J自动加1
      Wend
      SUM=SUM+N                          '进行阶乘的累加
      I=I+2                              '变量I自动加2
   Wend
   Label1=SUM                           '显示计算结果
End Sub
```

（4）使用 Do Loop 语句编写的程序代码如下，该代码的运行结果与上面使用 For Next 语句和 While Wend 语句的结果一样。

```
Dim I As Integer,J As Integer,N As Long,SUM As Long
   Private Sub Command1_Click()
      SUM=0:I=1                         '给变量赋初值
      Do                                '产生1～9的奇数
        J=1:N=1                         '给变量赋初值
        While J<=I                      '求偶数的阶乘
          N=N*J                         '进行累积运算
          J=J+1                         '变量J自动加1
        Wend
        SUM=SUM+N                        '进行阶乘的累加
        I=I+2                           '变量I自动加2
      Loop While I<=10
      Label1=SUM                        '显示计算结果
End Sub
```

从以上程序可以看出，（4）程序与（3）程序的区别是：该程序用 "Do" 更换了原来的 "While I<=10" 语句，用 "Loop While I <= 10" 更换了原来的 "Wend" 语句。

案例32　九九乘法表

设计 "九九乘法表" 程序，该程序运行后单击 "九九乘法表 1" 按钮，显示一种九九乘法表，如图 6-1-16 所示。单击 "九九乘法表 2" 按钮，显示一种九九乘法表，如图 6-1-17 所示。单击 "九九乘法表 3" 按钮，显示一种九九乘法表，如图 6-1-18 所示。设计该程序的方法如下：

图6-1-16　九九乘法表1　　　　　　　　图6-1-17　九九乘法表2

图6-1-18　九九乘法表3

（1）设置窗体的 Caption 属性值为"九九乘法表"。

（2）在窗体内创建 3 个按钮，按钮的名称采用默认值，按钮的 Caption 属性值分别为"九九乘法表 1"、"九九乘法表 2"和"九九乘法表 3"。

（3）在"九九乘法表"窗体的"代码"窗口中输入以下代码。

```
Private Sub Form_Activate()
    Dim N1, N2 As Integer              '声明变量N1和 N2为整型变量
    FontSize = 10                      '设置"九九乘法表"文字的大小
    ForeColor = vbBlue                 '设置"九九乘法表"文字的颜色为蓝色
    FontBold = False                   '设置"九九乘法表"文字为非粗体
End Sub
Private Sub Command1_Click()
    Cls                                '清除窗体
    Print: Print: Print
    For N1 = 1 To 9
        For N2 = 1 To N1
            Print Tab(N2 * 12 - 12); Str$(N1) + "×" + Str$(N2) + "=" +
            Str$(N1 * N2);
        Next N2
        Print
    Next N1
End Sub
Private Sub Command2_Click()
    Cls
    Print: Print: Print
    For N1 = 1 To 9
        For N2 = 1 To 9
            Print Tab(N2 * 12 - 12); Str$(N1) + "×" + Str$(N2) + "=" +
            Str$(N1 * N2);
        Next N2
        Print
    Next N1
End Sub
Private Sub Command3_Click()
    Cls
    Print: Print: Print
    For N1 = 1 To 9
        For N2 = N1 To 9
            Print Tab(N2 * 12 - 12); Str$(N2) + "×" + Str$(N1) + "=" +
            Str$(N2 * N1);
        Next N2
        Print
    Next N1
End Sub
```

（4）在上面的程序代码中，外循环的循环变量 N1 用来产生被乘数，内循环的循环变量 N2 用来产生乘数。每显示完一行后换行。

案例33 字符三角形和菱形图案1

"字符三角形和菱形图案 1"程序运行后的画面如图 6-1-19（a）所示。在两个文本框中分别输入行数（例如"17"）和字符（例如"*"）后，单击"字符三角形"按钮，即可显示由字符"*"组成的三角形，如图 6-1-19（b）所示。改变字符（例如"$"）后，单击"字符菱形"按钮，即可显示由字符"$"组成的菱形，如图 6-1-19（c）所示。该程序的设计方法如下：

（1）在窗体中创建 3 个按钮控件对象，2 个控件标签对象和 2 个控件文本框对象。"字符三角形"按钮的名称为"三角形"；"字符菱形"按钮的名称为"菱形"，"退出"按钮的名称为"退出"。两个文本框的名称均采用默认值，Text 属性分别为"7"和"*"。

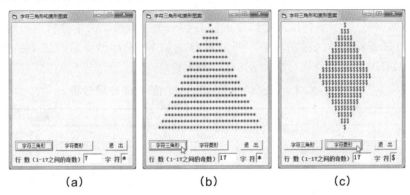

| (a) | (b) | (c) |

图6-1-19 "字符三角形和菱形图案1"程序运行后的3幅画面

（2）在"字符三角形和菱形图案"程序的"代码"窗口内输入的程序代码如下：

```
Dim N As Integer, H As Integer, S1$
Private Sub Form_Load()
    FontSize = 12                        '设置窗体内文字的大小为12磅
    ForeColor = vbBlue                   '设置窗体内文字的颜色为蓝色
End Sub
Rem 显示字符三角形图案
Private Sub 三角形_Click()
    Me.Cls                               '清窗体
    N = 0                                '变量N用来记三角形图案的行数，赋初值0
    H = Val(Text1.Text): S1$ = Text2.Text
    For N = 1 To H
        Print Tab(22-N); String$(N*2-1, S1$)  '在指定位置开始显示给定的奇数个字符"*"
    Next N
End Sub
Rem 显示字符菱形图案
Private Sub 菱形_Click()
    Me.Cls                               '清窗体
    N = 0                                '变量N用来记三角形图案的行数，赋初值0
    H = Val(Text1.Text): S1$ = Text2.Text
    H1 = Int(H / 2) + 1
    For N = 1 To H
        Print Tab(13 + Abs(H1 - N)); String$((H1 - Abs(H1 - N)) * 2 - 1, S1$)
```

```
        Next N
    End Sub
    Private Sub 退出_Click()
        End
    End Sub
```

（3）在上面的程序代码中，循环变量 N 的初值为 1，终值的取值为 H 值，即三角形图案的行数，用来控制三角形图案的行数，Print 语句中的 Tab(22-N) 用来确定每行的字符从哪一列开始显示，String$(N*2-1,S1$) 用来控制每行显示几个字符，显示的字符为 S1$ 的值，"N*2-1"是为了保证每行均为奇数个字符。

（4）Tab(13 + Abs(H1 - N)) 函数保证菱形图案的上半部分显示字符串的起始位置向左移一个字符位，下半部分显示字符串的起始位置向右移一个字符位。为了分析该函数的作用，假设有 5 行，即 H=5，H1=3。在循环中，变量 N 自动加 1。循环结束后，显示字符串也结束。Tab(13+Abs(H1-N)) 函数的作用分析如表 6-1-3 所示。

表6-1-3 Tab(13 + Abs(H1−N))函数的作用分析

H	H1	N	H1−N	Abs(H1−N)	13+Abs(H1−N)
5	3	1	2	2	15
5	3	2	1	1	14
5	3	3	0	0	13
5	3	4	−1	1	14
5	3	5	−2	2	15

String$((H1-Abs(H1- N))*2-1,"*") 表达式保证菱形图案的上一半部分显示的字符串按奇数个字符 "*" 逐渐增加，下一半部分显示的字符串按奇数个字符 "*" 逐渐减少。为了分析该表达式的作用，假设有 5 行，即 H=5，H1=3，其作用如表 6-1-4 所示。

表6-1-4 String$((H1−Abs(H1− N1))*2−1,"*")表达式的作用分析

N1	Abs(H1−N)	(H1−Abs(H1−N))*2−1	String$((H1−Abs(H1− N1))*2−1, "*")
1	2	(3−2)*2−1=1*2−1=1	*
2	1	(3−1)*2−1=2*2−1=3	***
3	0	(3−0)*2−1=3*2−1=5	*****
4	1	(3−1)*2−1=2*2−1=3	***
5	2	(3−2)*2−1=1*2−1=1	*

思考与练习6-1

1. 填空题

（1）在 For Next 语句中，如果步长值为正数，则_____时为超出；如果步长值为负数，则_____时为超出。

（2）使用循环嵌套应注意_____、_____和_____。

（3）对于 While Wend 循环语句，当条件成立时，_____，否则_____。

（4）当型 Do Loop 语句是_____的语句；直到型 Do Loop 语句是_____的语句。

2. 分析程序的运行结果

（1）第 1 小题：

```
Private Sub Form_Activate()
    A = "A": B = "B": C = "C"
    For K = 1 To 3
        X = A: A = B: B = C: C = X
        Print A, B, C, K
    Next K
End Sub
```
（2）第2小题：
```
Private Sub Form_Activate()
    For N = 1 To 15 Step 2
        If N Mod 3 = 1 Then
            Print "N="; N
        End If
    Next N
End Sub
```
（3）第3小题：
```
Private Sub Form_Activate()
    For N1 = 3 To 5 Step 3
        For N2 = 6 To 4 Step -2
            For N3 = 2 To N2
                Print N1, N2, N3
            Next N3
        Next N2
    Next N1
    Print N1, N2, N3
End Sub
```
（4）第4小题：
```
Private Sub Form_Activate()
    For K = 0 To 8
        Print Tab(20 - K);
        For L = 1 To 2 * K + 1
            Print "*";
        Next L: Print
    Next K
End Sub
```
（5）第5小题：
```
Private Sub Form_Activate()
    For K = 1 To 9
        Print Tab(15 + K);
        For L = 1 To 2 * (6 - K) - 1
            Print Chr(64 + K);
        Next L
        Print
    Next K
End Sub
```

（6）第 6 小题：

```
Private Sub Form_Activate()
    I = 1: Sum = 0
    While I <= 12
        I = I + 2
        Sum = Sum + I
        Print I
    Wend
    Print "I="; I
End Sub
```

（7）第 7 小题：

```
Private Sub Form_Activate()
    K = 1: L = 1
    While K <= 6
        While L <= K
            Print K, L
            L = L + 5
        Wend
        K = K + 1
    Wend
    Print K, L
End Sub
```

（8）第 8 小题：

```
Private Sub Form_Activate()
    A = 1: B = 2: K = 5
    Do
        C = A: A = B: B = C: Print A, B, C
        K = K - 2
    Loop Until K <= 0
    Print A, B, C, K
End Sub
```

3．操作题

（1）分别使用 For Next 语句和 While Wend 语句编写计算 2!+4!+…+8！的程序。

（2）分别使用 For Next 语句和 While Wend 语句编写程序求斐波那契数列的和。

（3）设计一个"有趣的四位数"程序。该程序是找出前两位数与后两位数的和的平方正好等于该四位自然数。例如：2025，20+25=45，45 的平方等于 2025，程序运行结果如图 6-1-20 所示。

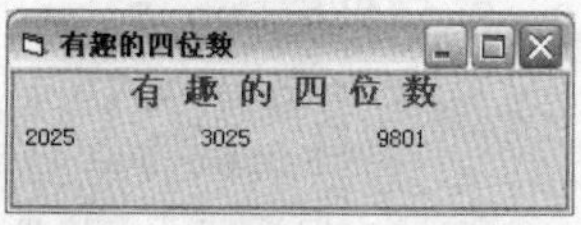

图6-1-20 "有趣的四位数"程序运行后的画面

（4）修改【案例 33】程序，使显示的三角形和菱形图案每行的字符数按照 1，5，9，…变化。

（5）修改【案例 33】程序，添加"字母三角形"和"数字三角形"按钮。单击"字符三角形"按钮，可显示由字母组成的三角形，如图 6-1-21 所示。单击"数字三角形"按钮，可显示由数字组成的三角形，如图 6-1-22 所示。

图6-1-21 程序运行结果

图6-1-22 程序运行结果

（6）修改【案例33】"字符三角形和菱形图案"程序，使该程序运行后可以显示倒三角形。

（7）设计一个"随机数"程序，该程序运行后可以显示50个随机数，按照一行5个数字来显示，同时显示数字出现的序号。然后，将这组数字中最大和最小的数字显示出来。

（8）设计一个"加法练习"程序，该程序运行后的画面如图6-1-23（a）所示，此时窗体中只有"开始"和"退出"按钮是无效的。单击"一位数"或"两位数"按钮后，即可设定是进行一位数还是两位数的加法练习，同时"开始"按钮变为有效。然后，单击"开始"按钮，即可进行加法练习，同时"退出"按钮变为有效，其他按钮均变为无效，如图6-1-23（b）所示。此时，用户可以根据计算机随机出的加法练习题，在右边白色文本框中输入答案。如果是一位数加法练习，每道题给用户的计算时间是3秒，如果是两位数加法练习，每道题给用户的计算时间是5秒，程序会自动进行判卷，每题10分，共10题。

在进行加法练习的过程中，窗体内还会随时显示题号，如图6-1-23（b）所示。作完10题后，窗体内会显示出成绩，"一位数"和"两位数"按钮变为有效，"退出"按钮变为无效，如图6-1-23（c）所示。

（a）　　　　　　　　　　（b）　　　　　　　　　　（c）

图6-1-23 "加法练习"程序运行后的3幅画面

（9）一个自然数是素数，且它的数字位置任意对换后形成的数仍为素数，这种数叫绝对素数，例如37。编程显示100以内的所有绝对素数。

6.2 常用内部控件

控件可分为内部控件和外部控件两大类。内部控件是VB提供的控件，显示在工具箱中，不可删除。内部控件又分为一般类、选择类和图形图像类控件。

6.2.1 驱动器下拉列表框、目录列表框和文件列表框

用户可以利用驱动器下拉列表框控件（DriveListBox）、目录列表框控件（DirListBox）和文件列表框控件（FileListBox），建立文件管理器界面，如图6-2-1所示。

驱动器下拉列表框
（DriveListBox）

目录列表框
（DirListBox）

文件列表框
（FileListBox）

图6-2-1 驱动器下拉列表框、目录列表框和文件列表框

1. 驱动器下拉列表框控件

DriveListBox（驱动器下拉列表框）控件是一种下拉列表框，平时只显示当前驱动器名称，单击其右边的箭头按钮，就会下拉出该计算机所拥有的所有磁盘驱动器，供用户选择。

驱动器下拉列表框有一个 Drive 属性，该属性不能在设计状态时设置，只能在程序中被引用或设置。Drive 属性的语法格式和功能如下：

【格式】[对象名称 .]Drive[=drive]

【功能】在运行时返回或设置所选定的驱动器名称。

【说明】"对象名称"参数是驱动器下拉列表框名称，drive 参数是驱动器名称。

注 意

每次重新设置 Drive 属性都会引发 Change 事件。

2. 目录列表框控件

DirListBox（目录列表框）控件显示当前驱动器的目录结构及当前目录下的所有子目录，供用户选择其中的某个目录作为当前目录。在目录列表框中，如果用鼠标双击某个目录，就会显示出该目录下的所有子目录。

（1）Path 属性：目录列表框只能显示出当前驱动器下的子目录。如果要显示其他驱动器下的目录结构，则必须重新设置目录列表框上的 Path 属性，该属性不能在设计状态时设置，只能在程序中被引用或设置。Path 属性的语法格式和功能如下：

【格式】[对象名称 .]Path[=pathname]

【功能】用来返回或设置当前路径。它适用于目录列表框和文件列表框。

【说明】"对象名称"参数是指目录列表框或文件列表框，pathname 参数是一个路径名字符串。

注 意

每次重新设置 Path 属性都会引发 Change 事件。

（2）如果窗体上建立了驱动器下拉列表框（名称为 Drive1）和目录列表框（名称为 Dir1），在因驱动器下拉列表框（名称为 Drive1）变化而产生事件的过程中加入如下一行语句。

```
Private Sub Drive1_Change()
    Dir1.Path = Drive1.Drive    '将驱动器下拉列表框的驱动器号赋给目录列表框
End Sub
```

运行程序后，在驱动器下拉列表框中改变驱动器时，目录列表框中的内容会随之同步改变，产生同步效果。因为，当在驱动器下拉列表框 Drive1 中改变了驱动器时，Drive1.Drive 属性发生变化，触发了 Drive1_Change 事件，执行上面的语句。伴随 Drive1.Drive 属性的改变，目录列表框 Dirl1 的 Path 属性也会随之改变，即可显示刚刚被选定的驱动器的目录结构。

3. 文件列表框控件

FileListBox（文件列表框）控件是一种列表框，显示当前驱动器中当前目录下的文件目录清单。常用的属性还有 Path 属性、Pattern 属性和 FileName 属性。

文件列表框也有 Path 属性，表示列表框中显示的文件所在的路径。每次重设 Path 属性都会引发 PathChange 事件。如果窗体中建立了目录列表框（名称为 Dirl1）和文件列表框（名称为 File1），应在因目录列表框（名称为 Dirl1）变化而产生的事件过程中加入如下一行语句。

```
Private Sub Dirl1_Change()
    File1.Path = Dirl1.Path          '将目录列表框的路径赋给文件列表框
End Sub
```

这样，程序运行后，在目录列表框中改变目录时，文件列表框中的内容会随之同步改变。

（1）Pattern 属性：该属性值为具有通配符的文件名字符串，既可以在设计时设置，也可以在程序中改变。Pattern 属性的语法格式与功能如下：

【格式】[对象名称 .]Pattern[=value]

【功能】返回或设置文件列表框所显示的文件类型。默认值为显示所有文件。

【说明】其中，"对象名称"参数是指文件列表框名称，value 参数是一个文件名字符串。

> **注 意**
>
> 每次重新设置 Pattern 属性都会引发 patternChange 事件。

例如：执行下面的语句后，File1 文件列表框中只显示 BMP 文件。

```
File1.Pattern="" *.bmp
```

（2）FileName 属性：该属性在设计状态不能使用，只能在程序中使用。

【格式】[对象名称 .]FilcName[=pathname]

【功能】用来返回或设置被选定文件的文件名和路径。

【说明】"对象名称"参数是指文件列表框的名称。pathname 是一个指定文件名及其路径的字符串。引用 FileName 属性时，仅仅返回被选定文件的文件名，此时其值相当于 List(listindex)。需要用 Path 属性才能得到其路径，但设置时文件名之前可以带路径。

例如：下面的事件过程是当在文件列表框（名称为 File1）中单击某个文件名时，输出该文件的文件名。

```
Sub File1_Click0
    MsgBox File1.FileName
End Sub
```

文件列表框还有一些属性，用来确定文件列表框在程序运行中显示何种类型的文件：当 Archive 属性值为 True 时，表示显示文档文件；当 Normal 属性值 True 时，表示显示正常标准文件；当 Hidden 属性值为 True 时，表示显示隐含文件；当 System 属性值为 True 时，表示显示系统文件；当 ReadOnly 属性值为 True 时，表示显示只读文件。例如：如果仅仅要显示系统文件，则设置 System 属性为 True，其他属性为 False。

除上面的属性外，3 种列表框还有 List、ListIndex 和 ListCount 属性，这些属性的用法与前面所学过的列表框相同。其中，ListIndex 和 ListCount 属性不能在设计状态进行设置。

6.2.2 图片框控件和坐标系

Visual Basic 6.0 提供了 4 个与图形、图像有关的控件，它们是图片框 (PictureBox) 控件、图像 (Image) 控件、形状 (Shape) 控件和线形 (Line) 控件。图片框 (PictureBox) 控件主要用来显示图像。此外，它还可以作为其他控件对象的容器。

1. 常用属性

（1）Picture 属性：

【格式】图片框名称 .Picture[=picture]

【功能】它用来保存和设置显示在图片框中的图像。这些图像文件可以是位图文件、图标文件、Windows 图元文件、JPEG 文件和 GIF 文件等多种类型。

【说明】"图片框名称"参数是指添加到窗体中的图片框的名称，它的默认值是 Picturel，picture 参数表示在图片框中显示的图像的文件名和它的路径名。

如果要在运行时显示、加载或清除图片框中的图像，需要利用 LoadPicture 函数来设置图片框的 Picture 属性。例如：下面两条语句分别用来为图片框 Picturel 加载图像和清除已显示的图像。

```
Picturel.Picture=LoadPicture("D:\图片集\植物图片\向日葵.jpg") '加载图片框中的图像
Picturel.Picture=LoadPicture                                '清除图片框中的图像
```

在设计时，还可以使用剪贴板来设置图片框的 Picture 属性。具体方法是：将已经存在的图像复制到剪贴板中，然后选择图片框，再按 Ctrl+V 键，将剪贴板中的图像粘贴到图片框中。

（2）Align 属性：

【格式】PictureBoxl.Align[=number]

【功能】返回或设置一个值，确定对象是否可在窗体上以任意大小、在任意位置上显示，或是显示在窗体的顶端、底端、左边或右边，而且自动改变大小以适合窗体的宽度。

【说明】number 表示一个整型数值，可取值有 5 个：0、1、2、3、4，默认值为 0。其中：0（VbAlignNone）表示图片框无特殊显示；1（VbAlignTop）表示图片框与窗体等宽，并与窗体顶端对齐；2（VbAlignBottom）表示图片框与窗体等宽，并与窗体底端对齐；3（VbAlignLeft）表示图片框与窗体等高，并与窗体左端对齐；4（VbAlignRight）表示图片框与窗体等高，并与窗体右端对齐。

（3）AutoSize 属性：

【格式】PictureBoxl.AutoSize[=boolean]

【功能】它决定了图片框是否能够根据加载的图像自动调整其大小。boolean 表示一个布尔值。当其取值为 False（默认）时，表示加载到图片框中的图像保持原始尺寸大小，如果图像尺寸大于图片框，超出的部分将自动被裁剪掉；反之，如果其取值为 True，则图片框就会根据图像的尺寸自动调整大小。

【说明】如果要将图片框的该属性设置为 True，设计窗体时就需要特别小心。图像将忽略窗体中的其他控件而进行尺寸调整，这可能会导致覆盖其他控件的后果。在设计前，应对每幅图像进行检查，以防发生此类现象。

（4）AutoRedraw 属性：它用于控制屏幕图像的重绘。当其他窗体覆盖某窗体之后又移开该窗体时，若此窗体的 AutoRedraw 属性设置为 True，则系统自动刷新或重绘该窗体上的所有内容；若其值为 False（系统默认值），则系统不会自动重绘窗体的内容。

（5）BackColor 属性：它用于设置窗体或图片框的背景颜色。

（6）BorderStyle 属性：用于设置窗体或图片框的边界风格，它只能在设计时使用。在设计时，它的设置不会影响窗体或图片框的显示，但程序运行时会改变显示。它的属性值有 6 个。

（7）DrawMode 属性：它用于设置绘图时图形线条颜色的产生方式。它不仅可以在"属性"窗口中设置该值，还可以在程序中定义它的值。如果只是在"属性"窗口内设置 DrawMode 的值，那么该属性会影响整个窗体或图片框的输出结果；如果在程序代码内设置 DrawMode 的值，那么就可以使窗体或图片框内的各线条显示不同的颜色。DrawMode 属性共有 16 个值，如表 6-2-1 所示，其中，1 与 16 的颜色相反，2 与 15 的颜色相反，3 与 14 的颜色相反。

表6-2-1　DrawMode属性的16种值

DrawMode 值	定　义
1-Blackness	用黑色画线
2-Not Merg Pen	将屏幕前景颜色与画笔颜色做或（OR）操作，然后取相反颜色
3-Mask Not Pen	将画笔颜色取反，再与屏幕背景颜色做与（AND）操作
4-Not Copy Pen	将画笔颜色取反
5-Mask Pen Not	将屏幕前景颜色取反，再与画笔的颜色做 AND 操作
6-Insert	将屏幕前景颜色取反
7-Xor Pen	将画笔颜色与屏幕前景颜色进行异或（XOR）操作
8-Not Mask Pen	将屏幕前景颜色和画笔颜色做 AND 操作，再取相反颜色
9-Mask Pen	将屏幕前景颜色和画笔颜色做 AND 操作
10-Not Xor Pen	将画笔颜色与屏幕颜色进行 XOR 操作，再取相反颜色
11-Nop	没有画线颜色，使用该选项将造成不绘图
12-Merge Not Pen	将画笔颜色取反，再与屏幕前景颜色进行 OR 操作
13-Copy Pen	用屏幕前景颜色画线。该值为系统默认值
14-Merge Pen Not	将屏幕前景颜色取反，再与画笔颜色进行 OR 操作
15-Merge Pen	将屏幕前景颜色与画笔颜色做 OR 操作
16-Whiteness	用白色画线

（8）DrawStyle 属性：它用于设置画线的线型。它与 DrawMode 属性一样，该属性若在"属性"窗口中设置，则会影响整个窗体或图片框的输出结果；若在程序中定义，则可在一个窗体或图片框中绘制不同的线形。该属性有 7 个值，如表 6-2-2 所示。

表6-2-2　DrawStyle属性的7个值

DrawStyle 属性值	定　义	DrawStyle 属性值	定　义
0-Solid	实线（系统默认值）	4-Dash-Dot-Dot	断点组合线
1-Dash	断线	5-Transparent	透明线
2-Dot	点线	6-Inside Solid	内部实线
3-Dash-Dot	断点组合线		

（9）DrawWidth 属性：它用于设置画线的线宽度。系统默认的线宽度为 1，若用户在程序代码中定义了 DrawWidth 属性，则可以在窗体中绘出不同宽度的线条。

（10）FillColor 属性：选择"属性"窗口的 FillColor 属性，再单击右侧的箭头按钮，这时，屏幕上将弹出一个调色板。在调色板中，用鼠标单击某种颜色，即可设置好填充色。

【格式】FillColor[=color]

【功能】它用于设置图形框的填充颜色。Color 参数的取值方法参看第 2 章有关内容。

（11）FillStyle 属性：在程序中设置填充方式的格式和功能如下所述。

【格式】FillStyle[=number]

【功能】它用于设置图形框的填充方式。与 DrawMode 一样，用户可在程序中定义该属性，以便在窗体中显示不同的填充方式。它共有 8 个值，如表 6-2-3 所示。

表6-2-3　FillStyle属性的8个number值

number 属性值	含　义	number 值	含　义
0-Solid	实心	4-Upward Diagonal	向右对角斜线
1-Transparent	空心（默认值）	5-Downward Diagonal	向左对角斜线
2-Horizontal Line	水平线	6-Cross	十字交叉线
3-Vertical Line	垂直线	7-Diagonal Cross	对角交叉线

（12）CurrentX 和 CurrentY 属性：它们在设计时不可用。

【格式】对象名称 .CurrentX|CurrentY [=number]

【功能】返回或设置下一次打印或绘图方法的水平（CurrentX）或垂直 (CurrentY) 坐标值。number 用来确定水平坐标的数值或垂直坐标的数值。

【说明】坐标从窗体或图片框控件对象的左上角开始测量。对象左边的 CurrentX 属性值为 0，上边的 CurrentY 属性值为 0。坐标以点为单位表示，或以 ScaleHeight、ScaleWidth、ScaleLeft、ScaleTop 和 ScaleMode 属性定义的度量单位来表示。

用下面的图形方法时，CurrentX 和 CurrentY 的设置值如表 6-2-4 所示。

表6-2-4　图形方法时CurrentX 和 CurrentY 的设置值

方　法	CurrentX 和 CurrentY 值	方　法	CurrentX 和 CurrentY 值
Circle	对象的中心	Line	线终点
Cls	0, 0	Pset	画出的点
EndDoc 和 NewPage	0, 0	Print	下一个打印位置

2. 常用的事件和方法

图片框控件可以响应 Click 事件，利用这一点，可以用图片框代替命令按钮或者作为工具条中的按钮。如果图片框控件的 AutoRedraw 属性值为 True，则图片框控件会支持 Print、Cls、Pset、Point、Line 和 Circle 等多种图形方法。

1）Print 方法

【格式】[对象名称 .]Print[表达式表]

【功能】在图片框中显示文本，它与窗体的 Print 方法的功能和使用方法基本一样。可参看第 2 章有关内容。对象名称可以是窗体、图片框控件对象或打印机的名称，系统默认为窗体。

2）Pset 方法

【格式】[对象名称 .]Pset[Step](x，y)[, 颜色]

【功能】用于画点。其中，参数 (x, y) 为所画点的坐标，关键字 Step 表示采用当前作图位置的相对值。采用背景颜色可清除某个位置上的点，利用 Pset 方法可画任意曲线。

3）Point 方法

【格式】[对象名称 .]Point(x,y)

【功能】返回 (x，y) 坐标指定点的 RGB 颜色。

4）Line 方法

【格式】[对象名称 .]Line[(Step)[(x1,y1)]]–(x2，y2)][, 颜色][, B[F]]

【功能】该方法用于画直线或矩形。直线的起点或矩形的左上角坐标为 (x1，y1)，直线的终点或矩形的右下角坐标为 (x2，y2)。

【说明】关键字 Step 表示采用当前作图位置的相对值；B 表示画矩形，F（默认）表示用画矩形的颜色来填充矩形。则矩形的填充特点是由 FillColor 和 FillStyle 属性决定。

5）Circle 方法

【格式】[对象 .]Circle[[Step](x，y), 半径 [, 起始角][, 终止角][长短轴比率]]

【功能】在图片框中，以 (X, Y) 为圆心坐标，以 r 表示圆的半径（单位为点），绘制一个圆形图形。Circle 方法可用于画圆、椭圆、圆弧和扇形。

【说明】关键字 Step 表示采用当前作图位置的相对值。圆弧和扇形通过参数起始角、终止角来控制。当起始角、终止角取值在 0 ～ 2π 时为圆弧；当起始角、终止角取值前加负号时画出扇形，负号表示画圆心到圆弧的径向线。椭圆通过长短轴比率控制，默认值为 1，即画圆。

6）Cls 方法

【格式】[对象 .] Cls

【功能】清除运行时窗体或图片框控件对象内，使用图形和打印语句所创建的图形和文本，而设计时使用 Picture 属性设置的背景位图和创建的控件对象不会被清除。

【说明】如果在使用 Cls 之前，AutoRedraw 属性设置为 False，调用时设置 AutoRedraw 属性为 True，则使用 Cls 时，放置在窗体或图片框控件对象中的图形和文本也不受影响。这就是说，通过对正在处理的对象的 AutoRedraw 属性进行操作，可以保持窗体或图片框控件对象中的图形和文本不被清除。如果在使用 Cls 之前，AutoRedraw 属性设置为 True，则使用 Cls 时，可清除所有程序运行中产生的图形和文本。

调用 Cls 之后，窗体或图片框控件对象的 CurrentX 和 CurrentY 属性复位为 0。

7）Scale 方法

【格式】[对象 .]Scale[(xLeft，yTop)-(xRight，yBottom)]

【功能】用来设置坐标系。它是建立用户坐标系最方便的方法。

【说明】"对象"可以是窗体、图形框或打印机；(xLeft, yTop) 表示对象的左上角的坐标值，(xRight, yBottom) 为对象的右下角的坐标值。当 Scale 方法不带参数时，则取消用户自定义的坐标系，而采用默认坐标系。VB 可根据给定的坐标参数计算出 ScaleLeft、ScaleTop、ScaleWidth 和 ScaleHeight 的值。

```
ScaleLeft=xLeft
ScaleTop=yTop
ScaleWidth=xRight-xLeft
ScaleHeight=yBottom-yTop
```

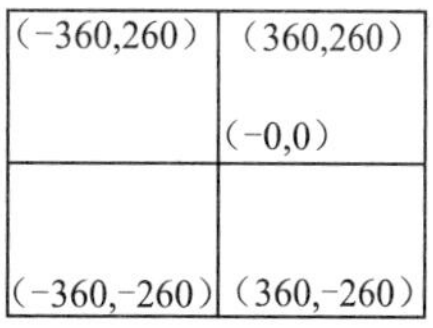

(−360,260)	(360,260)
	(−0,0)
(−360,−260)	(360,−260)

图6-2-2　设置的坐标系

例如：下面的语句是在图片框中设置了一个如图 6-2-2 所示的坐标系。

```
Picture1.Scale (-360, 260)-(360, -260)
```

3. 坐标系

按照坐标参照对象的不同，VB 程序设计中的坐标系统可分为屏幕坐标系、窗体坐标系和自定义坐标系。

（1）屏幕坐标系：它是以整个计算机显示屏幕（桌面）作为输出的参照（即容器），这种坐标系主要用于窗体（即对象）的定位，其原点（0，0）在屏幕的左上角，水平向右为 X 轴正方向，垂直向下为 Y 轴正方向，如图 6-2-3 所示。

（2）窗体坐标系：它是以窗体为输出的参照（即容器），这种坐标系统主要用于窗体内各个控件对象（即对象）的定位，其原点（0，0）在窗体的左上角，水平向右为 X 轴正方向，垂直向下为 Y 轴正方向。如图 6-2-4 所示。

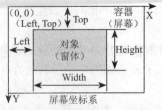

图6-2-3　屏幕坐标系

图6-2-4　窗体坐标系

在坐标系中，坐标原点为对象容器用户设计区域的左上角，以向右的方向为 X 轴的正方向，以向下的方向为 Y 轴的正方向。坐标系的度量单位有缇（Twip）、像素、磅和英寸等，具体单位由容器对象的 Scalemode 属性决定，该属性取值如表 6-2-5 所示。在 VB 中默认的度量单位为缇。

表6-2-5　Scalemode属性的值和含义

设置值	常　数	含　义
0	vbUser	指出 ScaleHeight、ScaleWidth、ScaleLeft 和 ScaleTop 属性中的一个或多个被设置为自定义的值
1	vbTwips	缇 (Twip)，系统缺省值，长度为 1/1440 英寸
2	vbPoints	磅（1/72 英寸）
3	vbPixels	像素（显视器或打印机分辨率的最小单位）
4	vbCharacters	字符（水平每个单位 =120 缇；垂直每个单位 =240 缇）
5	vbInches	英寸
6	vbMillimeters	毫米
7	vbCentimeters	厘米
8	vbHimetric	HiMetric
9	vbContainerPosition	控件容器使用的单位，决定控件位置
10	vbContainerSize	控件容器使用的单位，决定控件的大小

（3）自定义坐标系：在程序设计中，开发人员还可以设计自己的坐标系统，在自定义坐标系统中，可以定义原点、坐标轴方向和度量单位。

自定义坐标系由容器对象的 ScaleLeft、ScaleTop、ScaleWidth 和 ScaleHeight 来完成。ScaleLeft 属性和 ScaleTop 属性决定了原来的容器坐标原点在新坐标系的位置，ScaleWidth 和 ScaleHeight 属性决定了新坐标系的宽度和高度度量单位。

自定义坐标系规定将定义坐标系时容器宽度和高度分别分为 ScaleWidth 等分和 ScaleHeight 等分，每等分为一个度量单位。例如，下面的语句设置原坐标系统原点（窗体用户区的左上角）在新坐标系的坐标为（100，50），新坐标系以窗体高度的 1/200 为垂直度量单位，以窗体宽度的 1/300 为水平度量单位。

```
Form1.ScaleLeft = 100
Form1.ScaleTop = 50
Form1.ScaleHeight = 200
Form1.ScaleWidth = 300
```

此外，也可以使用容器对象的 Scale 方法来定义坐标系统，该语句格式如下：

```
Object.Scale (x1,y1)-(x2, y2)
```

其中，参数 x1 和 y1 定义容器原点在新坐标系统中的坐标位置，参数 x2 和 y2 定义容器右下角在新坐标系中的坐标。该语句定义的坐标系统与前面定义的坐标系统等价。例如：

Form1.Scale (-360, 260)-(360, -260)

Picture1.Scale (100, 50)-(400, 250)

6.2.3　图像、形状和线形控件

1.　形状控件

形状（Shape）控件主要用于在窗体、框架或图片框中绘制预定义的几何图形，例如：矩形、正方形、椭圆形、圆形、圆角矩形和圆角正方形等。形状控件常用的属性如下：

（1）Shape 属性：

【格式】对象名称 . Shape[=number]

【功能】返回或设置形状控件的外观。其取值为整数类型，默认值为 0。

【说明】"对象名称"参数是指添加到窗体中的形状控件的名称，其默认值为 Shapel。number 表示一个整数值，其合法取值有 6 个：0 ～ 5，其中，0 表示 vbShapeRectangle（矩形）；1 表示 vbShapeSquare（正方形）；2 表示 vbShapeOval（椭圆形）；3 表示 vbShapeCircle（圆形）；4 表示 VbShapeRoundedRectangle（圆角矩形）；5 表示 VbShapeRoundedSquare（圆角正方形）。

（2）其他属性：形状控件还有几种与图片框控件一样的属性，可以控制形状控件的外观，例如利用 BorderColor（边框颜色）和 FillColor（填充颜色）属性可以改变其颜色，利用 BorderStyle（边框样式）、BorderWidth（边框宽度）、FillStyle（填充样式）和 DrawMode（绘图模式）属性可以控制如何画图。

形状控件不支持任何事件，只用于表面装饰。

2.　线形控件

线形（Line）控件主要用来在窗体、框架或图片框内绘制简单的线段。它的常用属性如下：

（1）X1，Y1，X2，Y2 属性：

【格式】对象名称 . X1| Y1| X2| Y2 [=number]

【功能】通过设置线段的起点坐标 (X1，Y1) 和终点坐标 (X2，Y2) 属性，可设置线段的长度。

【说明】"对象名称"是指添加到窗体中的线形控件的名称，其默认值为 Linel。表示添加的线形控件的名字。X1 和 Y1 分别表示线段的起点横、纵坐标，X2 和 Y2 分别表示线段的终点横、纵坐标。number 是一个数值，用来设置线段的坐标值。

例如：通过下列语句可以绘制一条起点坐标为 (50，50)，终点坐标为 (500，500) 的线段。

```
Line1.Xl=50: Line1.Yl=50 : Line1.X2=500: Line1.Yl=500
```

（2）其他属性：线形控件还有几种与图片框控件一样的属性，可以控制线形控件的外观。

线形控件与形状控件相同，也不支持任何事件。

3.　图像控件

图像（Image）控件主要用来显示图像。图像控件常用的属性如下：

（1）Picture 属性：

【格式】对象名称 .Picture[=picture]

【功能】保存和设置显示在图像控件中的图像。它可以是位图、图标、JPEG 和 GIF 等类型。

【说明】"对象名称"是指添加到窗体中的图像控件的名称，其默认值为 Imagel。picture 表示即将显示在图像控件对象中的图像的文件名和它的路径名。在图像控件对象中加载图像的方法与在图片框控件对象中加载图像的方法一样。

（2）Stretch 属性：

【格式】对象名称 . Stretch[=boolean]

【功能】决定图像控件对象与被装载的图像如何调整尺寸以互相适应。boolean 取值为 False（默认值）时，表示图片框将根据加载图像的大小调整尺寸；取值为 True 时，则将根据图像控件对象的大小来调整被加载的图像大小，这样可能会导致被加载的图像变形。

【说明】图像控件 Stretch 属性与图片框控件的 AutoSize 属性不同。前者既可以通过调整图像控件的尺寸来适应加载的图形大小，又可以通过调整图像的尺寸来适应图像控件的大小；而后者只能通过调整图片框的尺寸来适应加载图像的大小。图像控件可以响应 Click 事件，利用这一点，可以用图像控件代替命令按钮或者作为工具条中的按钮。

案例34 照片浏览器

"照片浏览器"程序运行后的画面如图 6-2-5（a）所示（没有显示图片）。在驱动器下拉列表框中可以选择驱动器，在目录列表框中可以选择目录，在文件类型列表框中可以选择文件类型，单击选中文件列表框内的图像文件的名称，即可在窗体右边的图像框中显示出该图像文件的图像，如图 6-2-5（a）所示。如果单击的文件不是图像文件，则会调出一个提示框，如图 6-2-5（b）所示。

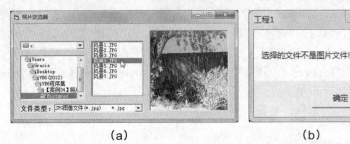

(a)　　　　　　　　　　　　　　　(b)

图6-2-5　"照片浏览器"程序运行后的2幅画面

如果双击文件列表框内的图像文件的名称，即可在一个新的窗体内将整个图像显示出来，如图6-2-6示。"照片浏览器"程序的设计方法如下：

（1）在"【案例34】照片浏览器"文件夹中创建一个 Pictures 子文件夹，在子文件夹中保存一些风景图片文件。

（2）在窗体中加入一个名称为 Drive1 的驱动器下拉列表框，一个名称为 Dir1 的目录列表框，一个名称为 File1 的文件列表框，一个名称为 Combo1 的组合框，一个名称为 Command1 的命令按钮，组合框用来选择文件类型。

图6-2-6　程序运行后的1幅画面

（3）在窗体内的右边增加一个名称为 Image1 的图像控件。

（4）再创建一个名称为 Form2 的窗体，在窗体内增加一个名称为 Image2 的图像控件，设置其 Stretch 属性值为 True。

（5）在窗体 Form1 的"代码"窗口中输入如下程序代码。

```
Dim INS As String, CS As String
Private Sub Form_Load()
    Drive1.Drive = "C:\"                                    '设置驱动器列表框的默认项
    Dir1.Path = "C:\Users\Gracie\Desktop\VB6(2012)\VB6程序集\【案例34】照片浏
览器\Pictures"                                             '设置目录列表框的默认项

    INS = "所有文件(*.*)"
    Combo1.AddItem INS + Space(18 - Len(INS)) + "*.*", 0   '给文件列表框第1项添加内容
    INS = "位图文件(*.bmp)"
    Combo1.AddItem INS + Space(18-Len(INS)) + "*.bmp", 1   '给文件列表框第3项添加内容
    INS = "JPG图像文件(*.jpg)"
```

```
        Combo1.AddItem INS + Space(18 - Len(INS)) + "*.jpg", 2   '给文件列表框第4项添加内容
        INS = "GIF图像文件(*.gif)"
    End Sub
    Rem 在单击组合列表框后产生事件
    Private Sub Combo1_Click()
        File1.Pattern = Mid$(Combo1.Text, 19, 5)'截取文件列表框第19个字符以后的内容
    End Sub
    Rem 在驱动器列表框变化后产生事件
    Private Sub Drive1_Change()
        Dir1.Path = Drive1.Drive      '将驱动器列表框的驱动器号赋给目录列表框实现同步连接
    End Sub
    Rem 在目录列表框变化后产生事件
    Private Sub Dir1_Change()
        File1.Path = Dir1.Path        '将目录列表框的路径赋给文件列表框，实现同步连接
    End Sub
    Rem 单击文件列表框中的文件名称后产生事件
    Private Sub File1_Click()
        CS=StrConv(Right$(File1.FileName,3),vbLowerCase)   '取得文件名称的扩展名，
                                                           '并转化为小写字符

        Rem 比较扩展名以确定是否为图像文件
        If CS = "jpg" Or CS = "bmp" Or CS = "gif" Or CS = "emf" Or CS = "cur"
    Or CS = "ico" Then
            Image1.Picture = LoadPicture(Dir1.Path + "\" + File1.FileName)
                                         '加载选定的图像到图像控件

        Else
            MsgBox "选择的文件不是图片文件!"       '如果不是图像文件，则显示提示信息
        End If
    End Sub
    Rem 双击文件列表框中的文件名称后产生事件
    Private Sub File1_DblClick()
        Form2.Image2.Picture = LoadPicture(Dir1.Path + "\" + File1.FileName) '加载选定的图像
        Form2.Show       '调出和显示Form2窗体
    End Sub
```

（6）在上面的程序代码中，Space 函数用来产生指定的空格，Len(INS) 函数用来获取 INS 字符串的字符个数。"Right$(File1.FileName, 3)" 用于对文件名取后三位字符（扩展名），"StrConv(Right$(File1. FileName,3), vbLowerCase)" 函数将取得的扩展名转化为小写字符。

案例35 万圣节小房子

"万圣节小房子"程序运行后的画面如图 6-2-7 所示。可以看到，画面中有一所小房子，房子四周有南瓜和巫师，营造着万圣节的气氛。通过本案例的学习，可以初步掌握利用形状和线形控件绘制图形的方法。程序的设计方法如下：

（1）创建一个新的工程。拖曳鼠标以调整窗体的大小。在窗体的"属性"窗口中设置 Caption 属性值为"万圣节小房子"。

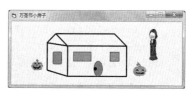

图6-2-7 "万圣节小房子"程序
运行后的画面

（2）单击控件箱内的 Line（线形）控件按钮＼，在窗体内绘制 11 条线条，单击控件箱内的 Shape（形状）控件按钮，在窗体内绘制 5 个形状图形，作为小屋的房屋、门和窗户的外形，如图 6-2-8（a）所示。

（3）单击控件箱内的 Image（图像）控件按钮，在窗体内创建 3 个图像控件框，调整它们的大小和位置，如图 6-2-8（b）所示。

上述创建的控件对象的名称均采用默认值。

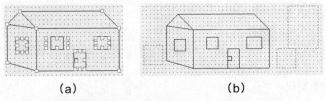

（a）　　　　　　　　　（b）

图6-2-8 "万圣节小房子"程序的窗体设计

（4）在"代码"窗口内输入如下程序。

```
Private Sub Form_Activate()
    Rem 线条属性设置
    Line1.BorderStyle = 1: Line1.BorderWidth = 3        '设置线Line1类型为1，宽度为3
    Line2.BorderStyle = 1: Line2.BorderWidth = 3        '设置线Line2类型为1，宽度为3
    Line3.BorderStyle = 1: Line3.BorderWidth = 3        '设置线Line3类型为1，宽度为3
    Line4.BorderStyle = 1: Line4.BorderWidth = 3        '设置线Line4类型为1，宽度为3
    Line5.BorderStyle = 1: Line5.BorderWidth = 3
    Line6.BorderStyle = 1: Line6.BorderWidth = 3
    Line7.BorderStyle = 1: Line7.BorderWidth = 3
    Line8.BorderStyle = 1: Line8.BorderWidth = 3
    Line9.BorderStyle = 1: Line9.BorderWidth = 3
    Line10.BorderStyle = 1: Line10.BorderWidth = 3
    Line11.BorderStyle = 1: Line11.BorderWidth = 3
    Rem Shape属性值为0（vbShapeRectangle），即设置为矩形
    Shape1.FillColor = RGB(0, 255, 100): Shape1.FillStyle = 0: Shape1.Shape = 0
    Rem Shape属性值为1（vbShapeSquare），即设置为正方形
    Shape2.FillColor = RGB(0, 255, 100): Shape2.FillStyle = 0: Shape2.Shape = 1
    Rem Shape属性值为2（vbShapeOval），即设置为椭圆形
    Shape3.FillColor = RGB(255, 100, 0): Shape3.FillStyle = 0: Shape3.Shape = 2
    Rem Shapeh属性值为3（vbShapeCircle），即设置为圆形
    Shape4.FillColor = RGB(0, 0, 0): Shape4.FillStyle = 0: Shape4.Shape = 3
    Rem Shapeh属性值为4（VbShapeRoundedRectangle），即设置为圆角矩形
    Shape5.FillColor = RGB(0, 200, 255): Shape5.FillStyle = 0: Shape5.Shape = 4
    Rem   设置根据图象框控件大小来调整被加载的图像大小
    Image1.Stretch = True
    Image1.Picture = LoadPicture("C:\Users\Gracie\Desktop\VB6(2012)\VB6程序集\【案
例35】万圣节小房子\巫师1.gif")
    Image2.Stretch = True
    Image2.Picture = LoadPicture("C:\Users\Gracie\Desktop\VB6(2012)\VB6程序集\【案
例35】万圣节小房子\南瓜1.gif")
```

```
    Image3.Stretch = True
    Image3.Picture = LoadPicture("C:\Users\Gracie\Desktop\VB6(2012)\VB6程序集\【案
例35】万圣节小房子\南瓜2.gif")
End Sub
```

案例36 随机上升的热气球

"随机上升的热气球"程序运行后会显示云朵图像填充的窗体。单击窗体后，即可看到窗体最下边显示出 12 个热气球。这些热气球开始随机地上升，如图 6-2-9（a）所示，直到所有热气球都上升到最上边消失为止。此时，会显示红色的"结束"文字，如图 6-2-9（b）所示。单击窗体又会重复上述过程。在程序运行中，如果要中止程序的运行，可按 Ctrl+Break 键。该程序巧妙地使用了图像控件数组，使程序很简单。程序的设计方法如下：

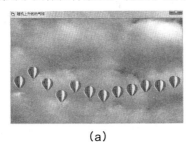 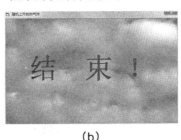

（a）　　　　　　　　　　　　　（b）

图6-2-9　"随机上升的热气球"程序运行后的2幅画面

（1）单击选中窗体，再单击其"属性"窗口内 Picture 属性的按钮，调出"加载图片"对话框，利用该对话框导入一幅云朵图像，如图 6-2-9（a）所示（还没有热气球图像）。再创建一个标签对象，设置名称为 Label1，字体为华文楷体，颜色为红色，字大小为 72，Caption 属性为"结束！"，Visible 属性为 False，位于窗体中间，如图 6-2-9（b）所示。

（2）创建一个图像控件对象，设置名称为 Image1，Visible 属性为 False，位置在左上角，Top 值为 4 560，Index 属性值为 0，Picture 属性导入热气球图像文件。然后利用它制作一个控件数组，一共有 12 个，它们的 Index 的值分别为 0 ～ 11，在窗体顶部成一排，Top 值均为 4 560，其他的属性均一样。

（3）在"代码"窗口中输入如下程序。

```
Dim N As Integer, J As Integer, K As Integer, I As Long
Private Sub Form_Click()
Randomize
    Label1.Visible = False              '使标签Label1隐藏
    For I = 0 To 11
        Image1(I).Visible = True        '使图像 Image1显示
        Image1(I).Top = 4560            '使图像 Image1位于底部
    Next I
    K = 1
    Do While K > 0
        N = Int(Rnd * 12)           '产生0~11的随机整数，作为控件数组的下标值
        Image1(N).Top = Image1(N).Top - 100   '改变随机选中的图像Image1数组元素的
                                              '垂直位置
        J = 0
```

```
    For I = 0 To 11
        If Image1(I).Top <= -780 Then '如果标签 Image1数组元素到了窗体顶部，则
            Image1(I).Visible = False '使图像Image1数组元素隐藏
            J = J + 1                              '用变量J统计图像Image1数组元素隐藏的个数
        End If
    Next I
    If J = 12 Then K = 0      '如果图像 Image1数组元素全部隐藏了则退出循环
    x = DoEvents
    For I = 1 To 500000       '延迟一定时间，调整热气球上升的速度
    Next I
  Loop
  Label1.Visible = True          '使标签Label1显示
End Sub
```

（4）在上面的程序代码中，x=DoEvents 语句保证在运行程序时，可以进行移动窗体、屏幕硬拷贝、打开控制菜单等操作。读者可以将该语句删除，再运行程序，看看有什么区别。

案例37 能定时的钟

设计"能定时的钟"程序，该程序运行后显示一个有数字显示的指针表，其中的一幅画面如图 6-2-10（a）所示。在文本框中输入定时的时间后，当时间与定时的时间完全一样时，窗体内数字表下边会显示一幅卡通鸟图像，如图 6-2-10（b）所示。单击"隐藏图像"按钮，或者等待 30 秒后，可以使卡通鸟图像隐藏。该程序的设计方法如下：

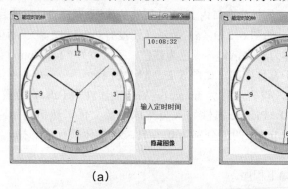

| (a) | (b) |

图6-2-10 "能定时的钟"程序运行后的2幅画面

（1）创建 2 个标签、1 个文本框和 1 个按钮，这些控件的名称采用默认值。Label1 标签用来显示标题"能定时的钟"，Label2 的标签用来显示数字钟；Command1 按钮的 Caption 属性值为"隐藏图像"。

（2）创建 2 个图片框，左边大的图片框的名称为 Picture1，右边小的图片框的名称为 Picture2，为 Picture1 图片框的 Picture 属性设置一幅表盘图像（图像宽和高均为 288 像素），AutoSize 属性设置为 True。为 Picture2 图片框的 Picture 属性设置一幅卡通鸟图像。

（3）在窗体中创建 2 个时钟控件，它们的名称分别为 Timer1 和 Timer2，Timer1 时钟控件的 Interval 属性值为 1 000，Timer2 时钟控件的 Interval 属性值为 30 000。Timer1 时钟控件用来控制指针位置变化，Timer1 时钟控件用来控制 30 秒后 Picture2 图片框内的图像隐藏。

（4）在"代码"窗口中输入如下程序代码。

```
Dim SX As Integer, SY As Integer, MX As Integer, MY As Integer, HX As
```

```
Integer, HY As Integer
Const PI = 3.1415926
Rem 定义坐标和初始化
Private Sub Form_Activate()
    Picture1.Scale (-360, -360)-(360, 360)      '定义坐标系
End Sub
Rem   指针钟
Private Sub Timer1_Timer()
    Picture1.Cls                                '清除图片框Picture1
    Rem 判断定时时间是否到了，到了定时时间则显示图片框Picture2内的卡通图像
    If Second(Time) = Val(Mid(Text1.Text, 7, 2)) And Minute(Time) =
Val(Mid(Text1.Text, 4, 2)) And Hour(Time) = Val(Mid(Text1.Text, 1, 2)) Then
        Picture2.Visible = True                 '使图片框Picture2内的图像显示
        Timer2.Enabled = True                   '使时间控件Timer2有效
    End If
    Label2.Caption = Time$                      '显示数字表
    Rem 绘制秒针
    Picture1.DrawWidth = 1                       '设置线宽为1个点
    Rem 计算秒针坐标值
    SX = Sin((180 - 6 * Second(Time)) * PI / 180) * 300
    SY = Cos((180 - 6 * Second(Time)) * PI / 180) * 300
    Picture1.Line (0, 0)-(SX, SY), RGB(0, 0, 255)          '绘制秒针
    Rem 绘制分针
    Picture1.DrawWidth = 2                       '设置线宽为2个点
    Rem 计算分针坐标值
    MX = Sin((180 - 6 * Minute(Time)) * PI / 180) * 260    '计算秒针终点X坐标值
    MY = Cos((180 - 6 * Minute(Time)) * PI / 180) * 260    '计算秒针终点Y坐标值
    Picture1.Line (0, 0)-(MX, MY), RGB(0, 255, 0)          '绘制分针
    Rem 绘制时针
    Picture1.DrawWidth = 3                       '设置线宽为3个点
    Rem 计算时针坐标值
    HX = Sin((180 - (30 * Hour(Time) + 30 * Minute(Time) / 60)) * 3.14159 / 180) * 220
    HY = Cos((180 - (30 * Hour(Time) + 30 * Minute(Time) / 60)) * 3.14159 / 180) * 220
    Picture1.Line (0, 0)-(HX, HY), RGB(255, 0, 0)          '绘制时针
End Sub
Rem 隐藏Picture2中的图像
Private Sub Timer2_Timer()
    Picture2.Visible = False                    '使图片框Picture2内的图像隐藏
    Timer2.Enabled = False                      '使时间控件Timer2无效
End Sub
Private Sub Command1_Click()
    Picture2.Visible = False                    '使图片框Picture2内的图像隐藏
End Sub
```

案例38 正弦和余弦图形

"正弦和余弦图形"程序运行后的画面如图 6-2-11（a）所示（还没有正弦曲线），单击"sin

函数"按钮，可绘出红色正弦曲线，如图 6-2-11（a）所示。单击"cos 函数"按钮，可绘出蓝色余弦曲线，如图 6-2-11（b）所示。单击"清除"按钮，可将曲线擦除。

通过本案例的学习，可以进一步掌握图片框的使用方法，掌握图片框特点、常用事件、常用属性和常用的方法，以及如何利用图片框绘制图形。程序的设计方法如下：

（1）创建一个新的工程。拖曳鼠标以调整窗体的大小。在窗体的"属性"窗口中设置Caption 属性值为"正弦和余弦图形"。

（2）单击控件箱内的 PictureBox（图片框）控件按钮▩，在窗体的左边创建一个图片框，它的名字为 Picture1，用来作为放置图像框的容器。

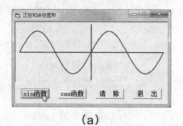 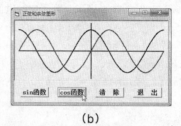

（a）　　　　　　　　　　（b）

图6-2-11　"正弦和余弦图形"程序运行后的画面

（3）设置 Picture1 图片框的 DrawStyle 属性的值为 6，设置线形为内部实线。如果设置图片框的 AutoRedraw 属性为 False，可以看到绘制的过程，但极小化窗体后再恢复，图形会消失；如果设置 AutoRedraw 属性为 True，不能看到绘制的过程，但极小化窗体后再恢复，图形不会消失。此处设置 AutoRedraw 属性为 True。

（4）创建 4 个按钮，其名称采用默认值，设置其 Caption 属性如图 6-2-11 所示。

（5）在"代码"窗口内输入如下程序（不包含"退出"按钮程序）。

```
Dim X As Integer
Const PI=3.1415926
Private Sub Form_Activate()
    Picture1.Scale (-380,-280)-(380,280)        '定义坐标系
    Picture1.DrawStyle=6                         '设置线形为内部实线
    Picture1.DrawWidth=2                         '设置线宽为2个点
    Picture1.Line (-360,0)-(360,0),RGB(0,0,0)    '绘制水平坐标线
    Picture1.Line (0,260)-(0,-260),RGB(0,0,0)    '绘制垂直坐标线
End Sub
Rem 绘制一条红色的正弦曲线
Private Sub Command1_Click()
    For X=-360 To 360
        XH=PI/180*X:Y1=-200*Sin(XH)
        Picture1.PSet(X,Y1),RGB(255,0,0)
    Next X
End Sub
Rem 绘制一条蓝色的余弦曲线
Private Sub Command2_Click()
    For X=-360 To 360
        XH=PI/180*X:Y1=-200*Cos(XH)
        Picture1.PSet(X,Y1),RGB(0,0,255)
```

```
    Next X
End Sub
Rem 清除
Private Sub Command3_Click()
    Picture1.Cls
    Picture1.Line(-360,0)-(360,0),RGB(0,0,0)          '绘制水平坐标线
    Picture1.Line(0,260)-(0,-260),RGB(0,0,0)          '绘制垂直坐标线
End Sub
```

案例39 金刚石图案

"金刚石图案"程序运行后的画面如图6-2-12(a)所示(没有图片框中的图形)。在"顶点数"文本框中输入金刚石图案的顶点数,单击"绘制图案"按钮,即可在图片框中显示出金刚石图形,如图6-2-12(b)所示。程序的设计方法如下:

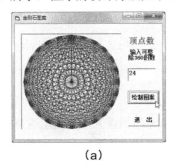 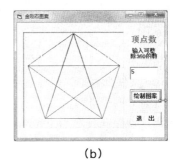

(a)   (b)

图6-2-12 "金刚石图案"程序运行后的2幅画面

(1)在窗体内创建2个标签、1个文本框、1个图片框和2个按钮。文本框的名称为"Text1",设置它的 Text 属性为6;图片框的名称为"Picture1",它的 DrawStyle 属性值为6,DrawWidth 属性值为1,即设置线形为内部实线和设置线宽为1个点。

(2)在"代码"窗口内输入如下程序(不包含"退出"按钮程序)。

```
Dim N As Integer, K As Integer, X1 As Integer, Y1 As Integer, X2 As
Integer, Y2 As Integer, Q1 As Integer, Q2 As Integer
Const PI = 3.1415926
Rem 绘制金刚石图案
Private Sub Command1_Click()
    Picture1.Cls
    N = Text1.Text:       K = 360 / N
    Picture1.Scale (-360, 360)-(360, -360)          '定义坐标系
    W = DoEvents          '为了在循环延时的过程中,可以进行其他操作,加入该语句
    Rem 外循环定直线的起点位置,内循环定直线的终点位置
    For Q1 = 0 To 360 - K Step K
        X1 = 350 * Sin(Q1 * PI / 180)
        Y1 = 358 * Cos(Q1 * PI / 180)
        For Q2 = Q1 + K To 360 Step K
            X2 = 350 * Sin(Q2 * PI / 180)
            Y2 = 358 * Cos(Q2 * PI / 180)
            Picture1.Line (X1, Y1)-(X2, Y2), RGB(255, 0, 0)
```

```
        Next Q2
     Next Q1
   End Sub
```

（3）在上面的程序代码中，设有一个正 N（为了获得对称的效果，360/N 应该是一个整数）边形，把每个顶角与其他所有顶角用直线连接，当 N 足够大时，所得图形就像一个花边图案。以 N=5 边形为例，如图 6-2-12（b）所示，其各顶点与中心连线形成的夹角为 360°÷5=72°。连线的方法是：其中一点分别与其他各点相连。因此，可用双重循环完成绘图工作，外循环用来产生 N 边形各顶点，它们是画直线的起点；内循环用来产生画线的各终点（也是 N 边形顶点）。

思考与练习6-2

1. 填空题

（1）DriveListBox（驱动器下拉列表框）控件是一种_____，平时只显示_____，单击其右边的箭头按钮▾，就会下拉出_____。

（2）DirListBox（目录列表框）控件显示_____和_____。在目录列表框中，如果双击某个目录，就会显示出_____。

（3）FileListBox（文件列表框）控件是一种_____，显示_____。

（4）与图形图像有关的控件有_____、_____、_____和_____ 4 个。

（5）如果要使图片框控件对象 PictureBoxl 可以根据图像的尺寸自动调整大小，应使用的语句是_____。

（6）使用 Scale 方法定义一个坐标系，坐标系左上角的坐标为（-120，220），右下角的坐标为（120，-220），应使用的语句是_____。

2. 操作题

（1）设计一个"多圆图案"程序，该程序运行后的画面如图 6-2-13（a）所示（还没有绘制出图案）。改变"圆个数"文本框中的数据，再单击"多圆图案"按钮，可在图片框中显示多个圆形图形组成的图案，如图 6-2-13（b）所示。可以看出，这些圆形图形的圆心均匀地分布在以图像框中心（即坐标原点（0，0）为圆心，半径 R=170 的圆周上，这些圆形图形的半径也为 R=170。

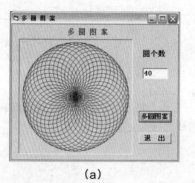 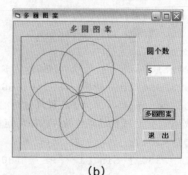

（a）　　　　　　　　　　　　　（b）

图6-2-13 "多圆图案"程序运行后的2幅画面

（2）设计"绘制图形和显示图像"程序，该程序运行后的画面如图 6-2-14（a）所示（还没有绘制的图形和图像）。单击"显示一组图形"按钮，即可在窗体内左边显示 6 幅图形。它们是用形状控件绘制的图形。单击"显示第 1 幅图像"按钮，即可在窗体内右边显示第 1 幅图像，如图 6-2-14（a）所示。单击"显示第 2 幅图像"按钮，即可在窗体内右边显示第 2 幅图像，如图 6-2-14（b）所示。

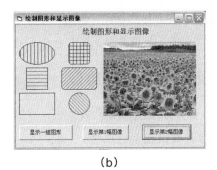

（a）　　　　　　　　　　　　　　（b）

图6-2-14　"绘制图形和显示图像"程序运行后的2幅画面

（3）设计一个"图像交换"程序，该程序运行后，单击"互换"按钮，可以使 3 幅图像框中的图像依次交换。

（4）使用绘点的方法绘制 10 个同心的椭圆，椭圆的长轴和短轴长度比为 3:2。

（5）编程绘制一组圆心位置相同、半径不同的圆形图形。

（6）编程绘制交叉的两串圆形图形，如图 6-2-15 所示。

（7）编写一个可以绘制如图 6-2-16 所示的线条展开图形，图形中的线条从左向右逐渐展开，再从右向左逐渐展开，线条的颜色是随机变化的。

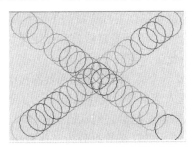

图6-2-15　交叉的两串圆形图形　　　**图6-2-16　线条展开图形**

第7章 数组、自定义数据类型和过程

本章主要介绍数组、排序、过程、形参和实参、按值传递和按址传递、模块等概念，介绍了创建数组、自定义数据类型、定义和使用过程的方法等。

7.1 数组和自定义数据类型

7.1.1 数组和数组元素

1. 数组和数组元素的概念

在实际应用中，经常需要处理一批相互有联系、有一定顺序、同一类型和具有相同性质的数据（例如：某单位若干职工的奖金，各候选人的选票数等）。通常把这样的数据或变量叫数组。数组是一组具有相同数据结构的元素组成的数据集合。构成数组的各个数据或变量叫数组元素。

数组用一个统一的名称来标识这些元素，这个名称就是数组名。数组名的命名规则与简单变量的命名规则一样。在数组中，对数组元素的区分用数组下标来实现，数组下标的个数称为数组的维数。有了数组，就可以用同一个变量名来表示一系列的数据，并用一个序号（下标）来表示同一数组中的不同数组元素。例如：数组 L 有 11 个数组元素，则可表示为：L(0)，L(1)，…，L(10)，它由数组名称和括号内的下标组成的，而且下标可以是常量、变量和数值型表达式。因此，数组元素也叫下标变量，它由数组名称和括号内的下标组成的。

一般情况下，数组应具有相同的数据类型，但当数组元素的数据类型为变体型（Variant）类型时，各个数组元素可以是不同类型的数据。

数组中的数组元素是有排列顺序的。使用循环语句，使下标变量的下标不断变化，即可获取数组中的所有变量，采用这种方法，可以很方便地给下标变量赋值和使用下标变量的数据。例如：100 个候选人进行选票统计，如果使用简单变量，需要使用 100 个变量（H0，H1，…，H99）来分别表示各候选人。如果使用数组，只需要一个有 100 个数组元素的数组 H，它有 100 个下标变量 H(0)，H(1)，…，H(99)。对 100 个候选人选票进行统计，如果使用简单变量，程序会很复杂；如果使用数组，则使用循环语句，可以很容易地给它们赋值和进行累加。

在 VB 6.0 中，根据数组占用内存的方式的不同，可以将数组分为常规数组和动态数组两种类型。常规数组是数组元素个数不可改变的数组，动态数组是数组元素个数可以改变的数组。

2. 创建常规数组

常规数组是大小固定的数组，即常规数组中包含的数组元素的个数是不变的，它总是保持同样的大小，占有的存储空间也保持不变。创建常规数组也叫定义数组。数组的下标变量一定要在定义了数组后才可以使用。定义数组语句的格式及功能如下：

【格式】Dim 数组名 [(维数定义)][As 数据类型]…

【功能】创建常规数组，它的名称由"数组名"给出，维数由"维数定义"给出，数据类型由"数据类型"给出。数组名的命名与变量的命名方法一样。可同时定义多个不同维数的数组。

【说明】

（1）维数定义：下标变量中的下标个数称为数组的维数，当它被省略时是创建了一个无下标的空数组。维数定义的格式如下：

[下界1 To] 上界1 [, [下界2 To] 上界2]…

其中，一组 [下界 To 上界] 即定义了一维，有几项 [下界 To 上界] 即定义了几维数组。[下界] 和 [上界] 表示该维的最小和最大下标值，通过关键字 To 连接起来代表下标的取值范围。下界和关键字 To 可以省略，省略后则等效于 [0 To 上界]，即下标的下界默认值为 0。下界和上界可以使用数值常量或符号常量。

（2）数据类型：用来定义数组下标变量的数据类型，可以定义所有数据类型。当它省略后，则相当于定义了一个变体（Variant）数据类型。

（3）Dim 语句本身不具备再定义功能，即不能直接使用 Dim 语句对已经定义了的数组进行再定义。Dim 能够定义说明数组，分配数组存储空间。数组元素在未经赋值前，数值型数组元素值为零，字符型数组的元素值为空字符串。

例如：

Dim TET(10) As Integer 语句定义了一个名称为 TET 的整型数组，它有 11 个元素：TET (0)、TET (1)，…，TET (10)；

Dim DATA(6 To 18) As Double 语句定义了一个名称为 DATA 的双精度型数组，它有 13 个元素：DATA (6)，DATA (7)，…，DATA (18)；

Dim NL(2,2 To 4) As Integer 语句定义了一个名称为 NL 的二维整型数组，它有 3×3 个元素：NL(0,2)、NL(0,3)、NL(0,4)、NL(1,2)、NL(1,3)、NL(1,4)、NL(2,2)、NL(2,3)、NL(2,4)。

（4）可以在一个数组中包含其他已经定义过的数组，被包含的数组类型一般应与该数组类型一样，但如果是变体型数组除外。

（5）使用 Option Base n 语句可以重新设定数组的下界，其中 n 为 0 或正整数，表示数组下界的数值。

（6）使用下标变量时，可以完全像使用简单变量那样进行赋值和读取，下标变量的下标可以是常量、变量和数值型表达式（长整型数据）。

3. 创建动态数组

对于动态数组，只有在程序的执行过程中才给数组开辟存储空间，在程序未运行时，动态数组不占用内存。当不需要动态数组时，还可以用 Erase 语句删除它，收回分配给它的存储空间；可以用 Redim（或 Dim）语句再次分配存储空间。动态数组是用变量作为下标定维的数组，在程序运行的过程中完成数组的定义，动态数组可以在任何时候改变大小。

【格式】ReDim [Preserve] 数组名 [(维数定义)][As 数据类型]…

【功能】创建动态数组。

【说明】

（1）创建动态数组时，上界和下界可以是常量和变量（有确定值）。

（2）可使用 ReDim 语句多次改变数组的数组元素个数和维数，但不能改变它的数据类型。

（3）如果重新定义数组，则会删除它原有数组元素中的数据，并将数值型数组元素全部赋 0，将字符型数组元素全部赋空串。如果要想在数组重定义后不删除原有数据，应在定义数组时增加 Preserve 关键字，但是使用 Preserve 关键字后，只能改变最后一维的上界，不可以改变数组的维数。例如：

```
ReDim N(20) As Double          '定义了一个有21个数组元素的双精度型动态数组N

ReDim Preserve N(30) As Double     '将动态数组N的上界改为30
```

（4）可以使用带空圆括号的 Dim 语句来定义动态数组。在定义动态数组后，可以在过程内使用 ReDim 语句来定义该数组的维数和元素。如果试图在 Private、Public 或者 Dim 语句中重新定义一个已定义了大小的数组时，就会发生错误。

4. 数组函数

1）Array 函数

【格式】 Array(元素列表)

【功能】 将元素列表中的数据赋给一个 Variant 型数组的数组元素。

【说明】 元素列表由各种类型数据组成，这些数据用逗号分隔。如果元素列表中不包含任何元素，则该函数创建一个元素个数为 0 的空数组。没有被声明为数组的 Variant 型变量也可以表示数组。除定长字符串和自定义型数据外，Variant 型变量可表示任何类型的数组。例如：

```
Dim L1,L2                                    '定义了两个Variant型变量L1和L2
L1=Array("1","2","3","A","B","C","D")        '将一个数组赋给变量L1
L1=L1(7)        '将数组L1的第8个元素(下标从0开始)的值赋给变量L1
```

2）IsArray 函数

【格式】 IsArray(变量名)

【功能】 判断一个变量是否为数组变量。函数值为 Boolean 型。

【说明】 如果变量名是数组变量名，则该函数的值为 True，否则为 False。例如：执行了 Dim N(8) As Long : Dim M Integer 语句，则 IsArray（N）=True, IsArray（M）=False。

3）下界函数（LBound）

【格式】 LBound(数组名 [，维数])

【功能】 求数组指定维数的最小下标。函数值为 Long 型数据。

【说明】 变量参数为数组变量名。维数是可选参数，可以是任何有效的数值表达式，表示求哪一维的下界。1 表示第一维，2 表示第二维，依此类推。如果省略该参数，则默认为 1。

例如：执行了 Dim NL(3，-3 To 6,3 TO 6) 语句，则 LBound(NL,1)=0,LBound(NL，2)=-3, LBound(NL，3)=3。

4）上界函数（UBound）

【格式】 UBound(数组名 [，维数])

【功能】 求数组指定维数的最大下标。函数值为 Long 型数据。

例如：执行了 Dim NL(6,3 To 9) 语句，则 UBound(NL,1)=6,UBound(NL，2)=9。

7.1.2　自定义数据类型

通常，在数组中各个数组元素的数据类型应该是相同的，但在实际应用中，所处理的对象往往由一些互相联系的、不同类型的数据项组合而成。虽然可以把数组声明为 Variant 数据类型，从而使各个数组元素存放不同类型的数据。但是，这会降低应用程序的运行速度。为了既能够表示和处理不同类型的数据，又不至于降低应用程序的运行速度，可以将这些描述同一对象的各种类型数据声明为用户自定义数据类型。用户自定义数据类型，又叫记录类型。

1. 自定义数据类型的定义方法

自定义类型也必须先定义，然后才可以使用。自定义数据类型通过 Type 语句来实现，语句的格式和功能如下：

【格式】

[Public|Private]Type 自定义型名称

　　　　数据项名 1 As 类型名

　　　　…

　　　　[数据项名 n　As 类型名]

End Type

【功能】声明了自定义数据类型，它的名称由 Type 关键字右边的"自定义型名称"来确定。

【说明】

（1）关键字 Private 表示声明模块级自定义数据类型，Public 表示声明全局级自定义数据类型，默认是 Public。该语句必须置于模块的声明部分，而不能置于过程内部。

（2）自定义型名称和数据项名的命名规则与变量名的命名规则完全相同。

（3）数据项是记录中所包含的一个数据的名称，它可以有下标，表示数组。类型名用来说明记录中数据项的数据类型，它是基本数据类型的类型说明关键字（如 Inetger、Long 等），或者是其他已定义的记录数据类型的名称。类型名是字符串时，必须是定长字符串。

（4）自定义型名称和该类型的变量名混淆，前者表示了如同 Integer、Single 等的类型名，后者则由 VB 根据变量的类型分配所需的内存空间，存储数据。

例如：声明一个关于学生信息的自定义类型（记录类型），该自定义类型中包括学生的学号、姓名、性别、年龄、总成绩和平均分等数据项。这个自定义型的名称为 Student。

```
Private Type Student
  XH As String*2      'XH（学号）数据项，2个字符长字符型
  XM As String*4      'XM（姓名）数据项，4个字符长字符型
  XB As String*1      'XB（性别）数据项，1个字符长字符型
  NL As Integer       'NL（年龄）数据项，整型
  ZCJ As Integer      'ZCJ（总成绩）数据项，整型
  PJF As Single       'PJF（平均分）数据项，单精度型
End Type
```

2. 自定义数据类型的使用

（1）自定义数据类型变量的声明：一旦自定义数据类型（记录类型）定义好后，就可以像基本数据类型那样使用了，可以在变量的声明中使用这种记录类型，但要注意声明语句所在的位置略有不同，不能在窗体模块和类模块中声明全局型的记录类型变量，全局型的记录类型变量必须在标准模块中进行声明。例如在某个过程中声明记录类型变量 A 的语句格式如下：

```
Dim XS As Student
```

其中，XS 是变量名称，Student 是记录类型名称。

（2）自定义数据类型变量的使用：一个变量一旦被声明为记录类型，就可以在程序中使用该变量及该变量中任一数据项中的数据了。要使用变量中的某个数据项，可采用如下格式：

```
变量名称.数据项名称
```

例如：表示学生的姓名可以使用 XS.XM，表示学生的总成绩可以使用 XS.ZCJ。

7.1.3 排序

所谓排序是指将一组无序的数据元素调整为一个从小到大或者从大到小排列的有序序列。排序是计算机程序设计中的一类重要运算。

在实际工作中，经常要将数据进行比较、排序，以便对已排序的数据进行检索。例如，学生的高考成绩需要排序后，才能进行录取工作。数字排序是计算机语言编程的一个经典问题，到目前为止最常用排序方法有插入排序法、选择排序法、冒泡排序法、合并排序法和快速排序法等。不论使用哪种排序方法编写程序，其最根本的操作就是变量的数值交换。下面将重点介绍前三种排序方法。

1. 插入排序法

（1）插入排序法的排序原则：将一组无序的数字排列成一排，左端第一个数字为已经完成

排序的数字，其他数字为未排序的数字。然后从左到右依次将未排序的数字插入到已排序的数字中。例如，将一组数字 5、3、6、9、4、7 和 2 从小到大排序的示意图，如图 7-1-1 所示。其中步骤（1）是该组数字的初始无序状态，步骤（8）是该组数字最终的有序状态，中间是使用插入排序法排序的步骤。底色为白色的是未排序的数字，底色为灰色的是已排序的数字。插入排序法也可以由一组数字的右端开始，进行排序。

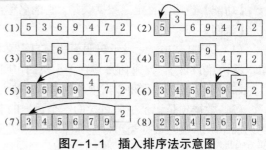

图7-1-1　插入排序法示意图

（2）程序代码如下。其中，数组 numbers 用来保存要进行排序的一组数值，变量 temp 用于数值交换。

```
Dim a As Integer, b As Integer, temp As Integer
For a = 1 To numbers.Length-1
    For b=a To 1 Step -1
        Rem  如果后边的数比前面的数小则互换
        If numbers(b)<numbers(b-1)Then
            temp=numbers(b-1)
            numbers(b-1)=numbers(b)
            numbers(b)=temp
        End If
    Next b
Next a
```

（3）程序代码说明：先用数组 numbers 保存需要排序的一组数字，然后用双重循环语句实现数字排序。在双重循环语句中，外层 for 循环代表未排序的数据，从数组的第 2 个元素开始排序，到最后一个元素结束。内层 for 循环是把未排序的数字插入到已排序的数字中。

下面以循环变量 a 的值等于 4 时为例，详细讲解该双层 for 循环语句的执行方法。

当外层循环变量 a 的值等于 4 时，数组 numbers 中的元素排列为 3、5、6、9、4、7 和 2。其中 3、5、6 和 9 为已排序的元素，4、7 和 2 为未排序的元素。

内层 for 语句第一次循环：变量 b=4，numbers[4]=4，numbers[3]=9。因为 4<9 所以交换两个元素的位置，也就是 numbers[4]=9，numbers[3]=4。

内层 for 语句第二次循环：变量 b=3，numbers[3]=4，numbers[2]=6。因为 4<6 所以交换两个元素的位置，也就是 numbers[3]=6，numbers[2]=4。

内层 for 语句第三次循环：变量 b=2，numbers[2]=4，numbers[1]=5。因为 4<5 所以交换两个元素的位置，也就是 numbers[2]=5，numbers[1]=4。

层 for 语句第四次循环：变量 b=1，numbers[1]=4，numbers[0]=3。因为 4>3 所以不交换两个元素的位置。

当变量 b=0 时，内层 for 循环结束，此时数组 numbers 中的元素排列为 3、4、5、6、9、7 和 2。其中 3、4、5、6 和 9 为已排序的元素，7 和 2 为未排序的元素。

2．选择排序法

（1）选择排序法的排序原则：首先将一组无序的数字排列成一排，再将其最大的数字与最后一个数字交换位置，最大数字成为已排序数字。然后将剩下的未排序数字中最大的数字与最后一个未排序数字交换位置，成为已排序数字。重复上面的步骤，直到所有数字都成为已排序数字。例如，将一组数字 5、3、6、9、4、7 和 2 从小到大排序的示意图，如图 7-1-2 所示。其中步骤（1）是该组数字的初始无序状态，步骤（8）是该组数字最终的有序状态，中间是使用选择排序法排序的步骤。底色为白色的是未排序的数字，底色为灰色的是已排序的数字。选择排序法也可以由一组数字的右端开始，进行排序。

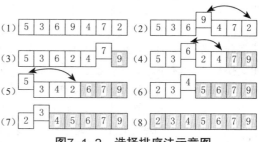

图7-1-2　选择排序法示意图

（2）程序代码如下。其中，数组 numbers 用来保存要进行排序的一组数值，变量 max 用来保存未排序部分中数值最大的数组元素的下标值，变量 temp 用于数值交换。

```
Dim max As Integer, temp As Integer
Dim a As Integer, b As Integer
For a = numbers.Length-1 To 1 Step -1
    Max = 0
    For b=1 To a
        If numbers(max)<numbers(b)Then
            max = b
        End If
    Next b
    temp=numbers(max)
    numbers(max)=numbers(a)
    numbers(a)=temp
Next a
```

（3）程序代码说明：先用数组 numbers 保存需要排序的一组数字，然后用双重循环语句实现数字排序。内层 for 循环是找出在未排序数字中，数值最大的元素的下标。外层 for 循环代表未排序的数据，从数组的最后一个元素开始，每次与内层 for 循环找到的数值最大的元素交换位置，一直到数组的第 2 个元素为止。变量 max 保存未排序数字中数值最大元素的下标值，变量 temp 用于数字交换。

下面以循环变量 a 的值等于 3 时为例，详细讲解该双层 for 循环语句的执行方法。

当外层循环变量 a 的值等于 3 时，数组 numbers 中的元素排列为 5、3、4、2、6、7 和 9。其中 6、7 和 9 为已排序的元素，5、3、4 和 2 为未排序的元素。

内层 for 语句第一次循环：变量 b=1，numbers[0]=5，numbers[1]=3。因为 5>3 所以变量 max 中的值不变，也就是 max=0。

内层 for 语句第二次循环：变量 b=2，numbers[0]=5，numbers[2]=4。因为 5>4 所以变量 max 中的值不变仍为 0。

内层 for 语句第三次循环：变量 b=3，numbers[0]=5，numbers[3]=2。因为 5>2 所以变量 max 中的值不变仍为 0。

当变量 b=4 时，内层 for 循环结束，变量 max 中的值为 0。继续执行外层循环的语句体，将元素 numbers[0] 和 numbers[3] 中的值交换。此时，数组 data 中的元素排列为 2、3、4、5、6、7 和 9。其中 5、6、7 和 9 为已排序的元素，2、3 和 4 为未排序的元素。

3. 冒泡排序法

（1）冒泡排序法的排序原则：首先将一组无序的数字排列成一排。再从左端开始相邻两个数字进行比较，如果左边的数字比右边的数字大，则交换其位置。一轮比较完成后，最大的数字会在数列最后的位置上"冒出"。重复比较和交换剩下未排序的数字，直到全部数字"冒出"。例如，将一组数字5、3、6、9、4、7和2从小到大排序的示意图，如图7-1-3所示。其中步骤（1）是该组数字的初始无序状态，步骤（8）是该组数字最终的有序状态，中间是使用

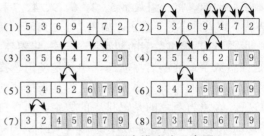

图7-1-3　冒泡排序法示意图

冒泡排序法排序的步骤。底色为白色的是未排序的数字，底色为灰色的是已排序的数字。冒泡排序法也可以由一组数字的右端开始，进行排序。

（2）程序代码如下。其中，数组 numbers 用来保存要进行排序的一组数值，变量 temp 用于数值交换。

```
Dim a Integer, b Integer, temp As Integer
For a = numbers.Length - 1 To 1 Step -1
    For b = 0 To a - 1
        If numbers(b) > numbers(b + 1) Then
            temp = numbers(b)
            numbers(b) = numbers(b + 1)
            numbers(b + 1) = temp
        End If
    Next b
Next a
```

（3）程序代码说明：先用数组 numbers 保存需要排序的一组数字，然后用双重循环语句实现数字排序，最后再从小到大打印出来。在双重 for 循环语句中，内层 for 循环进行数字的比较和交换。外层 for 循环代表未排序的数据，从数组的最后一个元素开始，一直到数组的第 2 个元素为止。

下面以循环变量 a 的值等于 4 时为例，详细讲解该双层 for 循环语句的执行方法。

当外层循环变量 a 的值等于 4 时，数组 numbers 中的元素排列为 3、5、4、6、2、7 和 9。其中 7 和 9 为已排序的元素，3、5、4、6 和 2 为未排序的元素。

内层 for 语句第一次循环：变量 b=0，numbers[0]=3，numbers[1]=5。因为 3<5 所以不交换两个元素的位置。

内层 for 语句第二次循环：变量 b=1，numbers[1]=5，numbers[2]=4。因为 5>4 所以交换两个元素的位置，即 numbers[1]=4，numbers[2]=5。

内层 for 语句第三次循环：变量 b=2，numbers[2]=5，numbers[3]=6。因为 5<6 所以不交换两个元素的位置。

内层 for 语句第四次循环：变量 b=3，numbers[3]=6，numbers[4]=2。因为 6>2 所以交换两个元素的位置，即 numbers[3]=2，numbers[4]=6。

当变量 b=4 时，内层 for 循环结束。此时，数组 data 中的元素排列 3、4、5、2、6、7 和 9。其中 6、7 和 9 为已排序的元素，3、4、5 和 2 为未排序的元素。

4. 合并排序法

合并排序法的排序原则：将一排数字分成两部分，然后再将这两部分各自又分成两部分，一直到每个部分都是一个数字。然后再将分开的两个数字按从小到大或者从大到小的顺序进行

合并。进行同样操作依次合并所有之前分开的部分，最终合成为一个排序好的数列。例如，将一组数字5、3、6、9、4、7和2从小到大排序的示意图，如图7-1-4所示。其中左图为分开的过程，右图为合并的过程。

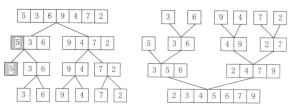

图7-1-4 合并排序法示意图

5. 快速排序法

快速排序法的排序原则：首先选中一排数字中的任意一个数（一般为第一个数字），然后通过比较和交换数字，使该数字左边的数字都比其小，该数字右边的数字都比其大。这样该数列就分成了左右两个未排序的部分和中间已排序的部分。再把未排序的部分按照同样的方法进行排序，最终完成整个数列的排序。例如，将一组数字5、3、6、7、2、9和4从小到大排序的示意图，如图7-1-5所示。

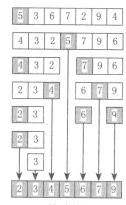

图7-1-5 快速排序法示意图

案例40 统计票数

设计一个"统计票数"程序，该程序可以模拟投票选举的过程。该程序运行后的画面如图7-1-6（a）所示。在"请输入候选人的编号"文本框内输入候选人的编号，输入完后稍等片刻（约100 ms），即自动清除输入的编号，等待下一次输入。不断输入候选人的编号，不断累计各候选人的票数，直至投票表决结束。单击"显示投票结果"按钮，即可显示所有候选人的得票数，如图7-1-6（b）所示。该程序的设计方法如下：

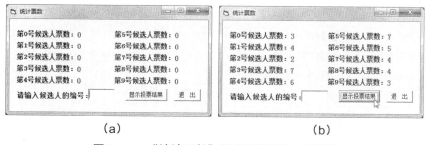

图7-1-6 "统计票数"程序运行后的2幅画面

（1）"统计票数"程序的窗体内有21个标签，1个文本框，2个按钮对象，1个时钟控件。其中文本框对象的Caption属性为空，名称为Text1；2个按钮的名称采用默认值，Caption属性参看图7-1-6；时钟控件的名称为Timer1，其Interval属性值设置为100（即100 ms）。

（2）前11个标签用来显示标题和提示信息，它们的名称属性均采用默认值，Caption属性如图7-1-6所示。文字均为宋体、五号字、粗体，标题文字的颜色为红色，其他提示信息的颜色为蓝色。

（3）用来显示各候选人票数的标签有10个，Caption属性均为0，字体颜色为红色，字体均为宋体、五号字、粗体，名称分别为XPS0、XPS1、XPS2、…、XPS9。

（4）在"选票统计"程序的"代码"窗口内输入如下代码程序。

```
Dim N As Integer                          '声明变量N是整型变量
Dim XP(9) As Integer                      '定义一个动态数组XP，数组元素个数为10
Private Sub Text1_KeyUp(KeyCode As Integer, Shift As Integer)
    N = Val(Text1.Text)                   '将文本框Text1中的字符转换为数值后赋给变量N
    If N >= 0 And N <= 9 Then
        XP(N) = XP(N) + 1                 '统计各候选人的选票
    End If
    Timer1.Enabled = True    '使时钟 Timer1有效可产生延时效果以便用户看清输入的数据
End Sub
Private Sub Timer1_Timer()       '用来产生100ms延时
    Timer1.Enabled = False       '使时钟 Timer1无效
    Text1.Text = ""              '将文本框Text1中的内容清空
End Sub
Private Sub Command1_Click()
    XPS0.Caption = XP(0): XPS1.Caption = XP(1)
    XPS2.Caption = XP(2): XPS3.Caption = XP(3)
    XPS4.Caption = XP(4): XPS5.Caption = XP(5)
    XPS6.Caption = XP(6): XPS7.Caption = XP(7)
    XPS8.Caption = XP(8): XPS9.Caption = XP(9)
End Sub
```

（5）在上面的程序代码中，使用了数组 XP 来保存各候选人的选票数，一共有 10 个候选人，因此定义一个数组 XP(9)，它有 10 个下标变量 XP(0)、XP(2)、…、XP(9)，分别用来保存候选人的选票数。定义数组 P 使用的语句是：Dim XP(9) As Integer，它的数据类型是整型数据。用变量 N 保存候选人编号，统计选票的语句是：XP(N)=XP(N)+1。如果要增加候选人，不用修改程序，这与用简单变量编写的程序有本质的区别，可充分体现出使用数组的优势。

案例41 创建一维数组

设计一个"创建一维数组"程序，该程序是一个用来创建一维数组和显示该一维数组中数组元素的程序。程序运行后的画面如图 7-1-7 所示（窗体内还没有显示数组元素数据），在"请输入一维数组元素的个数："文本框内输入数组元素的个数（例如，55）后即可显示如图 7-1-7 所示的所有数组元素

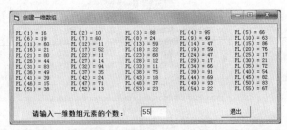

图7-1-7 "创建一维数组"程序运行后的画面

数据，这些数据是随机产生的 2 位正整数，一行显示 5 个数组元素的数据。单击"退出"按钮，可以退出程序的运行。程序的设计方法如下：

（1）在窗体内创建 1 个标签，1 个文本框，1 个按钮对象。其中文本框对象的名称为 Text1，Text 属性为空；按钮的名称采用默认值，Caption 属性为"退出"。

（2）在"代码"窗口内输入如下代码程序。

```
Dim N As Integer, I As Integer                        '声明变量N和I是整型变量
Private Sub Text1_KeyUp(KeyCode As Integer, Shift As Integer)
```

```
    Cls
    N = Val(Text1.Text)                       '将文本框Text1中的字符转换为数值后赋给变量N
    If N > 0 Then
        ReDim PL(1 To N) As Integer            '定义一个动态数组PL，数组元素个数为N个
    End If
    Print                                      '换行
    Randomize                                  '为了可以产生随机数，先执行该语句
    For I = 1 To N
        PL(I) = Int(Rnd * 90) + 10             '创建数组元素的随机2位数数据
    Next I
    For I = 1 To N                             '确定数组号码
        Print Tab(((I - 1) Mod 5) * 20 + 2); "PL" & "(" & I & ")="; PL(I);
        If I Mod 5 = 0 Then Print              '一行显示5个数据后换行
    Next I
End Sub
```

（3）在上面的程序代码中，变量 N 是数组元素的个数，它由用户通过键盘输入获得的。数组 PL 用来保存各输入的数据，一共有 N 个数据。因此定义一个数组 PL(1 To N)，它的下标变量分别用来保存输入的数据。定义数组 PL(N) 使用的语句是：ReDim PL(1 To N) As Integer。

案例42 创建二维数组

设计一个"创建二维数组"程序，该程序是一个用来创建二维数组和显示该二维数组中数组元素的程序。程序运行后的画面如图 7-1-8 所示（窗体内还没有显示数组元素数据），在"输入二维数组元素的行数："文本框内输入数组元素的行数（例如，9），在"输入二维数组元素的列数："文本框内输入数组元素的列数（例如，6），单击"显示"按钮，即可在窗体内显示如图 7-1-8 所示的所有数组元素数据，这些数据是随机产生的 2 位正整数，一行显示 6 个数组元素的数据。单击"退出"按钮，可以退出程序的运行。

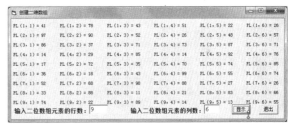

图7-1-8 "创建二维数组"程序运行后的一幅画面

该程序的设计方法如下：

（1）在窗体内创建 2 个标签、2 个文本框、2 个按钮对象。其中文本框对象的名称采用默认值，Text 属性均为空；按钮的名称采用默认值，Caption 属性值分别为"显示"和"退出"。

（2）在"代码"窗口内输入如下代码程序。

```
Dim H As Integer,L As Integer,I As Integer      '声明变量H、L和I是整型变量
Private Sub Command1_Click()
    Cls
    H = Val(Text1.Text)              '将文本框Text1中的字符转换为数值后赋给变量H
    L = Val(Text2.Text)              '将文本框Text2中的字符转换为数值后赋给变量L
    If H > 0 And L > 0 Then
        ReDim PL(1 To H, 1 To L) As Integer          '定义一个动态二维数组PL
    End If
    Print                            '换行
```

```
Randomize                                    '为了可以产生随机数，先执行该语句
Rem 创建二维数组的数据
For I = 1 To H
  For J = 1 To L
    PL(I, J) = Int(Rnd * 90) + 10           '创建数组元素的随机2位数数据
  Next J
Next I
Rem 显示二维数组的数据
For I = 1 To H
  For J = 1 To L
    Print Tab(((J-1) Mod L)* 20+ 2); "PL" & "(" & I & "," & J & ")=";  PL(I, J);
  Next J
  Print: Print
Next I
End Sub
Private Sub Command2_Click()
  End
End Sub
```

（3）在上面的程序代码中，变量 H 是数组元素的行数，变量 L 是数组元素的列数，它们通过键盘输入获得。数组 PL 用来保存各输入的数据，一共有 H×L 个数据。因此定义一个数组 PL(1 To H,1 TO L)，它有 H×L 个下标变量 PL(1,1)，…，PL(1,L)，PL(2,1)，…，PL(2,L)，…，PL(H,1)，…，PL(H,L)，分别保存输入的数据。定义数组 PL 使用的语句是：ReDim PL(1 To H,1 To L) As Integer。

案例43 转置矩阵

"转置矩阵"程序运行后的画面如图 7-1-9(a)所示。单击"转置矩阵"按钮后，矩阵的行变列，列变行，如图 7-1-9（b）所示。每次单击该按钮都会以最新的矩阵为准，移动矩阵的列。转置矩阵的定义是：将 $m \times n$ 矩阵 A 的行与列互换后，得到 $n \times m$ 矩阵，该矩阵称为矩阵 A 的转置矩阵，记作 A^T。例如：

如果 $A = \begin{pmatrix} 1 \\ 2 \\ 3 \end{pmatrix}$，则 $A^T = (1\ 2\ 3)$。

(a)   (b)

图7-1-9 "转置矩阵"程序运行后的2幅画面

（1）"转置矩阵"程序代码如下：

```
Dim M1(3,3)As Integer
Private Sub Command1_Click()                           '保存矩阵
   Label1.Caption=""
```

```
    Dim M2(3,3) As Integer
    Dim i As Integer,j As Integer
    For i=0 To 3
        For j=0 To 3
            M2(i,j)=M1(j,i)
            Label1.Caption=Label1.Caption+CStr(M2(i,j))+""
        Next
        Label1.Caption=Label1.Caption+Chr(13)+Chr(10)
    Next
End Sub
Private Sub Form_Activate()
    Label1.Caption="11  12  13  14"+Chr(13)+Chr(10)+"21  22  23  24"+Chr(13) _ +Chr(10)
    Label1.Caption=Label1.Caption+"31  32  33  34"+Chr(13)+Chr(10)+"41  42 43  44"
    Dim i As Integer,j As Integer
    For i=0 To 3                                            '初始化矩阵
        For j=0 To 3
            M1(i,j)=(i+1)*10+(j+1)
        Next
    Next
End Sub
```

（2）转置矩阵相当于数组 M1 元素下标的互换，也就是原本 M1(i,j) 的位置，现在显示 M1(j,i) 的值。

案例44 排序

"排序"程序运行后，用户单击"随机数"按钮，随机产生30个互不相同的100以内正整数，如图 7-1-10（a）所示。单击"排序"按钮，将这30个数字按照从小到大的顺序排列，如图 7-1-10（b）所示。该程序的设计方法如下：

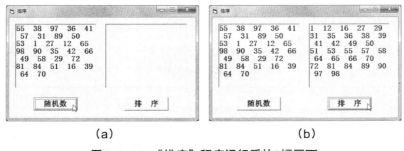

(a)   (b)

图7-1-10 "排序"程序运行后的2幅画面

（1）创建一个新的工程。拖曳鼠标以调整窗体的大小，在窗体的"属性"窗口中设置 Caption 属性值为"排序"。

（2）创建 2 个标签和 2 个命令按钮，请读者参考图 7-1-10（a）所示，自行设置属性。

（3）在"代码"窗口内输入如下程序。

```
Dim numbers(29) As Integer
Dim a As Integer, b As Integer, temp As Integer
```

```
Private Sub Command1_Click()
Label1.Caption = ""
    Randomize                         '随机种子
    For a = 0 To 29
        numbers(a) = Fix(Rnd * 100) + 1
        For b = 0 To a - 1
            If numbers(a) = numbers(b) Then
                a = a - 1
                Exit For
            End If
        Next b
    Next a
    For a = 0 To 29
        Label1.Caption = Label1.Caption + CStr(numbers(a)) + "  "
    Next
End Sub
Private Sub Command2_Click()
    Label2.Caption = ""
    For a = 1 To 29
        For b = a To 1 Step -1
            If numbers(b) < numbers(b - 1) Then
                temp = numbers(b - 1)
                numbers(b - 1) = numbers(b)
                numbers(b) = temp
            End If
        Next b
    Next a
    For a = 0 To 29
        Label2.Caption = Label2.Caption + CStr(numbers(a)) + "  "
    Next
End Sub
```

（4）在上面的程序中，随机产生 30 个互不相同的 1 ～ 100 之间的正整数，将产生的正整数存放在一维数组 numbers 中。产生互不相同数字的方法是：在产生一个新的随机数后，将此数与前面产生过的数逐一比较，如果有相同的时候，则重新产生新的随机数。最后采用插入排序法将数组中的 30 个随机整数按从小到大的顺序排列。

案例45 杨辉三角形

"杨辉三角形"程序运行后，会调出一个"输入行数"对话框，在其内文本框中输入杨辉三角形的行数，然后按 Enter 键，即可按输入数值显示杨辉三角形，如图 7-1-11 所示。

（1）杨辉三角形的特点是：第一行为 1，以后各行的第一个和最后一个数字为 1，其余各数等于它上一行左上边和右上边的两个数之和。可以认为第一行 1 的两边的数据为 0，其他各行中左边 1 的左边的数据为 0，右边 1 的右边的数据为 0。

在编写程序时，可将杨辉三角形各位置上的数赋给一个二维数组 A，第一个下标表示行数，第二个下标表示该行第几个数字。因此，从第二行开始，各行非 1 的数可利用 A(1, J)=A(I-1,J-1)

+A(I-1,J) 式子获得。显示杨辉三角形的关键是如何定位每一行数据的显示位置，这是由下边的语句来完成。其中，Tab(55-4*I+8*(J-1)) 用来定位，其中的数值可以通过程序调试来确定。

Picture1.Print Tab(55-4*I+8*(J-1));LTrim$(Str$(A(I,J)));

如果要显示更多的行数，可以通过增大窗体以及调整显示数据的位置来实现。

（2）"杨辉三角形"程序代码如下：

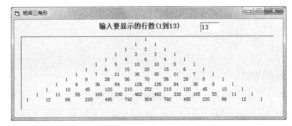

图7-1-11　"杨辉三角形"程序运行界面

```
Dim A() As Integer
Private Sub Text1_KeyPress(KeyAscii As Integer)
    If KeyAscii = 13 Then                          '如果键入回车键，则
        Dim N, I, J As Integer                     '声明各变量
        N = Val(Text1.Text)                        '将文本框Text1中的数赋变量N
        ReDim A(N, N) As Integer                    '定义一个动态一维数组
        Picture1.Cls                               '清图片框 Picture1
        A(1, 1) - 1                                 '赋初值
        Rem 创建杨辉三角形数据
        For I = 2 To N
          For J = 1 To I
            A(I, J) = A(I - 1, J - 1) + A(I - 1, J) '求杨辉三角形数据
          Next J
        Next I
        Rem 显示杨辉三角形
        For I = 1 To N
          For J = 1 To I
            Picture1.Print Tab(55 - 4 * I + 8 * (J - 1)); LTrim$(Str$(A(I, J)));
          Next J
          Picture1.Print
        Next I
    End If
End Sub
```

思考与练习7-1

1. 填空题

（1）数组是＿＿＿＿＿＿＿，数组元素是＿＿＿＿＿＿＿。数组可分为＿＿＿＿和＿＿＿＿两种。

（2）数组用一个统一的名称来标识＿＿＿＿，这个名称就是＿＿＿＿＿。组成数组的元素统称为＿＿＿＿，也叫＿＿＿＿，它由＿＿＿＿和括号内的＿＿＿＿组成的。

（3）当不需要动态数组时，还可以用＿＿＿＿语句删除它，收回分配给它的存储空间；可以用＿＿＿＿或＿＿＿＿语句再次分配存储空间。

（4）可使用＿＿＿＿语句多次改变数组的数组元素个数和维数，但不能改变它的＿＿＿＿。

（5）可以把数组声明为_____数据类型，从而使各个数组元素存放不同类型的数据。可以将描述同一对象的各种类型数据声明为_____数据类型。

2．操作题

（1）修改"统计票数"程序，使该程序具有显示投票总数、各候选人票数占总票数百分比的功能。

（2）设计一个"颠倒显示数组元素"程序，该程序运行后，首先创建一个有 20 个数组元素的一维数组，给该数组中各数组元素赋随机的 2 位正整数，并分两行显示这 20 个数组元素。单击窗体内的"颠倒显示"按钮，即可在显示的 20 个数组元素的下边（空一行）将数组元素颠倒显示，即先显示第 20 个数组元素，再显示第 19 个数组元素，最后显示第 1 个数组元素。

（3）参照【案例 44】排序，分别使用选择排序法和冒泡排序法从小到大排列随机数。

（4）设计一个"矩阵变换"程序，该程序运行后的画面如图 7-1-12 所示，窗体内显示上边的 5×5 矩阵数据，还没有显示下边的矩阵变换后的数据，矩阵中的元素都是 2 位正整数，十位的数表示行号，个位的数表示列号。单击"矩阵行列互换"按钮，即可在原矩阵的下边显示一个行列数据互换后的矩阵，如图 7-1-12（a）所示。单击"矩阵行颠倒"按钮后，可以在原矩阵的下边显示行颠倒后的矩阵，如图 7-1-12（b）所示。单击"矩阵列颠倒"按钮后，可以在原矩阵的下边显示列颠倒后的矩阵，如图 7-1-12（c）所示。

（a）　　　　　　　　（b）　　　　　　　　（c）

图7-1-12　"矩阵变换"程序运行后的3幅画面

7.2　过程与形参和实参

7.2.1　过程

1．过程的简介

（1）什么是过程：在设计一个规模较大、功能较复杂的 VB 程序时，常常需要完成许多功能，这些功能相互之间是彼此独立的，因此可以按照功能将程序分解成若干相对独立的部件，可以用不同的程序段来实现不同的功能，VB 称这些程序段为过程。对每个过程分别编写程序，可以简化程序设计任务。VB 语言的程序设计，就如同搭积木一样，是由若干个程序段按照一定的方式有机组合而成的，这就是结构化程序设计的方法。每个过程都有一个名字，每个过程既可以调用其他过程，也可以被其他过程调用。过程的程序段特点主要体现在过程与过程之间的数据输入、输出，即与其他程序之间的数据传递。不能在别的过程中定义其他过程。

（2）过程的分类：VB 中有两类过程，一类是系统提供的过程，它主要有内部函数过程和事件过程；另一类是自定义过程，它由用户自己定义，可供事件过程多次调用。

当 VB 对象中的某个事件发生时，会自动调用相应的事件过程。为一个事件所编写的程序代码，称为事件过程。事件过程是构成 VB 应用程序的主体。事件过程分为窗体事件过程和控件事件过程。事件过程前面的声明都是 Private。

在 VB 中，自定义过程主要分为以下几种。

◎ 以"Sub"保留字开始的子过程（Sub Procedure）：该过程不返回值。

◎ 以"Function"保留字开始的函数过程（Function Procedure）：该过程返回一个值。

◎ 以"Property"保留字开始的属性过程（Property Procedure）：该过程可以返回和设置窗体、标准模块和类模块，也可以设置对象的属性。

（3）通用过程：自定义过程的子过程和函数过程又可称为通用过程。通用过程是指必须由其他过程调用的程序代码段，它是由用户自己创建的，主要包括 Sub 子过程和函数过程，它们都是一个独立的过程。当几个不同的事件过程需要执行同样的动作时，为了不重复编写代码，可以采用通用过程来实现，由事件过程调用通用过程。通用过程可以保存在窗体模块（.rrm）和标准模块（.bas）两种模块中。通常，一个通用过程并不与用户界面中的对象联系，通用过程直到被调用时才起作用。因此，事件过程是必要的，但通用过程不是必要的，只是为了程序员方便而单独建立的。Sub 子过程和函数过程的共同点是都完成某种特定功能的一组程序代码。不同之处是，函数过程可以返回一个值到调用它的过程，它是带有返回值的特殊过程，所以函数过程定义时有返回值的类型说明。Sub 子过程和函数过程都不能嵌套定义，即不能在别的Sub、Function 或 Property 过程中定义 Sub 过程和函数过程。但它们可以嵌套调用。Sub 子过程和函数过程的定义有两种方法，一是利用"代码"窗口定义，二是使用菜单命令定义。

2. 使用菜单命令的方法定义通用过程

（1）打开要编写函数和子过程的窗体（窗体模块文件的扩展名为 .frm）或标准模块（标准模块文件的扩展名为 .bas）的"代码"窗口。

创建标准模块的方法是：单击"工程"→"添加模块"菜单命令，调出"添加模块"对话框，单击该对话框内的"打开"按钮，即可创建一个标准模块，此时的"工程资源管理器"（即"工程"窗口）内会添加一个模块（Modle1），如图 7-2-1 所示。

（2）单击"工具"→"添加过程"菜单命令，调出"添加过程"对话框，如图 7-2-2 所示（"名称"文本框内还没有输入名称）。

（3）在"添加过程"对话框的"名称"文本框中输入过程的名称（不允许有空格）。

（4）在"添加过程"对话框的"类型"栏中，选中"子程序"单选按钮，可以定义 Sub 子过程；选中"函数"单选按钮，可定义函数过程。

（5）在"添加过程"对话框的"范围"栏中，选中"公有的"单选按钮，可以定义一个公共级的全局过程；选中"私有的"单选按钮，可以定义一个标准模块级或窗体级的局部过程。

（6）单击"添加过程"对话框中的"确定"按钮，VB 会自动在"代码"窗口中创建一个函数过程或 Sub 子过程的模板，即过程的开始和结束语句。

图7-2-1　工程资源管理器

图7-2-2　"添加过程"对话框

例如：在"添加过程"对话框中的"名称"文本框内输入过程名称为"Mguocheng"，如果选中"子程序"和"公有的"单选按钮，则"代码"窗口如图 7-2-3 所示。

再例如，如果"名称"文本框内输入"Mguocheng1"，选中"函数"单选按钮，选中"私有的"单选按钮，则"代码"窗口如图7-2-4所示。

（7）在开始和结束语句之间输入程序代码。

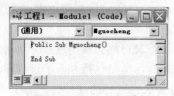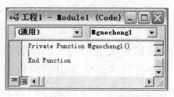

图7-2-3　Sub子过程　　　　　图7-2-4　函数过程

3. 利用"代码"窗口定义通用过程

在窗体模块（窗体模块文件的扩展名为 .frm）或标准模块（标准模块文件的扩展名为 .bas）的"代码"窗口内，把光标定位在所有现有过程之外，然后输入 Sub 子过程或者 Function 函数过程的程序。两种过程的定义格式和格式中各选项的含义如下所述。

（1）自定义子过程的格式和格式中各选项的含义如下：

【格式】

[Static][Public|Private] Sub 子过程名 ([形参列表])

  [局部变量和常数声明]

  [程序段]

  [Exit Sub]

  [程序段]

End Sub

【说明】例如，在代码编辑器中输入添加一个 Sub 子过程的程序，如图 7-2-5 所示。

◎ Static：用来设置局部静态变量。"静态"是指在调用结束后仍保留 Sub 过程的变量值。Static 对于在 Sub 外声明的变量不会产生影响。"静态"变量的概念还将在本章后面详细介绍。

◎ Private 和 Public：用来声明该 Sub 过程是局部的（私有的）还是全局的（公有的），系统默认为 Public。关于这方面的概念也将在本章后面详细介绍。

◎ 子过程名：它与变量名的命名规则相同，不能与 VB 中的关键字和 Windows API 函数名同名，不能与同一级别的变量重名。在同一模块中，同一名称不能既用于 Sub 过程又用于 Function 过程。一个程序只能有唯一的过程名。无论有无参数，过程名后面的 () 都不可省略。

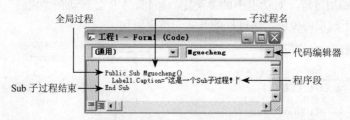

图7-2-5　在代码编辑器中输入的程序代码是用来添加一个Sub子过程

◎ 局部变量和常数声明：用来声明在过程中定义的变量和常数，可用 Dim 等语句声明。

◎ 程序段：过程执行的操作，也称为子程序语句体或过程语句体。

◎ Exit Sub 语句：使程序执行立即从一个 Sub 过程中退出，程序接着从调用该 Sub 过程语句的下一句继续执行。在 Sub 过程的任何位置都可以有 Exit Sub 语句。

◎ End Sub：当程序执行 End Sub 语句时，退出该过程，并且立即返回调用处，继续执行调用语句的下一句。

（2）自定义函数过程的格式和格式中各选项的含义如下：

【格式】

[Static][Public|Private] Function 函数名 ([形参列表])[As 数据类型]

[局部变量和常数声明]

[程序段]

　　　[函数名 = 表达式]

　　　[Exit Function]

[程序段]

　　　[函数名 = 表达式]

End Function

【说明】在代码编辑器中输入的程序代码是用来添加一个自定义函数过程的，如图 7-2-6 所示。其中，函数名为 HSMC，函数值的数据类型为 Integer，函数的形参为 A 和 B，返回值的数据类型也为 Integer。

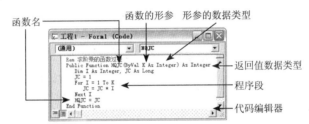

图7-2-6　在代码编辑器中输入的程序代码是用来添加一个自定义函数过程

◎ As 数据类型：用来定义函数返回值的数据类型。它与变量一样，如果没有 As 子句，缺省的数据类型为变体类型（Variant）。

◎ Exit Function 语句：用来提前从 Function 过程中退出，程序接着从调用该 Function 过程的语句的下一条语句继续执行。在 Function 过程的任何位置都可以有 Exit Function 语句。但用户退出函数之前，必须保证为函数赋值，否则会出错。

◎ 程序段：描述过程的操作，称为子函数体或函数体。

◎ 函数名 = 表达式：函数名是函数过程的名称，它遵循标准的变量命名约定。表达式的值是函数过程的返回值，通过赋值号将其值赋给函数名。如果在 Function 过程中省略该语句，则该 Function 过程的返回值为数据类型的缺省值。例如，数值函数返回值为 0，字符串函数返回值为空字符串。

◎ 程序段：它是 VB 的语句序列，程序中可以用 Exit Function 语句从函数过程中退出。

◎ End Function：表示退出函数过程。

（3）形参列表：形参表中的参数称为形参，它类似于变量声明，列出从调用过程的主程序传递来的参数值，称为形式参数（简称形参），多个形参之间用逗号隔开。

4．通用过程的调用

（1）Sub 子过程的调用：因为 Sub 子过程不能够返回一个值，所以 Sub 子过程不可以在表达式中调用。调用子过程是利用了一个独立的语句。调用 Sub 子过程有如下两种方法。

【格式 1】Sub 子过程名 [实参列表]

【格式 2】Call Sub 子过程名 (实参列表)

其中，实参列表是传送给 Sub 子过程的变量或常量的列表，各参数之间应用逗号分隔。实参还可以是数组和表达式。用数组名称时，其后应有空括号，用来指定数组参数。例如，调用一个名称为 MyPro 的子过程（a 和 b 是实参数），可采用如下两种方式。

```
MyPro a,b
Call MyPro (a,b)
```

注 意

用过程名调用，没有参数时必须省略参数两边的 ()。使用 Call 语句调用时，参数必须在括号内，当被调用过程没有参数时，则 () 也可省略。

调用 Sub 子过程的语法与调用 Sub 事件过程的语法相同。不同的是，Sub 子过程只有被调用时才起作用，否则不会被执行。

（2）函数过程的调用：调用函数过程的方法与调用 VB 系统内部函数（例如：Abs(X)）的方法一样，在语句中直接使用函数名称，函数过程可以返回一个值到调用的过程。由于函数过程可返回一个值，故函数过程不能作为单独的语句加以调用，被调用的函数必须作为表达式或表达式中的一部分，再配以其他的语法成分构成语句。

【格式】 函数过程名 ([实参列表])

例如，有自定义函数 Hsjl，它的形参有两个，可以有如下一些调用方法。

```
Print Hsjl(1, 2)                      '在窗体中显示函数值
N= Hsjl(1, 2)*5                       '在赋值语句中使用函数过程
If Hsjl(3, 4)*5=10 Then  N=Hsjl(6, 7) '在分支语句中使用函数过程
N=Abs(Hsjl(7, 8))                     '在系统函数中使用函数过程
```

另外，还可以采用调用 Sub 子过程的方法来调用函数过程，但是采用这种方法调用函数过程后，会放弃函数过程的返回值。

（3）过程调用时应注意以下几点。

◎ 实参表中的参数称为实参，实参可由常量、变量和表达式、数组名（其后有括号）组成，实参之间用逗号分隔。它必须与形参保持个数相同，位置与类型一一对应。但是，它们的名字可以不相同。

◎ 调用时把实参的值传递给形参称为参数传递，这种传递是按次序一一对应的。参数传递有两种方式，一是值传递（形参前有 ByVal 说明），实参的值不随形参的值变化而改变；二是址传递，实参的值随形参值的改变而改变。

◎ 过程不能嵌套定义，即不允许在一个过程中再定义另外的过程，但可以在一个过程中调用另外的过程，即可以嵌套调用。

7.2.2　形参和实参

在 VB 6.0 中，实参与形参的数据传送有传址和传值两种方法，其中传址是默认的方法。两种传送方法的区分标志是关键字 ByVal，形参前加 ByVal 关键字时，是传值；形参前不加 ByVal 关键字或加 ByRef 关键字时，是传址。

1. 形参列表的格式

形参列表用于接受调用过程时传递过来的值，指明了传送给过程的变量个数和类型。形参列表中的形参可以是除定长字符串之外的合法变量，还可以是后面带括号的数组名（若括号内有数字，则一般表示数组的维数）。参数的默认值为变体（Variant）数据类型。形参不能用定长

字符串变量或定长字符串数组作为形式参数。不过可以在 Call 语句中用简单定长字符串变量作为实际参数，在调用 Sub 过程之前，把它转换为变长字符串变量。定义 Sub 子过程和函数过程时，可以没有参数，但定义无参数的函数过程时必须有括号。形参列表的格式如下：

【格式】[ByVal|ByRef][ParamArray] 变量名 [()][As 类型][, …]

【说明】形参列表中各选项的含义简介如下：

（1）ByVal 表示该过程被调用时，参数是按值传递，简称传值。

（2）ByRef 表示该参数按地址传递，简称传址。ByRef 是 VB 的默认选项。

（3）使用 ParamArray 可以提供任意数目的参数，它不能与 ByVal 或 ByRef 一起使用。

（4）变量名代表参数的变量名称，遵循标准的变量命名约定。

（5）As 类型是函数返回值的类型，若省略它，则返回变体类型（Variant）数据；在函数体内至少对函数名赋值一次。

2. 形参和实参

（1）形参：被调过程中的参数是形参，它出现在 Sub 子过程和函数过程中。在过程被调用之前，形参未被分配内存，只是说明形参的类型和在过程中的作用。形参列表中的各参数之间用逗号","分隔，形参可以是变量名和数组名，不可以是定长字符串变量。

（2）实参：它是在主调过程（主过程）中的参数，在过程调用时，实参将数据传递给形参。形参列表和实参列表中的对应变量名可以不相同，但实参和形参的个数、顺序以及数据类型必须相同。第一个实参与第一个形参对应，第二个实参与第二个形参对应，依此类推。

例如，在"求 1!+2!+3!+4!+5!+6!"程序中的主调过程（主过程）和函数过程中，形参与实参的结合对应关系(数据传递关系)如图 7-2-7 所示。如果传递的参数个数不匹配，则会产生错误，显示出错信息提示框。

图7-2-7 实参与形参的数据传递关系

3. 按值传递和按址传递

（1）按值传递：它使用 ByVal 关键字。按值传递参数时，VB 给形参分配一个临时的内存单元，将实参的值传递到这个临时单元。实参向形参传递是单向的。当调用一个子过程或函数过程时，系统将实参的值复制给形参，实参与形参断开了联系。如果在被调用的过程中改变了形参值，则只是临时的存储单元中的值变动，不会影响实参变量本身。当过程调用结束时，VB 将释放这些形参所占用的存储单元。因此在过程中对形参的任何操作不会影响到实参。

上边的"求 1!+2!+3!+4!+5!+6!"程序就是采用了按值传递。程序执行时，数据的传递过程如下：通过函数调用，给形参 K 分配临时内存单元，将实参 N 的数据传递给形参 K 的临时内存单元。在被调函数 HQJC 中，如果变量 K 的取值发生变化，但实参 N 不会发生变化。调用函数过程结束后，实参单元 N 仍保留原值。可见参数的传递是单向的。

（2）按址传递：在定义子过程或函数过程时，如果没有 ByVal 关键字，用 ByRef 关键字指定按地址传递参数，缺省关键字时也是按地址传递参数。按地址传递参数，是指把形参变量的内存地址传递给被调用过程。形参和实参具有相同的地址，即形参和实参共享同一段存储单元。因此，在执行一个过程时，它将实参的地址传递给形参。使用传址方式时，对应的实参不能是表达式、常数，只可以是变量。

在被调子过程或函数过程中改变形参的值，则相应的实参值也会随之改变。也就是说，按地址传递参数可在被调过程中改变实参的值。当参数是字符串或数组时，使用传址传递直接将实参的地址传递给过程，会使程序的效率提高。

为了使程序可靠和便于调试程序，减少各过程间的关联，一般采用传值方式。当希望实参的值随着被调过程中形参的变化而改变时，可采用传址方式。

4．形参的数据类型

在创建过程时，如果没有声明形参的数据类型，则默认为 Variant 型。对于实参数据类型与形参定义的数据类型不一致时，VB 会按要求对实参进行数据类型转换，然后将转换值传递给形参。

例如，将本节后面要介绍的"最大公约数和最小公倍数"案例的主调过程的实参 A 的数据类型改为 Single 型，修改后的主过程如下：

```
Rem  调用函数过程HSGS的主过程
Private Sub 调函数_Click()        '调用函数过程的主过程
  Dim B, Q As Integer, A As Single, S As Long
  A = Text1.Text                  '将文本框Text1中的数字赋给变量N
  B = Text2.Text                  '将文本框Text2中的数字赋给变量M
  Q = HSGS(A, B)                  '调求M和N最大公约数的函数过程，并赋给Q
...
End Sub
```

运行上述程序，当在 Text1 文本框内输入为 4.3（赋给实参变量 A），在 Text2 文本框内输入为 6（赋给实参变量 B）。当执行 Q = HSGS(A, B) 语句时，先将 Single 类型的 A 转换成整型 (Integer) 数据 4，然后将数据 4 传递给函数过程中的形参 N，将数据 6 传递给函数过程中的形参 M。运行结果为：4.3 和 6 的最大公约数是 2，最小公倍数为 12。

5．数组参数传递

在定义过程时，VB 允许过程的形参列表中的形参是数组，数组只能通过传址方式进行传递，形参与实参共有同一段内存单元。在传递数组时须注意以下事项。

（1）在实参列表中，与形参数组对应的实参必须也是数组，数据类型应与形参的数据一样。

（2）实参列表中的数组的圆括号 "()" 不能省略。忽略维数的定义。

（3）如果被调过程不知道实参数组的上下界，可用 Lbound 和 Ubound 函数来确定实参数组的下界和上界。Lbound 和 Ubound 函数的格式如下：

【格式】 Lbound|Ubound(数组名 [，维数])

其中，维数指明要测试的是第几维的下标值，默认是一维数组。

案例46 哥德巴赫猜想验证

哥德巴赫猜想中的一个命题是：任何大于等于 7 的奇数都可以表示成 3 个素数之和。例如，19=3+3+13。"哥德巴赫猜想验证"程序运行后，如图 7-2-8（a）所示。在文本框中输入一个大于等于 7 的奇数，单击"验证"按钮，可将该数表示为 3 个素数之和，如图 7-2-8（b）所示。

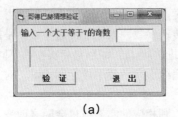
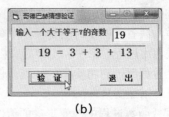

（a）　　　　　　　　　　（b）

图7-2-8　"哥德巴赫猜想验证"程序运行后的2幅画面

（1）创建一个新的工程。拖曳鼠标以调整窗体的大小，设置窗体的 Caption 属性为"哥德巴赫猜想验证"。创建 2 个标签、1 个文本框和 2 个命令按钮，请读者自行设置属性。

（2）在"代码"窗口内输入如下程序（不包含"退出"按钮程序）。

```
Private Sub Command1_Click()
    Dim number As Integer        'number用来保存用户输入的数字
    Dim I, J, K As Integer       '分别用来保存3个素数
    number = CInt(Text1.Text)
    For I = 2 To number - 1      '从最小的素数2开始依次列举
      For J = 2 To number - I    '从最小的素数2开始依次列举
      Rem 判断I和J是否为素数，且之和小于等于number-2（因为K的值最小为2）
        If isSushu(I) And isSushu(J) And I + J <= number - 2 Then
          K = number - I - J
          If isSushu(K) Then     '如果K也为素数，则输出I、J、K
            Label2.Caption=CStr(number)+" = "+CStr(I) + " + " + CStr(J) +
            " + " + CStr(K)

            Exit Sub             '结束过程的执行
          End If
        End If
      Next
    Next
End Sub
Rem 判断参数是否为素数。如果一个数只能被1和其本身整除，则该数为素数
Private Function isSushu(ByVal num As Integer) As Boolean
    For I = 2 To num - 1
      If num Mod I = 0 Then
        isSushu = False          '如果能被2～num-1之间的数字整除，则num不是素数
        Exit Function
      End If
    Next
    isSushu = True               '如果没有在循环中被2～num-1之间的数字整除，则num为素数
End Function
```

（3）在上面的代码中，isSushu() 过程的参数 num 表示需要判断是否为素数的数字，使用 isSushu(I) 调用时，num 保存变量 I 中的值，使用 isSushu(J) 调用时，num 保存变量 J 中的值，使用 isSushu(K) 调用时，num 保存变量 K 中的值。isSushu() 的返回值类型为 Boolean，其值为 False 时表示 num 中的数字不是素数，其值为 True 时表示 num 中的数字是素数。

案例47 字符三角形和菱形图案2

设计一个"字符三角形和菱形图案"程序，该程序运行后显示的画面如图 7-2-9（a）所示（还没有显示字符图案），在文本框内输入字符和字符图案的行数，单击"三角形"按钮，即可显示由输入的字符组成的三角形图案，字符的行数由输入的行数决定，如图 7-2-9（a）所示；单击"菱形"按钮，即可显示由输入的字符组成的菱形图案，如图 7-2-9（b）所示。

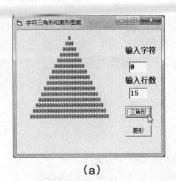 

(a)　　　　　　　　　(b)

图7-2-9 "字符三角形和菱形图案"程序运行后的2幅画面

（1）创建一个"标准 .EXE"工程，在窗体中添加 2 个文本框、2 个命令按钮和 2 个标签控件，按 7-2-9 所示进行设置。

（2）调出"代码"窗口，在其中输入如下程序代码。

```vb
Rem   显示三角形图案
Private Sub Command1_Click()
    ZGCA                                              '调用函数ZGCA
End Sub
Rem   显示菱形图案
Private Sub Command2_Click()
    ZGCB                                              '调用函数ZGCB
End Sub
Rem   ZGCA子过程，显示三角形图案
Private Sub ZGCA()
    Cls                                               '清除窗体内容
    Print                                             '换行
    Dim I As Integer
    For I = 1 To Val(Text2.Text)
        ZGC Text1.Text, I, 20                         '调用函数ZGC
    Next
End Sub
Rem   ZGCB子过程，显示菱形图案
Private Sub ZGCB()
    Cls                                               '清除窗体内容
    Print                                             '换行
    Dim I As Integer
    For I = 1 To Int(Val(Text2.Text) / 2) + 1         '显示菱形图案的上边部分
        ZGC Text1.Text, I, 20                         '调用函数ZGC
    Next
    For I = Int(Val(Text2.Text) / 2) To 1 Step -1     '显示菱形图案的下边部分
        ZGC Text1.Text, I, 20                         '调用函数ZGC
    Next
End Sub
Rem   ZCX子过程，显示一行的字符
Private Sub ZGC(ByVal C As String, N As Integer, M As Integer)
```

```
    Print Space(M - N);                 '调整位置一行显示字符的起始位置
    For I = 1 To N * 2 - 1              '用来控制一行显示的字符个数
      Print C;                          '显示字符
    Next
    Print                               '换行
  End Sub
```

（3）在上面的程序代码中，单击命令按钮将调用子过程 ZGCA 或 ZGCB 进行相应的循环显示。在 ZGC A 或 ZGCB 的循环中，将调用函数 ZGC 来显示出一行字符。

案例48 最大公约数和最小公倍数

设计一个"最大公约数和最小公倍数"程序，该程序运行后的画面如图 7-2-10（a）所示。在两个文本框中分别输入两个数字后，单击"调子程序计算"按钮或"调函数计算"按钮，都可以算出两个自然数的最大公约数和最小公倍数，同时显示结果，如图 7-2-10（b）所示。关于最大公约数和最小公倍数的计算方法，以及该程序的设计方法如下：

1. 求两个数的最大公约数的方法

约数也叫因数，最大公约数也叫最大公因数。最大公约数的定义是：设 A 与 B 是不为零的整数，若 C 是 A 与 B 的约数，则 C 叫 A 与 B 的公约数，公约数中最大的叫最大公约数。对于多个数的最大公约数，如果公约数 C 是它们所有公约数中最大的一个，则 C 就是它们的最大公约数。

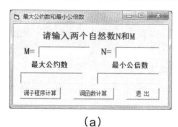 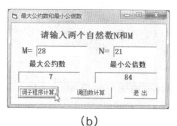

（a）　　　　　　　　　　　（b）

图7-2-10 "最大公约数和最小公倍数"程序运行后的2幅画面

求两个数的最大公约数的方法有如下两种。

（1）方法一（根据定义的求法）：找到两个数 A、B 中最小的数（假定是 A），用 A、A-1、A-2 等数依次去除 A、B 两数，当能同时整除 A 与 B 时，则该除数就是 A、B 两数的最大公约数。

（2）方法二（辗转相除法）：设两个数为 A、B，则用 A 除以 B（可以 $A>B$ 或 $A<B$），以后按下述步骤进行：

A / B →商 $S1$，余 $R1$

B / $R1$ →商 $S2$，余 $R2$

$R1$ / $R2$ →商 $S3$，余 $R3$

……

Rn / $Rn+1$ →商 $S3$，余 0

当余数为 0 时，则这次的除数只 $Rn+1$ 为最大公约数。

例如，求 1 024 与 160 的最大公约数可按照下述步骤进行：

160/1 024 →商 0，余 160

1 024 / 160 →商 6，余 64

160 / 64 →商 2，余 32

64 / 32 → 商 2，余 0

则 32 就是 1 024 与 160 的最大公约数。

2．求两个数的最小公倍数的方法

若干数均能被某个数整除，则该数是这若干数的公倍数，所有公倍数中最小的公倍数，是这若干数的最小公倍数。求两个数的最小公倍数的方法有如下两种。

（1）方法一：找出两个数中最大的一个数赋给变量 L，用 L 的 1 倍、2 倍……的数分别除以另一个数，如果 N 倍的 L 能整除另外一个数，则 N 倍的 L 就是这两个数的最小公倍数。

（2）方法二：两个数 A、B 的最小公倍数等于这两个数的乘积 $A*B$，再除以这两个数的最大公约数 Q，即最小公倍数等于 $A*B$ / Q。

3．程序设计

（1）程序的窗口设计可参看图 7-2-10，文本框和标签的名称采用默认值，用于输出最大公约数的标签的名称属性为 Label6，用于输出最小公倍数的标签的名称属性为 Label7，"调子程序计算"按钮的名称为"调子程序"，"调函数计算"按钮的名称为"调函数"，"退出"按钮的名称为"退出"，其他属性设置由读者自行完成。

（2）调出"代码"窗口，在其中输入如下程序代码。

```vb
Rem 调用子过程ZCHGS的主过程
Private Sub 调子程序_Click()              '调用子过程的主过程
  Dim A As Integer, B As Integer, Q As Integer, GS As Integer, S As Long
  A = Text1.Text                          '将文本框Text1中的数字赋给变量A
  B = Text2.Text                          '将文本框Text2中的数字赋给变量B
  Call ZCHGS(A, B, GS): Q = GS            '调求A和B最大公约数的子过程，并赋给Q
  S = A * B / Q
  Label6.Caption = Str$(Q)
  Label7.Caption = Str$(S)
End Sub
Rem 求最大公约数的子过程ZCHGS
Public Sub ZCHGS(ByVal N As Integer, ByVal M As Integer, GS1 As Integer)
  Dim R As Integer
Rem 模拟用辗转相除法求最大公约数的过程
  R = M Mod N                             '变量R保存余数
  Do While R <> 0
    M = N: N = R
    R = M Mod N
Loop
  GS1 = N
End Sub
Rem 调用函数过程HSGS的主过程
Private Sub 调函数_Click()                '调用函数过程的主过程
  Dim A, B, Q As Integer, S As Long
  A = Text1.Text                          '将文本框Text1中的数字赋给变量A
  B = Text2.Text                          '将文本框Text2中的数字赋给变量B
  Q = HSGS(A, B)                          '调求A和B最大公约数的函数过程，并赋给Q
  S = A * B / Q                           '求最小公倍数
```

```
    Label6.Caption = Str$(Q)
    Label7.Caption = Str$(S)
End Sub
Rem 求最大公约数的函数过程HSGS
Public Function HSGS(ByVal N As Integer, ByVal M As Integer)
    Dim R As Integer
    R = M Mod N
    Do While R <> 0
        M = N: N = R
        R = M Mod N
    Loop
    HSGS = N
End Function
```

（3）在上面的程序代码中，自定义的函数名称为"HSGS"，自定义的 Sub 子过程名称为"ZCHGS"。

思考与练习7-2

1. 填空题

（1）每个过程都有一个_____，每个过程既可以_____，也可以_____。过程的程序段特点主要体现在_____之间的数_____和_____。

（2）过程有两类，一类是_____，它主要有_____过程和_____；另一类是_____，它由用户自己定义。

（3）自定义过程的_____过程和_____过程又可称为通用过程。通用过程是指_____，它是由_____创建的。

（4）Sub 定义子过程和函数过程的定义有两种方法，一是_____，二是_____。

（5）调用时把_____的值传递给_____，称为参数传递，这种传递是按_____。参数传递有两种方式，一是_____，二是_____，前者特点是_____，后者特点是_____。

2. 操作题

（1）采用几种方法设计一个"求组合数"程序，该程序是用来按照公式 $C_n^m \dfrac{N!}{M!(N-M)!}$，进行计算，求组合数值的程序。其中，$N$ 和 M 由键盘输入。"求组合数"程序运行后的画面如图 7-2-11（a）所示。在两个文本框中分别输入两个数字后，单击"调函数计算"按钮，即可算出组合数的值，如图 7-2-11（b）所示。

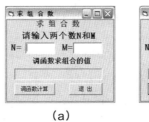　

（a）　　　　　　　　　（b）

图7-2-11　"求组合数"程序运行后的2幅画面

（2）设计一个"偶数阶乘的和"程序，该程序运行后，单击窗体，即可显示出 2 ~ 10 之间所有偶数的阶乘值和它们的和。

7.3 模块、变量的作用域和过程的作用域

7.3.1 模块

在创建 VB 工程时，可以将程序代码保存在窗体模块、标准模块和类模块 3 种不同的模块中。在这 3 种模块中都可以包含各种声明和过程。它们形成了工程的一种模块层次结构，有利于组织工程和便于维护。"工程资源管理器"窗口显示出了一个工程的组成模块，如图 7-3-1 所示。

其中，扩展名为 .frm 的文件为窗体模块文件，扩展名为 .bas 的文件为标准模块文件，扩展名为 .cls 的文件为类模块文件。如果这些模块已进行了保存，则在"工程资源管理器"窗口内会显示出它们的扩展名。在"工程资源管理器"窗口内，每一个模块的名称由两部分组成，括号内的是相应的文件名称（例如：Form11.frm），它在存储文件时被确定；括号外的是该模块的名称（例如：Form11），可以在其"属性"窗口的"名称"栏内修改。

1. 窗体模块

每个窗体对应一个窗体模块，在窗体模块内可以包含窗体和其控件对象的属性设置、各种声明和各种过程等。窗体模块在前面已作过介绍，下面总结有关内容。

（1）添加窗体：单击"工程"→"添加窗体"菜单命令，调出"添加窗体"对话框，如图 7-3-2 所示。选中"新建"选项卡，再选中"窗体"图标，然后单击"打开"按钮，即可在当前工程中创建一个新的窗体模块。也可以双击该对话框中的"窗体"图标来创建窗体模块。

（2）利用 Windows 记事本软件可以打开窗体模块文件（也可以打开工程文件、标准模块和类模块文件），在窗体模块文件中可看到窗体及其控件对象的有关描述，包括它们的属性设置等。

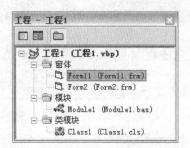
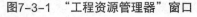
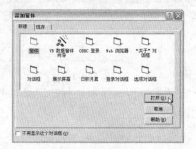

图7-3-1 "工程资源管理器"窗口　　图7-3-2 "添加窗体"对话框

2. 标准模块

简单的应用程序一般只有一个窗体，在较大的应用程序中常需要多个窗体。在多窗体结构的应用程序中，常常会有多个不同的窗体都使用的过程，为了减少工程的代码量和读写方便，就需要创建标准模块，在标准模块内创建这些公用的过程。任何窗体或模块中的事件过程或其他过程，都可以调用标准模块内的过程。

在标准模块的代码窗口内可以创建公用的通用过程，但不能创建事件过程。默认时，标准模块中的代码是全局的。从一个模块中调用另一个模块的全局 Sub 子过程时，要在过程名前加模块名字。在工程中添加标准模块的方法如下：

（1）单击"工程"→"添加模块"菜单命令，打开"添加模块"对话框，如图 7-3-3 所示。

（2）选中"添加模块"对话框"新建"选项卡，选中"模块"图标，再单击"打开"按钮，即可在当前工程中创建一

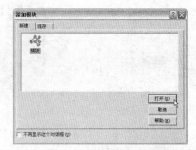

图7-3-3 "添加模块"对话框

个新的标准模块，同时打开标准模块的代码窗口。也可以双击该对话框中的"模块"图标来创建新的标准模块。

（3）模块的默认名称为 Module1，可以在其"属性"窗口的"名称"栏中进行修改。

（4）单击"文件"→"保存 Module1"菜单命令，可将 Module1 标准模块保存为标准模块文件，此时的"工程资源管理器"窗口显示出了这个工程的组成模块，如图 7-3-1 所示。

3．类模块

在 VB 中，类模块是面向对象编程的基础。可以在类模块中编写代码建立新对象，这些新对象可以包含自定义的属性和方法，可以在应用程序内的过程中使用。实际上，窗体本身正是这样一种类模块。类模块与标准模块的不同之处在于：标准模块仅仅含有代码，而类模块既含有代码又含有数据。

在工程中添加类模块的方法是：单击"工程"→"添加类模块"菜单命令，打开"添加类模块"对话框（与"添加窗体"对话框类似），选中"新建"选项卡，再选中"类模块"图标，然后单击"打开"按钮，即可在当前工程中创建一个新的类模块，同时打开类模块的代码窗口（它与窗体的代码窗口类似）。也可以双击该对话框中的"类模块"图标来创建新的类模块。

7.3.2　变量和常量的作用域

1．变量的作用域

在 VB 中，应用程序由多个过程组成，这些过程一般均保存在窗体文件（.frm）和标准模块文件（.bas）中。在各种过程中都可以定义自己的变量（也包括子定义常量）。这样就存在一个问题，这些变量和过程是否在所有过程中都可以使用呢？在 VB 中，变量和过程会随着它所处的位置不同，可被访问的范围也不同，变量可被访问的范围叫变量的作用域，过程可被访问的范围称为过程的作用域。和变量声明一样，常量也有作用域，也遵从与变量作用域相似的规则。

变量的作用域就是变量的作用范围，也叫变量的有效范围。变量的作用域决定了哪些子过程和函数过程可以访问该变量。根据定义变量的位置和定义变量的语句不同，在 VB 中，变量可分为过程级变量（即局部变量）、模块级变量和全局变量。表 7-3-1 中列出了 3 种变量的作用范围及其使用规则。

表7-3-1　3种变量的作用范围及使用规则

类　　别	过程级变量	模块级变量	全局变量
作用范围	所在的过程	所在的窗体或模块	整个应用程序
声明关键字	Dim、Static	Dim、Private	Public、Global
声明的位置	在过程中	在窗体／模块的通用声明段	在窗体／模块的通用声明段
本模块的其他过程存取	不可以	可以	可以
其他模块的过程存取	不可以	不可以	可以

（1）过程级变量：它指在过程内用 Dim 语句声明的变量（或不加声明直接使用的变量）。只有该过程内部的代码程序才能访问或改变局部变量的值，别的过程不可以读取局部变量。局部变量的作用范围限制在该过程。在主过程中建立的过程级变量，也不能在子过程中使用。

要声明一个过程级变量，可以在过程内部，使用 Dim 或 Static 关键字定义（声明）变量。定义过程级变量的语句格式如下：

【格式 1】Dim 变量名 As Integer

【格式 2】Static 变量名 AS Single

例如：

```
Dim Number As Integer,Person As Single
```

```
Static ABC As Integer
```

不同的过程中可有相同名称的变量，彼此互不相干。例如：有多个不同的过程，每个过程都使用了变量 N，只要每个过程中的变量 N 定义为使用过程级变量，则每个过程只识别它自己的变量 N，改变变量 N 的值也不会影响其他过程中的变量 N 的值。因此，采用过程级变量有利于程序的调试，更具有通用性。过程级变量通常用于保存临时数据。

（2）模块级变量：也叫私有变量。它是指在一个窗体或模块的任何过程外，即在通用声明段（它在"代码"窗口的最上边，选择"代码"窗口内"对象"下拉列表框中的"通用"选项，即可使"代码"窗口进入通用声明段编辑状态）内使用 Dim 或 Private 关键字声明的变量。使用 Private 或 Dim 关键字的作用相同，但使用 Private 可提高代码的可读性。定义模块级变量的语句格式如下：

【格式 1】 Dim 变量名 As Integer

【格式 2】 Private 变量名 AS Single

例如：

```
Private S As String
Dim I As Integer, J As Single
```

模块级变量在说明它的整个模块中的所有过程中都能使用，但其他模块不能访问该变量。

（3）全局变量：也叫公有变量。它是指在窗体或标准模块的任何子过程或函数过程外，即在通用声明段内用 Public 或 Global 关键字声明的变量。定义全局变量的语句格式如下：

【格式 1】 Public 变量名 As Integer

【格式 2】 Global 变量名 AS Single

例如：

```
Public S As String
Global I As Integer, J As Single
```

全局变量在所有模块中的所有过程中都能使用。它的作用范围是整个应用程序（包括主程序和过程），因此公有模块级变量属于全局变量。全局变量的值在整个应用程序中始终不会消失和重新初始化，只有当整个应用程序执行结束时才会消失。全局变量在子过程中可以任意改变和调用，当某个子过程执行完后，其值带回主程序。

把变量定义为全局变量虽然很方便，但会给调试程序和读程序带来麻烦，特别是在较大的程序中使用时，容易出错。另外，定长字符串、数组和自定义类型变量都不可以作为窗体模块声明的全局变量。

2．变量的生存期

从变量的作用空间来说，变量有作用范围；从变量的作用时间来说，变量有生存期（也叫存活期）。变量的生存期就是变量能够保持其值的时期。假设子程序内部有一个变量，当程序运行进入该子程序时，要分配给该变量一定的内存单元，一旦程序退出该过程，变量占有的内存单元是否释放呢（变量占有的内存单元释放后，变量的值也消失了）？

根据变量的生存期，可以把变量分为静态变量（Static）和动态变量（Dynamic）。静态变量不释放内存单元，动态变量释放内存单元。

（1）动态变量：动态变量仅当本过程执行期间存在，程序运行进入变量所在的子过程时，系统才分配给该变量一定的内存单元。当一个过程执行完毕，退出该过程后，该变量占用的内存单元自动释放，该局部变量的值就不存在了。当下一次执行该过程时，所有局部变量需重新声明和重新初始化。使用 Dim 关键字在过程中声明的局部变量，就属于动态变量。

（2）静态变量：它是指程序运行进入该变量所在的子程序，修改变量的值后，退出该子程序，其值仍被保留，即变量所占内存单元没有释放。当以后再次进入该子程序，原来变量的值可以继续使用。使用 Static 关键字在过程中声明的局部变量，就属于静态变量。模块级变量和全局变量的存活期是整个应用程序的运行期间，也属于静态变量。通常 Static 关键字和递归的 Sub 过程不能在一起使用。

在过程头前加上 Static 关键字时，无论过程中的变量是用 Static、Dim 或 Privte 声明的变量还是隐式声明的变量，都会变成静态变量。例如：下面的函数过程定义语句是为了使过程中所有的局部变量为静态变量。

```
Private Static Function Fac(n As Integer)
```

下面这个程序运行后，每次单击窗体，可以看到动态变量 A 的值是不变的，没有累计效果；而静态变量 B 的值是变化的，有计数累计效果，如图 7-3-4 所示。程序代码如下：

图7-3-4　区别动态和静态变量

```
Private Sub Form_Click()
  Dim A As Integer
  Static B As Integer
  A = A + 1
  B = B + 1
  Print "动态变量A="; A, "静态变量B="; B
End Sub
```

3. 常量的作用域

（1）过程级符号常量：是指仅在某一个过程内有效的符号常量。在过程内使用关键字 PrivateConst 声明的符号常量就是过程级符号常量。

（2）模块级符号常量：它是指在模块内有效，而在模块之外无效的符号常量。在该模块顶部的声明段中使用关键字 Private 声明的符号常量就是模块级符号常量。

（3）全局符号常量：它是指在整个应用程序中都有效的符号常量。在整个应用程序内标准模块的顶部的通用段中，使用关键字 Public 或 Global 声明的符号常量就是全局符号常量。在窗体模块和类模块中是不允许声明全局符号常量的。

7.3.3　过程的作用域和过程的外部调用

1. 定义过程作用域的语句格式

与变量的作用范围相同，过程也有其作用范围，即过程的有效范围。Sub 子过程和函数（Function）过程的作用范围是通过语句声明的。定义过程作用域的语句格式如下：

【格式 1】 [Private|Public][Static] Sub 过程名 ([参数列表])

【格式 2】 [Private|Public][Static] Function 函数名 ([参数列表])[As 数据类型]

Public 表示全局过程 (公用过程)，所有模块的其他过程都可访问这个过程。所有模块中的子过程缺省为 Public 。Private 表示模块级过程 (也叫局部过程或私用过程)，只有本模块中的过程才可访问。如果使用 Static（静态）关键字，这些变量的值在整个程序运行期间都存在，即在每次调用该过程时，各局部变量的值一直存在；如省略该关键字，则当该过程结束时释放其变量的存储空间。

可将子过程放入标准模块、类模块和窗体模块中。过程的作用域可分为窗体 / 模块级作用域和全局作用域。它们都可被本模块内其他过程调用。

2. 模块级过程和全局级过程

（1）窗体/模块级过程：它是指在某个窗体或标准模块内定义的过程，这种过程只能被所在窗体或标准模块中的过程调用，不可以被本应用程序中的其他窗体或标准模块内的过程调用。定义子过程或函数过程时，使用 Private 关键字，即可定义模块级过程。例如：

```
Private Sub MyProgram(A As Integer)
```

其中，MyProgram 是窗体或标准模块名称，括号内的是形参表。

（2）全局级过程：它是指在窗体或标准模块中定义的过程，其默认是全局的，也可以加关键字 Public 进行说明。全局级过程可供该应用程序的所有窗体和所有标准模块中的过程调用，但根据过程所处的位置不同，其调用方式有所区别。

3. 过程的外部调用

过程的外部调用是指调用其他模块中的全局过程。调用其他模块中过程的方法，取决于该过程所属的模块是窗体模块、标准模块，还是类模块。

（1）窗体模块中的过程：外部过程均可以调用窗体中的全局过程，但必须以窗体名为调用的前缀，即在外部过程要调用时，必须在过程名前加该过程所处的窗体名。语句格式如下：

【格式】Call 窗体名 . 全局过程名 [(实参列表)]

例如，在窗体 Form1 中定义一个全局过程 QJl，在窗体 Form2 中调用 Form1 中的 QJl 过程的语句为

```
Call Form1.QJ1(A As Integer)
```

其中，Form1 是窗体名称，QJ1 是全局过程名称，括号内的"A As Integer"是实参表。

（2）标准模块 (.bas) 中的过程：外部过程均可调用它，但在外部过程要调用时，过程名必须是唯一的，否则应加标准模块名。在标准模块中的过程，如果过程名是唯一的，则不必在调用时加模块名；如果有两个以上的模块包含同名的过程，则调用本模块内过程时不必加模块名，而调用其他模块的过程时必须以模块名为前缀。语句格式如下：

【格式】Call [标准模块名]. 全局过程名 [(实参列表)]

例如，对于 Modulel 和 Module2 中名称为 QJl 的过程，从 Module2 中调用 Module1 中的 QJl 语句为 Call Module1.QJ1(A AS Integer)

其中，Module1 是标准模块名称，QJ1 是全局过程名称，括号内的是实参表。如果不加 Module1 标准模块名时，则调用 Module2 中的 QJl 过程。

（3）调用类模块的过程：调用类模块中的全局过程，要求用该类的相应实例的名称为前缀。首先声明类的实例为对象变量，并且以此变量作为过程名前缀，不可直接用类名作为前缀。

【格式】Call 变量 . 过程名 ([实参表列])

例如，类模块为 Classl，类模块的全局过程为 QJ1，变量名为 EC1，调用过程的语句如下：

```
Dim EC1 As New Classl          '声明Classl类模块的实例为EC1
Call EC1.QJ1(A AS Integer)      '调用类模块Classl中的全局过程QJ1
```

案例49 发奖金方案

设计一个"发奖金方案"程序，该程序是用来统计发奖金时需要在银行提取 100 元、50 元、10 元、2 元、3 元、1 元、5 角、2 角、1 角、5 分、2 分、1 分的人民币各多少。程序运行后的画面如图 7-3-5 所示，要求输入领取奖金的人数（例如，输入 5），单击"确定"按钮，即可进入主窗体。可以依次输入每个人的奖金数额，每输入完一个人的奖金数后按 Enter 键。其中的

一幅画面如图 7-3-6 所示。程序会自动根据输入的数据计算应扣除的税金，并在窗体中显示出累加的总金额。当全部输入完后，"统计"按钮变为有效。

图7-3-5　程序运行结果之一

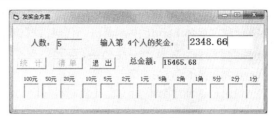

图7-3-6　程序运行结果之二

单击"统计"按钮，程序会根据键盘输入的每个人的实发奖金金额数，计算出需从银行提取 100 元、50 元、10 元、2 元、3 元、1 元、5 角、2 角、1 角、5 分、2 分、1 分的人民币各多少，才能保证能将每个人的奖金分开。然后，显示各种票面的人民币的张数，如图 7-3-7 所示。单击"清单"按钮，即可显示每个职工的扣税后的奖金金额，如图 7-3-8 所示。

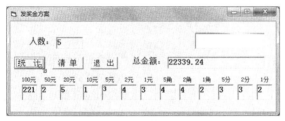

图7-3-7　程序运行结果之三

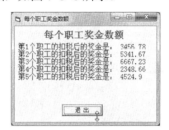

图7-3-8　程序运行结果之四

1. 程序中的标准模块程序设计

（1）单击"工程"→"添加模块"菜单命令，打开"添加模块"对话框（与"添加窗体"对话框类似），选中"新建"选项卡，再选中"模块"图标，然后单击"打开"按钮，即可在当前工程中创建一个新的标准模块，同时打开标准模块的代码窗口。

（2）在标准模块的"代码"窗口内输入如下的程序代码。在该程序的通用段内定义了一个全局变量 RS 和一个数组 GZ，创建了一个 Sub Main 子过程。

```
Public RS As Integer          '定义全局整型变量RS，用来保存人数
Public GZ() As Single         '定义全局字符型数组GZ，
Sub Main()
    RS = Val(InputBox("请输入领取奖金的人数：", "输入人数", 5))    '输入人数
    ReDim GZ(1 To RS) As Single               '声明一个全局字符型动态数组GZ
    Form1.Show
End Sub
```

2. 主窗体程序设计

（1）在主窗体 Form1 中，创建如图 7-3-6 所示的多个控件对象，其中用于输入的文本框名称为 Text1，用于显示领取奖金的总人数的标签名称为 Label1，用于显示总金额的标签名称是 Label3，"退出"按钮的名称是 ANTC，"统计"按钮的名称是 ANTJ，"清单"按钮的名称是 ANQD。

（2）用来显示各种票面（元、角、分）数量的标签名称分别是 LabelB0、…、LabelB12。

（3）在主窗体 Form1 的程序中，用变量 RS 保存总人数，GZ 数组存放每个职工的实发奖金数，N 表示奖金总数，Y100、Y50、Y20、Y10、Y5、Y2、Y1 分别表示 100 元、50 元、20 元、10 元、

5 元、2 元、1 元人民币的数量，J5、J2、J1 分别表示 5 角、2 角、1 角人民币的数量，F5、F2、F1 分别表示 5 分、2 分、1 分人民币的数量。由于统计元、角、分（除了 100 元）各种面值人民币数量的工作是相同的，所以可用一个子过程 TGLQJJ 来完成。

（4）在主窗体 Form1 内，调出"代码"窗口，在其中输入如下程序代码。

```
Dim N As Single, K As Integer
Rem 显示窗体后产生的事件过程
Private Sub Form_Activate()
    ANTJ.Enabled = False                        '使"统计"按钮无效
    ANQD.Enabled = False                        '使"清单"按钮无效
    Text1.SetFocus                              '定位光标到文本框Text1
    K = 1                                       '变量K用来保存职工的序号
    Label1.Caption = RS                         '显示职工数
    Label2.Caption = "输入第1个职工的奖金："      '给Label2标签赋提示信息
End Sub
Rem 在Text1文本框中输入数据时的事件过程
Private Sub Text1_KeyPress(KeyAscii As Integer)
    If KeyAscii = 13 Then
        GZ(K) = Val(Text1.Text)                 '用数组下标变量保存个人奖金
        N = N + GZ(K)                           '奖金累计
        Label3.Caption = N                      '显示奖金和
        K = K + 1
        Text1.Text = ""                         '清文本框Text1
        Label2.Caption = "输入第" + Str$(K) + "个人的奖金：" '给Label2标签赋提示信息
    End If
    If K = RS + 1 Then                          '如果个人奖金输入完毕，则
        Label2.Caption = ""                     '清Label2标签
        ANTJ.Enabled = True                     '使"统计"按钮有效
        ANQD.Enabled = True                     '使"清单"按钮有效
        Text1.Enabled = False                   '使文本框Text1无效
    End If
End Sub
Rem 单击"统计"按钮后的事件过程
Private Sub ANTJ_Click()
    Dim Y100 As Integer, Y50 As Integer, Y10 As Integer, Y5 As Integer,
Y2 As Integer, Y1 As Integer
    Dim J5 As Integer, J2 As Integer, J1 As Integer, F5 As Integer, F2
As Integer, F1 As Integer, I As Integer
    For I = 1 To RS
        N = GZ(I)                               '取每个职工的奖金数
        Y100 = Y100 + Int(N \ 100)              '求100元票张数
        N1 = N / 10: Call TGGZ(N1, A5, B2, C1)  '求50、20、10元票张数
        Y50 = Y50 + A5: Y20 = Y20 + B2: Y10 = Y10 + C1
        N1 = N: Call TGGZ(N1, A5, B2, C1)       '求5、2、1元票张数
        Y5 = Y5 + A5: Y2 = Y2 + B2: Y1 = Y1 + C1
        N1 = N * 10: Call TGGZ(N1, A5, B2, C1)  '求5、2、1角票张数
```

```
        J5 = J5 + A5: J2 = J2 + B2: J1 = J1 + C1
        N1 = N * 100: Call TGGZ(N1, A5, B2, C1)    '求5、2、1分票张数
        F5 = F5 + A5: F2 = F2 + B2: F1 = F1 + C1
    Next I
    Rem 给相应的标签对象的Caption属性赋值
    LabelB0.Caption = Y100
    LabelB1.Caption = Y50: LabelB2.Caption = Y20: LabelB3.Caption = Y10
    LabelB4.Caption = Y5: LabelB5.Caption = Y2: LabelB6.Caption = Y1
    LabelB7.Caption = J5: LabelB8.Caption = J2: LabelB9.Caption = J1
    LabelB10.Caption = F5: LabelB11.Caption = F2: LabelB12.Caption = F1
End Sub
Rem   换算包含5、2、1的数目子过程
Public Sub TGGZ(ByVal N1 As Single, A, B, C)
    Dim M As Integer
    M = Int(N1) - 10 * Int(N1 / 10)
    A = Int(M / 5)
    B = Int((M - 5 * A) / 2)
    C = M - 5 * A - 2 * B
End Sub
Private Sub ANQD_Click()
    Form2.Show
End Sub
Private Sub ANTC_Click()
    End
End Sub
```

3. Form2 窗体程序设计

（1）单击"工程"→"添加窗体"菜单命令，添加一个 Form2 窗体。在该窗体内创建一个标签对象和一个名称为 ANTC 的"退出"按钮对象，如图 7-3-8 所示。

（2）该 Form2 窗体内，调出"代码"窗口，在其中输入如下程序代码。

```
Private Sub Form_Activate()
    Print: Print
    FontSize = 12                              '给窗体设置字大小
    ForeColor = RGB(0, 0, 255)                 '给窗体设置字颜色
    For I = 1 To RS
      Print Tab(2); "第" & I & "个职工的扣税后的奖金是："; GZ(I)
    Next I
End Sub
Private Sub ANTC_Click()
    End
End Sub
```

4. 通过 Sub Main 过程启动应用程序

当应用程序启动时不加载任何窗体，可在标准模块中创建一个 Sub Main 的子过程（不能在窗体模块中创建 Sub Main 的子过程），然后在 Sub Main 的过程中输入启动时需要执行的代码。每个工程只能有一个 Sub Main 的子过程。

单击"工程"→"工程1属性"菜单命令，调出"工程1-工程属性"对话框，选中"通用"选项卡，再从"启动对象"下拉列表框中选择"Sub Main"选项。单击该对话框中的"确定"按钮，即可设置 Sub Main 子过程为启动对象。

思考与练习7-3

1. 填空题

（1）类模块与标准模块的不同之处在于，标准模块_____，而类模块_____。

（2）任何窗体或模块中的事件过程或其他过程，都可以调用_____内的_____。

（3）过程级变量的作用域是_____，模块级变量的作用域是_____，全局变量的作用域是_____。

（4）静态变量特点是_____，动态变量特点是_____。

2. 操作题

（1）使用标准模块编写程序，求两个自然数的最大公约数和最小公倍数。

（2）使用标准模块设计"求 1!+3!+5!+7!+9!+11!"程序。

（3）设计一个"S 的 N 次方精确值"程序，该程序运行后的画面如图 7-3-9（a）所示。在第 1 个文本框中输入一个数字，该数字即是变量 S 的值；在第 2 个文本框中输入一个数字，该数字即是变量 N 的值。单击"计算"按钮，即可算出 S 的 N 次方精确值，如图 7-3-9（b）所示。

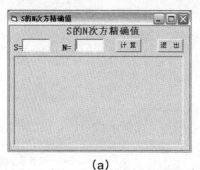
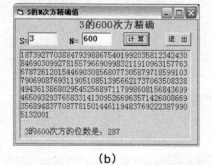

（a）　　　　　　　　　　（b）

图7-3-9　"S的N次方精确值"程序运行结果

第8章 应用程序开发

本章主要介绍 ActiveX 控件的概念和加载方法，通用对话框属性的设置、基本属性和方法，制作菜单、弹出式菜单的方法，以及工具栏和状态栏的制作方法等。

8.1 通用对话框

Activex 控件是由系统或第三方提供的，这些控件通常都是针对某一具体问题提供强大的功能，例如，播放影片的 MediaPlayer 控件、可提供 Windows 通用对话框的 CommnoDialog 控件、可连接数据库的 ADO 控件等。通用对话框（CommonDialog）包括"打开""另存为""颜色""字体""打印机"和"帮助"对话框。通用对话框仅用于应用程序与用户之间的信息交互，是输入/输出界面，不能实现打开文件、存储文件、设置颜色和字体打印等操作，如果想要实现这些功能可以通过编程实现。

8.1.1 通用对话框的基本属性和方法

1. ActiveX 控件

在 Visual Basic 6.0 中，为用户提供了大量的 ActiveX 控件，用户可以把这些 ActiveX 控件加到工具箱中，然后像使用标准控件那样来使用 ActiveX 控件。另外，第三方开发商还提供了大量的 ActiveX 控件。ActiveX 控件大大增强了 VB 6.0 编程的能力和灵活性。这些控件有的属于标准 ActiveX 控件，如通用对话框（CommonDialog）、数据绑定组合框（DBCombo）控件、数据绑定列表框（DBList）控件和数据绑定网络（DBGrid）控件等，它们包含在 VB 的学习版、专业版和企业版 3 个版本中，其他 ActiveX 控件仅在专业版和企业版中提供。

ActiveX 控件是一段可以重复使用的编程代码和数据，是用 ActiveX 技术创建的一个或多个对象组成的。ActiveX 控件文件的扩展名为 .OCX，通常存放在 Windows 的 SYSTEM32 目录中。例如，通用 Common DBGrid（对话框）这个 ActiveX 控件的文件名是 COMDLG32 .OCX。

将 ActiveX 控件添加到工具箱中的步骤如下：

（1）单击"工程"→"部件"菜单命令,弹出"部件"对话框，如图 8-1-1 所示。或在工具箱中右击，弹出其快捷菜单，再单击该菜单中的"部件"命令，也可弹出"部件"对话框。在"部件"对话框中有 3 个选项卡，分别列出了所有已经注册的控件（ActiveX 控件）、设计器和可插入对象。

（2）如果要插入 ActiveX 控件,可选择"控件"选项卡；如果插入可插入对象，可选择"可插入对象"选项卡。

（3）单击选中所需的 ActiveX 控件左边的复选框。例如：要加载通用对话框（CommonDialog）控件，可单击选中 Microsoft CommonDialog Control 6.0 复选框，如图 8-1-1 所示。

图8-1-1 "部件"对话框

（4）单击"部件"对话框中的"确定"按钮，关闭"部件"对话框，所有选定的 ActiveX 控件即可出现在工具箱中。

（5）如果要将外部的 ActiveX 控件加入"部件"对话框,可单击"部件"对话框中的"浏览"

按钮，弹出"添加 ActiveX 控件"对话框，选择扩展名为 .OCX 的文件，单击"打开"按钮即可。

在"新建工程"对话框中，选择"VB 企业版控件"项目类型，再单击该对话框中的"打开"按钮，则会弹出中文 Visual Basic 6.0 企业版的集成开发环境窗口，它的工具箱中的控件工具很多，通用对话框控件就在其中。

2．设置通用对话框属性

一旦把通用对话框控件加到工具箱中，就可以像使用标准控件一样，把它添加到窗体中。通用对话框也有它的属性、事件和方法。在设计状态下，窗体中会显示通用对话框的图标▦；在运行程序时，窗体上不会显示该图标，可在程序中使用 Action 属性或 Show 方法，弹出所需的对话框。设置通用对话框的属性可以采用如下方法。

（1）单击选中窗体内通用对话框控件对象的图标▦，再在"属性"窗口中设置它的属性。

（2）在事件过程中用程序代码来设置通用对话框控件对象的属性。

（3）右击窗体中的通用对话框控件图标，弹出它的快捷菜单，单击该菜单中的"属性"命令，即可弹出"属性页"对话框，如图 8-1-2 所示。利用它可以设置通用对话框控件的主要属性。单击"属性"窗口内"（自定义）"栏右边的按钮▦，也可弹出"属性页"对话框。该对话框有 5 个选项卡，可对不同类型的通用对话框进行属性设置。

图8-1-2　"属性页"对话框

在"属性页"对话框中进行设置后，单击"应用"按钮，即可看到"属性"窗口内相应的属性数值也发生了变化。

3．通用对话框的基本属性

通用对话框的许多属性与其他标准控件的属性一样，包括名称、Left、Top（通用对话框的位置）和 Index（由多个对话框组成的控件数组的下标）等。

（1）Action 属性：返回或设置通用对话框的类型。其取值及含义如表 8-1-1 所示。该属性在设计时无效。

表8-1-1　Action属性的取值及含义

属 性 值	含 义	属 性 值	含 义
0-None	无对话框显示	4-Font	"字体"对话框
1-Open	"打开"对话框	5-Printer	"打印机"对话框
2-Save As	"另存为"对话框	6-Help	"帮助"对话框
3-Color	"颜色"对话框		

（2）DialogTiltle 属性：它用来确定通用对话框的标题，标题可以是任意的字符串。

（3）CancelError 属性：它表示用户在与对话框进行信息交互时，单击"取消"按钮时是否产生出错信息。它是逻辑型数据，取值为 True 或 False（默认）。为了防止用户在未输入信息时使用取消操作，可用该属性设置出错警告。该属性值在"属性"窗口及程序中均可设置。

该属性的值设置为 True 时，表示单击对话框中"取消"按钮后，会出现错误警告。自动将错误标志 Err 置为 32 755(CDERR-CANCEL)，供程序判断。设置为 False 时，表示单击对话框中的"取消"按钮后，不会出现错误警告。

如果选中图 8-1-2 所示"属性页"对话框中的"取消引发错误"复选框，就相当于设置 CancelError 属性值为 True；不选中该复选框，就相当于设置 CancelError 属性值为 False。

除了 Action 属性，还有一组方法用来打开某种类型的通用对话框，如表 8-1-2 所示。

表8-1-2　几种方法及含义

方法名称	含　义	方法名称	含　义
ShowOpen	"打开"对话框	ShowFont	"字体"对话框
ShowSave	"另存为"对话框	ShowPrinter	"打印"对话框
ShowColor	"颜色"对话框	ShowHelp	"帮助"对话框

8.1.2　6个常用通用对话框

1. "打开"对话框

在程序运行时，如果通用对话框的 Action 属性被设置为1，会调出"打开"文件对话框。"打开"文件对话框并不能真正打开一个文件，它仅仅提供一个打开文件的用户界面，供用户选择所要打开的文件，打开文件的具体工作还要通过编程来完成。它的常用属性如下：

（1）FileName(文件名称) 属性：用于返回或设置用户所要打开的文件的路径和文件名。该属性为文件名字符串，用于设置"打开"对话框中"文件名称"文本框中显示的文件名。程序执行时，用户用鼠标选中的文件名或用键盘输入的文件名被显示在"文件名称"文本框中，同时将该文件名和它的路径名组成的字符串赋值给 FileName 属性。

（2）FileTitle(文件标题) 属性：用于返回或设置用户所要打开的文件的文件名。当用户在对话框中选中所要打开的文件时，该属性就立即得到了该文件的文件名。它与 FileName 属性不同，FileTitle 中只有文件名，没有路径名，而 FileName 中包含所选定文件的路径。FileTitle 只能在程序运行时设置。

（3）Filter(过滤器) 属性：用于确定"打开"对话框中"文件类型"下拉列表框中所显示的文件类型。该属性值可以是一个字符串，字符串由一组元素或用管道符"|"隔开的分别表示不同类型文件的多组元素组成。例如：

```
CommonDialog1.Filter = " BMP图像（*.bmp）|*.BMP|所有文件（*.*）| JPG图像
（*.jpg）|*.JPG|*.*"
```

在"文件类型"下拉列表框中选中一种文件类型后，即可在文件列表框中显示当前目录下的所选类型的所有文件名

（4）FilterIndex(过滤器索引) 属性：用来设置"文件类型"下拉列表框中默认的文件类型，是 Filter(过滤器) 属性所设置的第几组文件类型。该属性为整型数值。例如针对上面的设置如下 [设置"文件类型"下拉列表框中默认的文件类型是 JPG 图像（*.jpg）]：

```
CommonDialog1.FilterIndex=2 ' 设置"文件类型"下拉列表框中默认的文件类型为第2种
```

（5）InitDir(初始化路径) 属性：用来指定"打开"对话框中的初始目录，若要显示当前目录，则该属性不需要设置。

（6）Flags（标志）属性：为"打开"和"另存为"对话框返回或设置选项。它的属性值较多，其中 4 个属性值及其含义如表 8-1-3 所示。

表8-1-3　Flags属性的常用设置值及其含义

值	十进制值	常　数	含　义
&H10	16	CdlOFNHelpButton	使对话框显示"帮助"按钮
&H4	20	CdlOFNHideReadOnlv	在对话框中隐藏只读复选框
&H8	8	CdlOFNNoChangeDir	强制对话框将对话框打开时的目录设置为当前目录
&H1	1	CdlOFNReadOnly	使对话框中的只读复选框默认选中，它也用来指示对话框关闭时只读复选框的状态

例如：Commondialogl.Flags=&H14& 语句，表示对话框中不显示"以只读方式打开"复选框。

（7）MaxFileSize 属性：用来设置将要被打开的文件名的最大长度。其取值为数值型，取

值范围为 1 ~ 32KB，默认值为 256。

2．"另存为"对话框

将通用对话框的 Action 属性值设置为 2，或使用 ShowSave 方法，都可以弹出"另存为"对话框。"另存为"对话框只是为用户在存储文件时提供了一个标准用户界面，供用户选择或输入所要存入文件的驱动器、路径和文件名。同样，它并不能实现存储文件，要存储文件还需通过编写程序来完成。"另存为"对话框的属性与"打开"对话框的属性基本一样，只是多了一个 DefaultExt 属性。

（1）DefaultExt 属性：为该对话框返回或设置默认的文件扩展名，如 .bmp 或 .jpg 等。当保存一个没有扩展名的文件时，自动给该文件指定由 DefaultExt 属性指定的扩展名。它是字符型数据。注意该属性只适用于"另存为"对话框。

（2）Flags（标志）属性：可以设置为 &H2&（即十进制数 2），可以在选择的保存文件名已存在时，弹出一个信息框，提示是否覆盖原文件。

3．"颜色"对话框

将通用对话框的 Action 属性值设置为 3，或使用 ShowColor 方法，都可以弹出"颜色"对话框。"颜色"对话框是一个标准的用户界面。在"颜色"对话框中，提供了基本颜色 (Basic Colors) 调色板，还提供了用户的自定义颜色 (Custom Colors) 调色板，用户可以自己调色。

"颜色"对话框，除了基本属性，还有一个 Color 属性。该属性返回或设置选定的颜色。当用户在调色板中选中某颜色时，该颜色值赋给 Color 属性。此外它也有 Flags 属性。

4．"字体"对话框

将通用对话框的 Action 属性值设置为 4，或使用 ShowFont 方法，都可以弹出"字体"对话框。它也是一个标准的"字体"对话框。"字体"对话框除了基本属性外，还有如表 8-1-4 所示的属性。注意 Flags 属性应取表 8-1-5 所示的常数或数值。

表8-1-4 "字体"对话框的属性及含义

属性名称	含 义	属性名称	含 义
Color	为用户选定的颜色值	FontItalic	为 True 时文字是斜体
FontSize	为用户所选定的字体大小	FontBold	为 True 时文字是粗体
FontName	为用户所选定的字体名称	FontStrikethru	为 True 时文字加删除线
Min 和 Max	设定"字体"对话框中所能选择的最小值和最大值，以确定在"字体"对话框中选择字大小的范围，以点 (Point) 为单位	FontUnderline	为 True 时文字带下画线
		Flags	必须设置该属性，否则会发生无字体错误

表8-1-5 "字体"对话框Flags属性设置值

常 数	值	说 明
cdlCFScreenFonts	&H1	显示屏幕字体
cdlCFPrinterFonts	&H2	显示打印机字体
cdlCFBoth	&H3	显示打印机字体和屏幕字体
cdlCFEffects	&H100	在字体对话框显示删除线、下画线检查框和颜色组合框

5．"打印"对话框

将通用对话框的 Action 属性值设置为 5，或使用 ShowPrinter 方法，都可以弹出"打印"对话框。它也是一个标准的"打印"对话框。它不能处理打印工作，仅仅是一个供用户选择打印参数的界面，所选参数存于各属性中，必须通过编程来处理打印操作。"打印"对话框除了基本属性外，还有如表 8-1-6 所示的属性。"打印"对话框 Flags 属性常用的取值及其含义如表 8-1-7 所示。

表8-1-6 "打印"对话框的部分属性及含义和Printer对象的部分方法及含义

属性和方法名称	含 义
Copies	用来确定打印份数，该属性值为整型，默认值为 1
FromPage	用来确定打印的起始页号（FromPage）和终止页号（Topage），取值整型
Max、Min	可打印的最大页号（Max）和最小页号（Min），取值整型
Hdc	设置与打印有关的上下文文件号（ID），可在程序运行中改变
PrinterDefault	设置是否可以在"打印"对话框中改变默认值，其值为 True 时，可以改变默认值
Flags	设置"打印"对话框中的选项

表8-1-7 "打印"对话框的Flags属性常用的取值及其含义

常 数	值	描 述
cdlPDPDAllPages	&H0	返回或设置全部"页选项"按钮的状态
cdlPDCollate	&H10	返回或设置"分页"复选框的状态
cdlPDDisablePrintToFile	&H80000	使"打印到文件"复选框无效
cdlPDHelpBuRon	&H800	要求对话框显示"帮助"按钮
cdlPDHidePtinfoFlle	&H100000	隐藏"打印到文件"复选框
cdlPDNOPageNums	&H8	使"页选项"按钮和相关的编辑控件无效
cdlPDNoSelect 沁 n	&H4	使"选择选项"按钮无效
cdlPDNoWarnin2	&H80	防止系统在没有默认打印机时显示警告信息
cdlPDPageNums	&H2	返回或设置"页选项"按钮的状态
cdlPDPtintSetup	&H40	使系统显示"打印设置"对话框，而不显示"打印"对话框
cdlPDPrintToFile	&H20	返回或设置"打印到文件"复选框的状态
CdlPDReturnDefaun	&H400	返回默认的打印机名称
CdlPDSelection	&H1	返回或设置"选择选项"按钮的状态。如果 cdlPDPageNums 或 cdlPDSelection 均未指定，全部选项将处于选中状态

6. "帮助"对话框

将通用对话框的 Action 属性值设置为 6，或使用 ShowHelp 方法，都可以弹出"帮助"对话框。它是一个标准的"帮助"对话框，可用来制作在线帮助。"帮助"对话框不能制作应用程序的帮助文件，只能使用已制作好的帮助文件，并将帮助文件与界面连接起来，达到显示并检索帮助信息的目的。制作帮助文件需要使用 Microsoft Windows Help Compiler 软件，即 Help 编辑器。"帮助"对话框除了基本属性，还有如表 8-1-8 所示的属性。此外它也有 Flags 属性。

表8-1-8 "帮助"对话框的部分属性及含义

属性名称	含 义
HelpCommand	用来返回或设置所需要的在线 Help 帮助类型
HelpFile	用来指定 Help 文件的路径及文件名称，即找到帮助文件，并从文件中找到相应内容，然后在"帮助"对话框中显示出来
HelpKey	用来指定帮助信息的内容，在"帮助"对话框中显示由该帮助关键字指定的帮助信息
HelpContext	返回或设置所需要的 HelpTopic 的 Context ID，一般与 HelpCommand 属性（设置为 vbHelpContents）一起使用，指定要显示的 HelpTopic

案例50 模拟看图软件1

设计"模拟看图软件"程序，该程序运行后如图 8-1-3 所示。单击"打开"按钮，可以调用"打开图片文件"对话框，如图 8-1-4 所示。利用该对话框可以导入图片文件；单击"另存为"按钮，可以调出"图片另存为"对话框，如图 8-1-5 所示。利用该对话框可以进行图片文件的保存；单击"放大"和"缩小"按钮，可以进行图片的放大与缩小，当图片超出图片框时，可以通过滚动条进行滚动浏览，如图 8-1-6 所示。该程序的设计方法如下：

图8-1-3 "模拟看图软件"程序起始画面

图8-1-4 "打开图片文件"对话框

图8-1-5 "图片另存为"对话框

图8-1-6 放大或者缩小图片

（1）单击"工程"→"部件"菜单命令，调出"部件"对话框，选中"控件"选项卡。在其中选中 Microsoft CommonDialog Control 6.0 复选框，用来加载通用对话框（CommonDialog）控件，如图 8-1-1 所示。

（2）单击"部件"对话框中的"确定"按钮，关闭"部件"对话框，所有选定的 ActiveX 控件（通用对话框控件 CommonDialog ▦）即可出现在工具箱中。

（3）设置窗体的 Caption 属性为"模拟看图软件"，BorderStyle 属性值为"3-Fixed Dialog"，这样在程序运行时窗体的大小就是固定不变的，不会因为拖动而导致变形。

（4）在窗体上添加一个图片框控件对象，该对象的名称为 Picture1；在图片框控件对象内再创建一个图像控件对象 Image1，用来加载有浏览的图像，设置 Stretch 属性为 True。

（5）在图片框内添加一个水平滚动条和一个垂直滚动条，设置两个滚动条的 Max 属性值为 100，Min 属性值为 0。

（6）在图片框下边创建 5 个按钮对象，它们的 Caption 属性值如图 8-1-3 所示，名称采用默认值 Command1、Command2、…、Command5。

（7）可以像使用标准控件一样，把通用对话框控件 CommonDialog ▦ 添加到窗体中，创建两个通用对话框控件对象的名称分别为 CommonDialog1 和 CommonDialog2。

（8）单击选中窗体中的通用对话框控件对象 CommonDialog1 图标▪，右击，调出其快捷菜单，单击该菜单中的"属性"命令，调出"属性页"对话框，如图 8-1-7 所示。下面的程序给出了对话框控件对象的设置方法。实际有了程序中的属性设置，可以不用在"属性"窗口或"属性页"对话框中进行设置。

（9）在通用对话框控件对象的"属性"窗口内，设置 DialogTitle 属性值为"打开图片文件"，Filter 属性值为"BMP 图像（*.BMP）|*.BMP|JPG 图像（*.JPG）|*.JPG|所有文件（*.*）|*.*"，FileName 属性值为"风景 1.jpg"，Flags 属性值为 16，FilterIndex 属性值为 2，InitDir

图8-1-7 "属性页"对话框的设置

属性值为"C:\Users\Gracie\Desktop\VB6(2012)\VB6 程序集\【案例 50】模拟看图软件 1\Pictures"。

（10）通用对话框控件对象 CommonDialog2 的属性设置与通用对话框控件对象 CommonDialog1 的属性设置基本一样，只是 DialogTitle 属性值为"图片另存为"。

（11）在"代码"窗口中输入如下程序代码。

```
Private Sub Form_Load()
    Rem 初始化图像控件大小
    Image1.Top = 0
    Image1.Height = Picture1.Height - HScroll1.Hcight
    Image1.Left = 0
    Image1.Width = Picture1.Width - VScroll1.Width
End Sub
Private Sub Command1_Click()
    Rem 设置过滤器，只显示可打开文件类型的文件
    CommonDialog1.Filter = "BMP图像（*.bmp）|*.BMP|JPG图像（*.jpg）|*.JPG|" + "GIF图
    像（*.gif）|*.gif|所有文件（*.*）|*.*"
    CommonDialog1.FilterIndex = 2 '设置"文件类型"下拉列表框中默认的文件类型为第2种
    CommonDialog1.InitDir = "C:\Users\Gracie\Desktop\VB6(2012)\VB6程序集\【案例50】
    模拟看图软件1\Pictures"
    CommonDialog1.ShowOpen       '调用打开对话框获取文件路径
    Set Image1.Picture = LoadPicture(CommonDialog1.FileName)      '载入选中的图片
End Sub
Private Sub Command2_Click()
    CommonDialog2.FileName = ""     '重置文件名
    Rem 设置默认文件名
    CommonDialog2.DefaultExt = "JPG图像（*.jpg）|*.JPG|BMP图像（*.bmp）|*.BMP|"
    + "GIF图像（*.gif）|*.gif|所有文件（*.*）|*.*"
    CommonDialog2.Flags = 2          '如果文件存在，则询问是否覆盖
    CommonDialog2.ShowSave           '调用另存为对话框获取文件路径
    If CommonDialog2.FileName <> "" Then
        SavePicture Image1.Picture, CommonDialog2.FileName      '保存图片框内容
    End If
End Sub
Private Sub Command3_Click()
    Rem 放大图像控件
    Image1.Width = Image1.Width * 1.1
    Image1.Height = Image1.Height * 1.1
```

```
    Image1.Left = 0
    Image1.Top = 0
End Sub
Private Sub Command4_Click()
    Rem 缩小图像控件
    Image1.Width = Image1.Width / 1.1
    Image1.Height = Image1.Height / 1.1
    Image1.Left = 0
    Image1.Top = 0
End Sub
Private Sub Command5_Click()
    End
End Sub
Private Sub HScroll1_Change()
    Rem 滚动图像
    n = (Picture1.Width - Image1.Width - VScroll1.Width) / HScroll1.Max
    Image1.Left = n * HScroll1.Value
End Sub
Private Sub VScroll1_Change()
    Rem 滚动图像
    n = (Picture1.Height - Image1.Height - HScroll1.Height) / VScroll1.Max
    Image1.Top = n * VScroll1.Value
End Sub
```

案例51 文本编辑

　　"文本编辑"程序运行后,用户在文本框中输入或粘贴文字,如图8-1-8(a)所示。单击"字体"按钮,可以调出"字体"对话框,设置文字的字体,如图8-1-8（b）所示。单击"确定"按钮,可以看到文本框中文字的变化。单击"颜色"按钮,可以调出"颜色"对话框,设置文字的颜色,如图8-1-8（c）所示。单击"确定"按钮,可以看到文本框中文字的变化,如图8-1-8（d）所示。单击"打印"按钮,可以调出"打印"对话框,如图8-1-8（e）所示。利用它设置打印参数后,单击"确定"按钮,即可开始打印文本框中的内容。单击"帮助"按钮,可以调出相应的"帮助"窗口,如图8-1-8（f）所示。程序的设计方法如下：

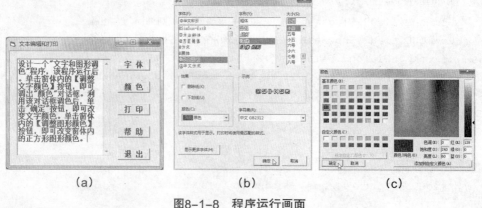

(a)　　　　　　　　　　(b)　　　　　　　　　　(c)

图8-1-8　程序运行画面

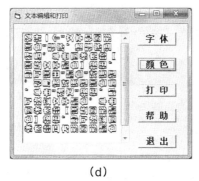  

(d) (e) (f)

图8-1-8 程序运行画面（续）

制作帮助文件需要使用 Microsoft Windows Help Compiler Help 编辑器。

（1）创建一个新的工程。拖曳鼠标以调整窗体的大小，在窗体的"属性"窗口中设置 Caption 属性值为"文本编辑"。

（2）在窗体中创建 5 个命令按钮、1 个文本框和 1 个 CommonDialog 控件。设置文本框的 MultiLine 属性为 True，保证可以输入和显示多行文字，且自动换行；它的 ScrollBars 属性设置为 2-Verical，保证有垂直滚动条。

（3）在"代码"窗口内输入如下程序（不包含"退出"按钮程序）。

```
Private Sub Command1_Click()
    CommonDialog1.Flags = &H3& Or &H100&
    CommonDialog1.ShowFont                           '设置通用对话框为"字体"对话框
    Text1.FontName = CommonDialog1.FontName          '设置文本框的字体
    Text1.FontSize = CommonDialog1.FontSize          '设置文本框的字大小
    Text1.FontBold = CommonDialog1.FontBold          '设置文本框的字
    Text1.FontItalic = CommonDialog1.FontItalic      '设置文本框的字
End Sub
Private Sub Command2_Click()
    CommonDialog1.ShowColor                          '设置通用对话框为"颜色"对话框
    Text1.ForeColor = CommonDialog1.Color            '设置标签文字的颜色
End Sub
Rem 单击"打印"按钮后执行的程序
Private Sub Command3_Click()
    CommonDialog1.Min = 1                            '设置可打印的最小页号
    CommonDialog1.Max = 100                          '设置可打印的最大页号
    CommonDialog1.ShowPrinter                        '设置通用对话框为"打印"对话框
    For I = 1 To CommonDialog1.Copies
        Printer.Print Text1.Text                     '打印文本框Text1中的内容
    Next I                                           '设置形状控件对象为填充状态
    Printer.EndDoc
End Sub
Rem 单击"帮助"按钮后执行的程序
```

```
Private Sub Command4_Click()
    CommonDialog1.HelpCommand = cdlHelpForceFile    '设置所需要的在线Help帮助类型
    CommonDialog1.ShowHelp                          '设置通用对话框为"帮助"对话框
End Sub
```

思考与练习8-1

1. 填空题

（1）通用对话框有_____、_____、_____、_____、_____和_____6种对话框。

（2）将通用对话框的 Action 属性值设置为_____，或使用_____方法，都可以弹出"打印"对话框。

（3）将通用对话框的 Action 属性值设置为_____，或使用_____方法，都可以弹出"帮助"对话框。

（4）将通用对话框的 Action 属性值设置为_____，或使用_____方法，都可以弹出"字体"对话框。

2. 操作题

（1）设计一个"文字和图形调色"程序，该程序运行后。单击窗体内的"调整文字颜色"按钮，即可调出"颜色"对话框。利用该对话框调色后，单击"确定"按钮，即可改变文字颜色。单击窗体内的"调整图形颜色"按钮，即可改变窗体内的正方形图形颜色。

（2）设计一个"文本编辑"程序，该程序运行后的画面如图 8-1-9 所示（文本框中还没有文字）。然后，在上面的文本框中输入文字或粘贴文字。在输入中，文字会自动换行，如果要另起一段，可按 Ctrl+Enter 键插入空行。文本框有垂直滚动条，可保证输入较多的文字。单击相应按钮，

图8-1-9 "文本编辑"程序运行后的1幅画面

可以进行文字颜色和字体的设置，可以保存文字，可以打印文字。在保存文字时，还可以显示出文件的路径，在打印时可以显示打印的起始和终止页号。

8.2 菜单、工具栏和状态栏

8.2.1 菜单

1. 菜单结构和菜单编辑器

在 Windows 应用程序中，水平菜单主要由菜单栏、菜单标题（菜单栏中的菜单名称）、菜单选项（又称菜单命令）、下级子菜单项（又称下级子菜单命令），有下属子菜单的菜单选项，其右边有三角箭头标记、子菜单标题、分隔线（将菜单分类）、快捷键（在菜单选项右边有标注）和热键（按住 Alt 键，同时按一个菜单中标注的有下画线的字母键）组成。菜单结构如图 8-2-1 所示。当用户单击水平菜单栏中的某个菜单项后，与其相关联的菜单会随之弹出，用户可单击选中其中的菜单命令。

菜单附属于一个窗体，菜单的属性可以像其他控件一样在"属性"窗口和程序中进行设置，也可以使用菜单编辑器（见图 8-2-2）来设置。调出菜单编辑器的方法如下：

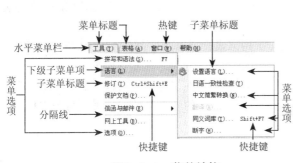

图8-2-1 菜单结构　　　　　　　　　　　图8-2-2 菜单编辑器

（1）方法1：单击选中窗体，再单击工具栏上的"菜单编辑器"按钮 。

（2）方法2：单击选中窗体，再单击"工具"→"菜单编辑器"菜单命令。

（3）方法3：右击窗体弹出它的快捷菜单，单击该菜单中的"菜单编辑器"命令。

2．菜单编辑器的功能

（1）"标题"（相对于 Caption 属性）文本框：用来输入菜单标题名、子菜单标题名或菜单选项名。用户在此输入的内容会自动在菜单编辑器内最下边的空白处显示出来，该区域称为菜单显示区域。

如果输入时在菜单标题的某个字母前输入一个"&"符号，那么该字母就成了热键字母，在菜单显示时该字母有一条下画线，操作时同时按 Alt 键和该带有下画线的字母键就可执行该菜单命令。如果要在菜单中显示 & 符号，则应在标题中连续输入两个"&"符号。

如果设计的菜单选项要分成若干组，则需要用分隔线进行分隔，在建立菜单时需在"标题"文本框中输入一个连字符"-"，这样菜单显示时会显示一条分隔线。

在"标题"文本框中输入菜单选项名时，在所输入的文本后面输入省略号"…"，表示选择该菜单项可以打开一个对话框。

（2）"名称"（相对于"名称"属性）文本框：用来为菜单标题或菜单项输入控件名称。每个菜单标题或菜单项都是一个控件，都必须输入控件名。控件名称用于程序中，并不显示在程序运行时的菜单中。

（3）"索引"（相对于 Index 属性）文本框：可以输入一个数字来确定菜单标题或菜单选项在菜单控件数组中的位置或次序，该位置与菜单的屏幕位置无关。可以不输入任何内容。

（4）"快捷键"（相对于 Shortcut 属性）列表框：单击列表框右侧的下拉箭头，可以在弹出的下拉列表中为菜单项选定快捷键。选择 None 选项时，表示没有快捷键。菜单栏中的菜单标题不可以有快捷键。Shortcut 属性不可以在程序中进行设置。

（5）"帮助上下文 ID"（相对于 HelpContextID 属性）文本框：用来输入一个数字，为一个对象返回或设置一个相关联上下文的编号。它被用来为应用程序提供上下文有关的帮助，在 HelpFile 属性指定的帮助文件中查找相应的帮助主题。

（6）"协调位置"（相对于 NegotiatePosition 属性）列表框：单击列表框右侧的下拉箭头，可以选择是否显示菜单和如何显示菜单。只有菜单标题的 NegotiatePosition 属性才能取非零值。该属性也不可以在程序中进行设置。"协调位置"下拉列表框中共有 4 个选项，作用如下：

0-None：菜单项不显示；　　　　　1-Left：菜单项左显示；

2-Middle：菜单项中显示；　　　　3-Right：菜单项右显示。

（7）"复选"（相对于 Checked 属性）复选框：用来设置菜单是否带有复选标记。选中该复选框后，相应的菜单项的左边将带有复选标记，即该菜单项所代表的功能为打开状态。菜单标题的"复选"复选框不能设置为有效。

（8）"有效"（相对于 Enabled 属性）复选框：用来设置菜单项是否有效。无效时呈灰色。

（9）"可见"（相对于 Visible 属性）复选框：用来设置菜单是否显示在屏幕上。

（10）"显示窗口列表"（Windowlist）复选框：用来设置在多文档应用程序的菜单中是否包含一个已打开的各个文档的列表。菜单中将显示一个已打开的各个文档的列表，每个文档对应一个窗口，带有对钩标记的文档为当前文档。

> 对于某一特定窗体，只能有一个菜单的"显示窗口列表"复选框可被选中。

（11）"菜单显示区域"列表框：它位于"菜单编辑器"对话框的最下边，用于显示各菜单标题和菜单选项的分级列表。菜单标题和菜单选项的缩进指明各菜单标题和菜单选项的分级位置或等级，如图 8-2-2 所示。

（12）"左箭头"按钮 ← ：单击该按钮可将菜单列表中选定的菜单标题或菜单选项向左移一个子菜单等级，即成为上一级菜单。

（13）"右箭头"按钮 → ：单击该按钮可将菜单列表中选定的菜单标题或菜单选项向右移一个子菜单等级，即成为下一级菜单。

（14）"上箭头"按钮 ↑ ：单击该按钮可将菜单列表中选定的菜单标题或菜单选项在同级菜单内向上移动一个显示位置。

（15）"下箭头"按钮 ↓ ：单击该按钮可将菜单列表中选定的菜单标题或菜单选项在同级菜单内向下移动一个显示位置。

（16）"下一个"按钮：单击该按钮可将菜单列表中选定的标记下移一行，即选定下一个菜单标题或菜单选项，以便进行设定。单击某个菜单标题或菜单选项，也可直接选中它们。

（17）"插入"按钮：单击它，可在菜单列表中的当前选定行上方插入一行。

（18）"删除"按钮：单击它，可删除菜单列表中当前选定的一行。

单击"确定"按钮后即可完成菜单的设计，退出"菜单编辑器"对话框，回到程序设计状态。此时单击一个菜单标题可以弹出其下一级菜单，单击一个菜单命令，即可打开菜单单击事件的代码窗口，而不是执行菜单单击事件所对应的代码。

3. 菜单控件数组

（1）菜单控件数组的特点：菜单实质上是一个控件，所以它也可以组成控件数组。菜单控件数组由一系列的菜单控件组成，各个菜单控件必须属于同一个菜单，它们的"名称"属性必须相同，都是该菜单控件数组的数组名；这些菜单控件的 Index（索引）属性值必须设置，而且互不相同，Index 属性值确定了该菜单控件在菜单控件数组中的位置。各控件的其他属性可以互不相同。它们共同使用相同的事件过程，因此使用菜单控件数组可以简化程序。

（2）创建菜单控件数组：在使用"菜单编辑器"对话框创建各菜单选项时，使同是一个菜单控件数组中的各个菜单选项（同一缩进级上的菜单控件）具有相同的名称，即"名称"文本框中的菜单名称应一样。

在同一缩进级上的各菜单选项的"索引"文本框中，输入不同的数字，即给菜单选项的 Index 属性赋予不同的数值（可以从 0 开始），后续的各菜单选项的"索引"文本框取值一般应依次递增。

　　菜单控件数组的各菜单选项（即数组元素）在菜单控件的菜单显示区域中必须处在同一缩进级上；菜单控件数组的各元素的"名称"文本框的内容必须完全相同；创建菜单控件数组时，要把相应的分隔线也定义为菜单控件数组的元素。

　　（3）菜单事件：菜单只能响应鼠标单击（Click）事件，当菜单控件数组的某个菜单控件响应 Click 事件时，VB 会将该菜单控件的 Index 属性值作为一个附加的参数传递给事件过程。事件过程必须包含有判定 Index 属性值的程序，以便能够判断选中的是哪个菜单控件。

　　4. 动态改变菜单

　　（1）动态设置菜单控件有效或无效：每个菜单控件都具有 Enabled 属性，设置菜单控件的 Enabled 属性值为 True，则表示菜单控件有效；设置菜单控件的 Enabled 属性值为 False，则表示菜单控件无效。在设计时，通过"菜单编辑器"对话框中的"有效"复选框可以设置菜单 Enabled 属性的初值。

　　（2）动态设置菜单控件可见或不可见：每个菜单控件都具有 Visible 属性，设置菜单控件的 Visible 属性值为 True，则表示菜单控件可见；设置菜单控件的 Visible 属性值为 False，则表示菜单控件不可见。在设计时，通过"菜单编辑器"对话框中的"可见"复选框可以设置菜单 Visible 属性的初值。

　　（3）动态添加或删除菜单控件：如果要在程序运行时动态地创建或删除一个新的菜单选项（即菜单控件），应注意以下几点。

　　◎ 必须保证所建立的新菜单控件是菜单控件数组中的一个元素。

　　◎ 在程序中，使用"Load 菜单控件数组名称 (Index)"语句，在菜单控件数组中创建一个新的菜单控件元素；每次创建一个新的菜单控件时，菜单控件的 Index 取值都要依次递增。

　　◎ 在程序中，将新创建的菜单控件元素的 Caption 属性取值赋值为新菜单选项的名称。

　　◎ 在程序中，将新创建的菜单控件的 Visible 属性值设置为 True，使它在菜单中显示出来。也可以使用 Show 方法将新创建的菜单控件在菜单中显示出来。

　　◎ 在程序中，使用 Hide 方法或者将菜单控件的 Visible 属性值设置为 False，可以隐藏动态创建的菜单控件。如果要从内存中删除一个菜单控件数组中的菜单控件，可以使用"Unload 菜单控件名称 (Index)"语句。但是不可以删除设计时创建的菜单控件。

　　（4）动态设置菜单控件的复选标志：在程序运行时可以通过选取菜单选项，使其左边带有复选标记显示或消失。这可以通过动态设置菜单控件的 Checkd 属性值来实现。Checked 属性值为 True 时，该菜单选项左边会自动显示一个复选标记 (对钩)；Checked 属性值为 False 时，该菜单选项左边将自动取消复选标记。

　　5. 弹出式菜单

　　弹出式菜单（也称快捷菜单）是显示在窗体上的快捷菜单，其显示位置不受菜单栏的约束，可以自由定义。在 Windows 和大部分 Windows 的应用程序中，可以通过右击鼠标来弹出这种菜单。弹出式菜单中所显示的菜单命令由右击鼠标时鼠标指针所处的位置来决定，这些菜单命令的功能都是与该位置有关的。

　　要设计弹出式菜单，可以先利用菜单编辑器设计一个普通的菜单，然后在程序中，使用 PopupMenu 方法。如果要使弹出式菜单不在菜单栏中出现,应该使"菜单编辑器"对话框的"可见"复选框没被选中，即菜单的 Visible 属性设置为 False。PopupMenu 方法的语法格式及功能介绍如下：

【格式】 [对象 .]PopupMenu 菜单名字 [，flags][，X][，Y][，boldcommand]

【功能】 在 MDI 窗体或窗体对象上的当前鼠标的位置或指定的坐标位置显示弹出式菜单。

【说明】

（1）"菜单名字"：就是弹出式菜单的名称。

（2）X、Y 参数：给出了弹出式菜单相对于窗体的横坐标和纵坐标。如果省略它们，则弹出式菜单显示在鼠标指针当前所在的位置。

（3）flags 参数：在 PopupMenu 方法中，通过 flags 参数可以详细地定义弹出式菜单的显示位置与显示条件。该参数由位置常数和行为常数组成，位置常数指出弹出式菜单的显示位置，行为常数指出弹出式菜单的显示条件。flags 参数的位置常数的取值及含义如表 8-2-1 所示，行为常数的取值及含义如表 8-2-2 所示。

表8-2-1　flags参数的位置常数的取值及含义

值	常　　量	含　　义
0	vbPopupMenuLeftAlign	设置 X 所定义的位置为该弹出式菜单的左边界，默认值
4	vbPopupMenuCenterAlign	给出 X 所定义的位置为该弹出式菜单的中心
8	vbPopupMenuRightAlign	给出 X 所定义的位置为该弹出式菜单的右边界

表8-2-2　flags参数的行为常数的取值及含义

值	常　　量	含　　义
0	vbPopupMenuLeftButton	设置只有单击鼠标左键时才显示弹出式菜单
2	vbPopupMenuRightButton	设置单击鼠标左键或右键都可以显示弹出式菜单

选择一个位置常数和一个行为常数，中间用"Or"连接，即可为 flags 参数指定一个取值。

（4）boldcommand 参数：用来指定在弹出式菜单中以粗体显示的菜单选项的名称。当省略它时，菜单中没有以粗体显示的菜单选项。菜单中只能有一个粗体字显示的菜单选项。

（5）当通过 PopupMenu 方法显示出一个弹出式菜单时，只有在选取该弹出式菜单中的一个选项或者取消该菜单以后，Visual Basic 才会执行含有 PopupMenu 方法的语句之后的程序。

（6）可以通过 MouseUp 或者 MouseDown 事件来检测何时右击了鼠标。

8.2.2　工具栏控件

1. 使用工具栏控件

工具栏由许多工具按钮组成，它提供了对应用程序中常用菜单命令的快速访问方式。在 VB 6.0 中，可以用手工方式制作出很好的工具栏。在 VB 6.0 的专业版或企业版中，还可以使用工具箱中的工具栏（ToolBar）控件■和图像列表 (ImageList) 控件■来创建工具栏。由于 ToolBar（工具栏）控件■不属于标准控件，要使用工具栏控件需要预先加载，方法如下：

（1）单击"工程"→"部件"菜单命令，调出"部件"对话框。在其"控件"选项卡中选中"Microsoft Windows Common Controls 6.0（SP6）"复选框，然后单击"确定"按钮，工具栏控件和另外一些控件将被加入到工具箱中。其文件的路径和文件名是"C:\WINDOWS\system32\MSCOMCTL.OCX"。

（2）双击工具箱中的 ToolBar（工具栏）控件■，工具栏会自动加入窗体的顶部。如果要把工具栏放置在其他位置，可在"属性"窗口中改变工具栏的 Align 属性。Align 属性的功能是：返回或设置一个值，确定对象是否可在窗体任意位置上，以任意大小显示，或者是显示在窗体的顶端、底端、左边或右边，而且自动改变大小以适合窗体的宽度。该属性可在设计时或在程序中使用。工具栏的 Align 属性值及其含义如表 8-2-3 所示。

表8-2-3　工具栏的Align属性值及其含义

常　数	值	描　　述
vbAlignNone	0	不对齐，在设计时或在程序中可以确定大小和位置。它是窗体（即非 MDI 窗体）的默认值。如果对象在 MDI 窗体上，则忽略该设置值
vbAlignTop	1	对象显示在窗体的顶部，其宽度等于窗体的 ScaleWidth 属性设置值。它是 MDI 窗体的默认值
vbAlignBottom	2	与窗口工作空间底部对齐，其宽度等于窗体的 ScaleWidth 属性值，可自动改变对象大小以适合窗体的宽度
vbAlignLeft	3	与窗口工作空间左边对齐，其宽度等于窗体的 ScaleWidth 属性值
vbAlignRight	4	与窗口工作空间右边对齐，其宽度等于窗体的 ScaleWidth 属性值

（3）在窗体的工具栏上右击，弹出一个快捷菜单，单击该菜单中的"属性"菜单命令，即可弹出工具栏的"属性页"对话框，如图 8-2-3（a）所示。在该对话框中可以对工具栏的一些非常规属性进行设置。选择工具栏"属性页"对话框中的"按钮"选项卡，单击该对话框中的"插入按钮"按钮，"属性页"对话框如图 8-2-3（b）所示。

（4）在工具栏中加入工具按钮：在"属性页"（按钮）对话框中，有"插入按钮"和"删除按钮"两个按钮，它们分别用于在工具栏中添加和删除按钮。工具栏控件的所有按钮构成一个按钮集合，名称为 Buttons。在工具栏中添加和删除按钮实际上是对工具栏控件的 Buttons 集合进行添加和删除元素的操作。通过 Buttons 集合可以访问工具栏中的各个按钮。

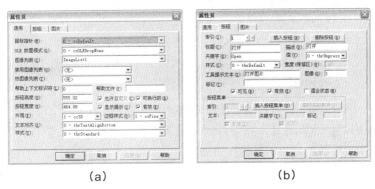

（a）　　　　　　　　　　　（b）

图8-2-3　"属性页"对话框

2.　"属性页"（按钮）对话框的使用

（1）"索引"（对应 Index 属性）文本框：取值为整型，是 Buttons 按钮集合的下标值，相当于按钮的序号。单击文本框右边的箭头按钮，可依次选择按钮集合中的按钮。

（2）"标题"（对应 Caption 属性）文本框：用来设置或返回按钮的标题

（3）"关键字"（对应 Key 属性）文本框：取值为字符型，类似于对象的名字。该属性是可选项，其值可以为空。在程序中设置 Key 属性时，其字符串值必须用双引号括起来。Index 和 Key 属性是与工具栏中的按钮一一对应的标识，用于通过集合 Buttons 来访问工具栏中的按钮。

（4）"工具提示文本"（对应 ToolTipText 属性）文本框：返回或设置按钮提示信息。其内输入提示信息。程序运行中，将鼠标指针移到按钮之上时，会显示该文本框中的文字信息。

（5）"描述"（对应 Description 属性）文本框：返回或设置按钮的描述信息，其取值为字符型。如果按钮设置了该属性，则在程序运行时，双击工具栏，可以弹出"自定义工具栏"对话框，如图 8-2-4 所示。

图8-2-4　"自定义工具栏"对话框

该对话框会显示出所有按钮的描述内容，可以调整按钮的相对位置，还可以重新设置按钮和删除按钮，以及加入分隔符等。

（6）"样式"（对应 Style 属性）下拉列表框：用来设置按钮的样式。其取值共有以下 6 种选择。

◎ 0-tbrDefault：一般按钮。如果按钮所代表的功能不依赖于其他功能，可选择它。

◎ 1-tbrCheck：开关按钮。当按钮具有开关类型时，可使用该样式。

◎ 2-tbrButtonGroup：编组按钮。它可以将按钮进行分组，属于同一组的编组按钮相邻排列。当一组按钮的功能相互排斥时，可以使用该样式。编组按钮同时也是开关按钮，即同一组的按钮中只允许一个按钮处于按下状态，但所有按钮可以同时处于抬起状态。

◎ 3-tbrSeparator：分隔按钮。分隔按钮只是创建一个宽度为 8 个像素的按钮，此外没有任何功能。分隔按钮不在工具栏中显示，而只是用来把它左右的按钮分隔开来，或者用来封闭 ButtonGroup 样式的按钮。工具栏中的按钮本来是无间隔排列的，使用分隔按钮可以让同类或同组的按钮并列排放而与邻近的组分开。

◎ 4-tbrPlaceholder：占位按钮。占位按钮也不在工具栏中显示。占位按钮在工具栏中占据一定位置，以便显示其他控件。占位按钮是唯一支持宽度 (Width) 属性的按钮。

◎ 5-tbr Dropdown：下拉按钮。单击它可以下拉一个菜单。

（7）"值"（对应 Value 属性）下拉列表框：返回或设置按钮的按下和放开状态。该属性一般用来对开关按钮和编组按钮的初态进行设置。它的取值有两种：0-tbrunpressed 表示放开状态，1-tbrpressed 表示按下状态。

（8）"宽度"（对应 Width 属性）文本框：设置占位按钮的宽度。其取值为数值类型。

（9）"图像"（对应 Image 属性）文本框：输入加载到按钮上的图像的索引号。

3．为工具按钮加载图像

在工具栏中加入按钮后，就可以为每个按钮加载图像了。因为工具栏按钮没有 Picture 属性，所以只能借助于图像列表 (ImageList) 控件 来给工具栏按钮加载图像。图像列表控件在 VB 6.0 企业版的工具箱中可以找到。为工具栏按钮加载图像的步骤如下：

（1）双击工具箱中的图像列表（ImageList）控件 ，该控件将被自动加入窗体中。

（2）在 ImageList 控件对象中加入图像：将鼠标指针移到图像列表控件对象之上，右击鼠标，弹出一个快捷菜单，单击该菜单中的"属性"命令，弹出图像列表控件的"属性页"对话框。单击该对话框中的"图像"选项卡，此时的"属性页"对话框如图 8-2-5 所示（其中的图像是后来加载的）。

在该对话框中，可以为图像列表控件（ImageList）图像库加入图像，还可以为每个图像设置关键字属性。单击"插入图片"按钮，弹出"选择图片"对话框，利用该对话框可选定一个或多个图像文件。

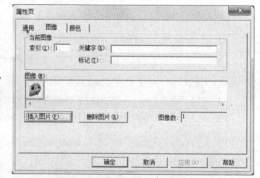

图8-2-5 "属性页"对话框

单击"打开"按钮后即可将选定的图像加载到图像列表控件的图像库中。单击选中"属性页"对话框中加载的图像，再单击"删除图片"按钮，即可将选中的图像从图像列表控件图像库中删除。注意要在"索引"文本框中给每个图像输入一个索引号。

图像列表控件（ImageList）允许插入位图文件、GIF 和 JEPG 图像文件，以及图标文件。

（3）建立工具栏和图像列表控件的关联：首先打开工具栏的"属性页"对话框，然后选择"通用"选项卡，单击选中"图像列表"下拉式列表框中的一个图像列表控件（ImageList）名称（例如，ImageList1）。然后，单击"确定"按钮，即可建立工具栏与图像列表控件 ImageList1 的关联。

（4）从图像列表控件（ImageList）的图像库中选择图像载入工具栏按钮：当工具栏与图像列表控件建立了关联后，就可以在工具栏的"属性页"（按钮）对话框中选择各个按钮，再在"图像"文本框中输入图像列表控件（ImageList）图像库里某个图片的索引值，即可将相应的图片载入该按钮。

4. 工具栏的常用属性

（1）ImageList 属性：用来设置与工具栏相关联的图像列表控件（ImageList）对象。

要使用该属性，必须先将 ImageList 控件放在窗体上，并通过工具栏控件的"属性页"对话框来设置 ImageList 属性。

（2）AllowCustomize 属性：用来设置是否允许在程序运行时对 Toolbar 的内容进行裁剪。其取值为布尔型，默认值为 True，表示允许对工具栏的内容进行裁剪。

（3）ShowTips 属性：决定程序运行过程中，当鼠标指针移到工具栏按钮上时，是否显示该按钮的提示信息（提示内容在 ToolTipText 属性中设置）。其取值为布尔型，默认设置为 True，表示当鼠标指针移到工具栏按钮上时，显示相应的提示信息。

5. 工具栏的常用方法

工具栏中的按钮作为一个 Buttons 集合的对象供程序访问，可使用的几个常用方法如下：

1）Add 方法

【格式】对象名称 .Buttons.Add([index][,key][,caption][,style][,image])

【功能】给"对象名称"指定的工具栏控件对象添加 Button 对象，即增加一个按钮。

【说明】使用该方法添加 Button 对象时，如果省略了某些参数，各参数间的逗号不能省略。

◎ index 参数：用来指定新增按钮的索引值，其取值为整型。该索引值也决定了按钮在工具栏中的位置。默认情况下，将新增按钮添加到 Buttons 集合的最后边。

◎ key 参数：用来指定新增按钮的关键字，其取值为字符型。

◎ caption 参数：用来指定新增按钮的标题，其取值为字符型。

◎ style 参数：用来指定新增按钮的 style 属性，其取值为整型，合法取值有 6 个，参看本章前面的内容。它的默认值为 0。

◎ image 参数：用来指定为新增按钮载入的图像，指定的图像必须存在于与该工具栏相关联的图像列表控件（ImageList）对象的图像库中。其取值可以是整型，与 ImageList 图像库中某个图像的索引值 Index 相对应；也可以是字符型，应与图像的关键字 key 取值相对应。例如：

```
Dim Button1 As Button
Set Button1 =Toolbarl.Buttons.Add(6,"SAVE","保存","SAVE")
```

其中，通过 Add 方法在 Toolbarl 工具栏中添加了一个 Button 对象（即按钮对象）。该按钮的 index(索引值) 值为 6，key（关键字）值为"SAVE"，Caption（标题）值为"保存"，style 属性值为默认值 0，image（图像）值与图片的关键字 key 的值相对应，为"SAVE"。

2）Remove 方法

【格式】对象名称 .Buttons.Remove(index) 或 对象名称 .Buttons.Remove(key)

【功能】删除"对象名称"指定的工具栏（Toolbarl）控件对象的一个按钮。

【说明】index 和 key 两个参数的含义与 Add 方法中的相应参数一样。

例如：

```
Toolbarl.Buttons.Remove(6)
```

或

```
Toolbarl.Buttons.Remove("Print")
```

3）Clear 方法

【格式】**对象名称**.Buttons.Clear

【功能】删除"对象名称"参数指定的工具栏（Toolbarl）控件对象中的所有按钮。

8.2.3 状态栏

状态栏也是 Windows 应用程序的一个特征，用来显示程序的运行状态及其他信息，可以用状态栏（StatusBar）控件 来创建状态栏。

1. 调出状态栏控件的"属性页"对话框

（1）按照前面所述方法将"**Microsoft Windows Common Contrls 6.0**"控件组添加到工具箱中，或进入 VB 6.0 企业版的工作环境窗口。然后双击工具箱中的状态栏（StatusBar）控件图标 ，即可在窗体底部显示出如图 8-2-6 所示的状态栏。

（2）右击窗体内的状态栏，弹出其快捷菜单，再单击该菜单中的"属性"命令，弹出状态栏的"属性页"对话框，选中"窗格"选项卡，此时的状态栏的"属性页"（窗格）对话框如图 8-2-7 所示。在"属性页"对话框中可以设置状态栏的主要属性。

图8-2-6 窗体中的状态栏　　图8-2-7 状态栏的"属性页"（窗格）对话框

2. 状态栏的"属性页"（窗格）对话框的设置

（1）"索引"（Index）和"关键字"（Key）文本框：它们的作用与工具栏相应选项的作用基本一样，用来标识状态栏中不同的窗格 (Panel)。

（2）"文本" (Text) 文本框：可设置在窗格中需要显示的信息。

（3）"工具提示文本"（ToolTipTextn）文本框：返回或设置窗格中的提示信息。

（4）"插入窗格"按钮：单击它，可以在状态栏中添加新的窗格。

（5）"样式"（Style）下拉列表框：用来设置状态栏中显示信息的数据类型。它的取值及含义如表 8-2-4 所示。

表8-2-4　状态栏的Style属性值及其含义

Style 的值	含 义
0-SbrText	文本和 (或) 位图。用 Text 属性设置文本（默认）
1-SbrCaps	显示大小写控制键的状态

续表

Style 的值	含　义
2-SbrNum	显示数字控制键的状态
3-SbrIns	显示插入键的状态
5-SbrTime	显示当前时间
6-SbrDate	显示当前日期

（6）"浏览"按钮：单击它，弹出"选定图片"对话框，在该对话框中选择需要的图像文件，即可将指定的图像添加到指定的窗格中。

（7）其他：可通过斜面（Bevel）、自动调整大小（AutoSize）和对齐（Alignment）等属性来设置状态栏中每个窗格的外观。属性取值及其含义如表 8-2-5、表 8-2-6 和表 8-2-7 所示。

表8-2-5　状态栏的Bevel属性值及其含义

Bevel 的值	含　义
0-SbrNoBevel	窗格不显示斜面，这样文本就像显示在状态条上一样
1-SbrInset	窗格显示凹进样式
2-SbrRaised	窗格显示凸起样式

表8-2-6　状态栏的AutoSize属性值及其含义

AutoSixe 的值	含　义
0-SbrNoAutoSize	不能自动改变大小，该窗格的宽度始终由 width 属性指定
1-SbrSphn9	当父窗体大小改变，产生了多余的空间时，所有具有该设置的窗格均分空间，并相应地变大。但宽度不会小于 Minwidth 属性指定的宽度
2-SbrContens	窗格的宽度与其内容自动匹配

表8-2-7　状态栏的Alignment属性值及其含义

Alignment 的值	含　义
0-SbrLeft	文本在位图的右侧，以左对齐方式显示
1-SbrCenter	文本在位图的右侧，以居中方式显示
2-SbrRight	文本在位图的左侧，以右对齐方式显示

案例52 使用菜单调出程序

"使用菜单调出程序"程序运行后的画面如图 8-2-8（a）所示。单击"不同窗体"菜单标题下的"窗体 1"等菜单命令或按 Ctrl+A 键，均可以调出"随机上升的热气球"程序的窗体。单击"不同窗体"菜单标题下的"窗体 2"等菜单命令，可以调出"电子词典"程序的窗体。单击"退出"菜单命令，可以退出程序的运行。单击"外部程序"菜单标题下的"记事本"或"画图"菜单命令，可以调出相应的应用程序，并打开相应的文件。这些菜单命令均有对应的快捷键。该程序的设计方法如下：

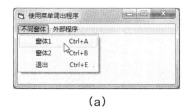
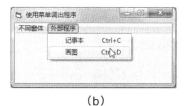

（a）　　　　　　　　　　　　　（b）

图8-2-8　"使用菜单调出程序"程序运行后的2幅画面

（1）新建一个工程"工程 1.vbp"文件，单击选中窗体，再单击"工具"→"菜单编辑器"

菜单命令。调出"菜单编辑器"对话框，如图8-2-9所示。其中各级菜单的标题与名称内容一样。利用"菜单编辑器"对话框中的"快捷键"下拉列表框设置菜单命令的快捷菜单。

图8-2-9 "菜单编辑器"对话框

（2）在"工程 – 工程1"工程资源管理器中，双击"Form1 (Form1.frm)"图标，将该工程的窗体打开。然后，修改窗体的"名称"属性值为"Form3"。

（3）单击"文件"→"Form1.frm 另存为"菜单命令，调出"文件另存为"对话框。将打开的窗体文件以名称"Form3. frm"另保存到【案例52】使用菜单调出程序"文件夹中。

（4）单击"工程"→"添加窗体"菜单命令，调出"添加窗体"对话框。单击该对话框的"现存"选项卡，选择"【案例29】电子词典"文件夹内的窗体文件"Form1.frm"，单击"打开"按钮将该窗体加载到当前的工程中。

（5）按照上述第（2）、（3）操作步骤，修改窗体的名称为"Form2.frm"，将窗体文件以名称"Form2.frm"保存在"【案例52】使用菜单调出程序"文件夹内。

（6）单击"工程"→"添加窗体"菜单命令，调出"添加窗体"对话框。单击该对话框的"现存"选项卡，选择"【案例36】随机上升的热气球"文件夹内的窗体文件"Form1.frm"，单击"打开"按钮，将该窗体文件打开，加载到当前的工程中。然后，将窗体文件以名称"Form1.frm"保存在"【案例52】使用菜单调出程序"文件夹内。

（7）在Form3的"代码"窗口中输入如下代码程序。

```
Private Sub 窗体1_Click()
    Form1.Show                '显示Form1窗体，即使它为活动窗体
End Sub
Private Sub 窗体2_Click()
    Form2.Show                '显示Form2窗体，即使它为活动窗体
End Sub
Private Sub 画图_Click()
    N = Shell("mspaint.exe" + " " + "C:\Users\Gracie\Desktop\VB6(2012)\
    VB6程序集\【案例52】使用菜单调出程序\1.jpg", 1)
End Sub
Private Sub 记事本_Click()
    N = Shell("NOTEPAD.exe" + " " + "C:\Users\Gracie\Desktop\VB6(2012)\
    VB6程序集\【案例52】使用菜单调出程序\1.TXT", 1)
End Sub
Private Sub 退出_Click()
    End
End Sub
```

案例53 模拟看图软件2

设计"模拟看图软件2"程序，该程序是一个可以用于图像文件浏览、放大和缩小的程序。"模拟看图软件2"程序运行后的画面如图8-2-10（a）所示，在下边的状态栏中左起第3、4栏内会分别显示当前时间和日期。单击上边工具栏内的"打开"按钮，可调出一个"打开"对话框，利用该对话框可以弹出1幅图像，同时在状态栏左起第1栏内会显示导入图像的路径和文件名

称,如图 8-2-10（b）所示（图像还没有放大）。单击上边工具栏内的"放大"按钮,图像会放大,同时在状态栏左起第 2 栏内会显示"放大"文字。单击上边工具栏内的其他按钮,可以完成其他的相应操作,同时在状态栏左起第 2 栏内会显示相应的提示文字。当图像大于图像框时,拖曳垂直和水平滚动条滑槽内的滑块,可以调整图像框内图像的相对位置。拖曳调整窗体的大小时,其中的图像、滚动条、工具栏和状态栏也会随之变化。该程序的设计方法如下:

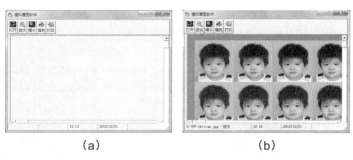

（a）　　　　　　　　　　（b）

图8-2-10　"模拟看图软件2"程序运行后的1幅画面

（1）新建一个"标准 .EXE"工程。按本节前面所述在窗体的上边创建一个工具栏控件对象,名称为 Toolbar1；在窗体的下边创建一个状态栏控件对象,名称为 StatusBar1。工具栏的下边添加一个图片框（PictureBox）控件对象,名称为 Picture1；在该控件对象内部添加一个水平滚动条控件对象,名称为 HScroll1；一个垂直滚动条控件对象,名称为 VScroll1；一个图像框（Image）控件对象,名称为 Image1。

　　滚动条和 Image 控件对象必须放置在 PictureBox 控件内。

（2）在窗体内添加一个通用对话框控件对象,名称为 CommonDialog1,用于打开图像文件。在窗体内添加一个图像列表（ImageList）控件对象,名称为 ImageList1,它应放置在工具栏控件对象 Toolbar1 内部。完成设计后的窗体如图 8-2-11 所示。

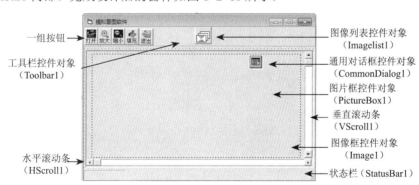

图8-2-11　窗体设计效果

（3）在 ImageList1 控件对象的"属性页"（图像）对话框内,设置 5 幅用于按钮的小图像,如图 8-2-11 所示。同时设置 6 幅按钮图像的索引号分别为 1 ～ 5。

（4）在工具栏控件对象的"属性页"（通用）对话框内,设置"图像列表"下拉列表框中的选项为 ImageList1,建立工具栏控件对象与 ImageList1 控件对象的连接。

（5）利用"属性页"（按钮）对话框设置 5 个按钮的图像，索引号 1 ~ 5，并与按钮图像连接，即索引号与图像一一对应；设置相应的关键字，分别为 Open（打开）、ZoomIn（放大）、ZoomOut（缩小）、Fill（填充）、Print（打印）和 Quit（退出）；设置相应的按钮提示信息等。

（6）在"代码"窗口中输入如下程序代码。

```vb
Private Sub Form_Load()
        Rem 设置"打开"对话框过滤器
        CommonDialog1.Filter = "JPG图像|*.jpg|BMP图像|*.bmp|GIF图像|*.gif|全部文件|*.*"
        Rem 初始化滚动条
        VScroll1.Max = 100: VScroll1.LargeChange = 10: VScroll1.SmallChange = 2
        HScroll1.Max = 100: HScroll1.LargeChange = 10: HScroll1.SmallChange = 2
        Rem 初始化状态栏
        StatusBar1.Panels.Add (1)                       '添加状态栏第1个窗格
        StatusBar1.Panels(1).AutoSize = sbrContents     '设置窗格大小为自动
        StatusBar1.Panels.Add (2)                       '添加状态栏第2个窗格
        StatusBar1.Panels.Add (3)                       '添加状态栏第3个窗格
        StatusBar1.Panels.Add (4)                       '添加状态栏第4个窗格
        StatusBar1.Panels(3).Style = sbrTime            '在索引为3的窗格上显示时间
        StatusBar1.Panels(4).Style = sbrDate            '在索引为4的窗格上显示日期
        StatusBar1.Panels(3).Alignment = sbrLeft        '窗格显示内容左对齐
        StatusBar1.Panels(3).Alignment = sbrLeft        '窗格显示内容左对齐
        Image1.Stretch = True     'Image控件内图形大小为可适应控件
End Sub
Rem  水平滚动条变化时产生事件，移动图片
Private Sub HScroll1_Change()
    Image1.Left = -HScroll1.Value / HScroll1.Max * Image1.Width
End Sub
Rem  垂直滚动条变化时产生事件，移动图片
Private Sub VScroll1_Change()
        Image1.Top = -VScroll1.Value / VScroll1.Max * Image1.Height
End Sub
Rem 当窗体改变大小时产生事件，调整图片框、滚动条和图像框
Private Sub Form_Resize()
        Rem 当窗体大小改变时，改变PictureBox控件大小
        Picture1.Top = Toolbar1.Height
        Picture1.Left = 100
        Picture1.Height = Me.Height - 1500
        Picture1.Width = Me.Width - 320
        Rem 改变垂直滚动条控件大小
        VScroll1.Top = 0
        VScroll1.Left = Picture1.Width - 320
        VScroll1.Width = 260
        VScroll1.Height = Picture1.Height
        Rem 改变水平滚动条控件大小
        HScroll1.Top = Picture1.Height - 300
        HScroll1.Left = 0
```

```
        HScroll1.Width = Picture1.Width - 360
        HScroll1.Height = 260
        Rem 改变Image控件大小
        Image1.Top = 0: Image1.Left = 0
        Image1.Width = Picture1.Width - 280
        Image1.Height = Picture1.Height - 280
    End Sub
Rem   单击工具栏按钮时产生事件
Private Sub Toolbar1_ButtonClick(ByVal Button As MSComctlLib.Button)
    Select Case Button.Key                        '判断单击的是哪一个按钮
        Case "Open"                               '单击"打开"按钮
            CommonDialog1.ShowOpen
            Image1.Picture = LoadPicture(CommonDialog1.FileName) '载入图片
            StatusBar1.Panels(1).Text = CommonDialog1.FileName
                                                  '设置状态栏窗格文本(左起第1个)
        Case "ZoomIn"                             '单击"放大"按钮
            Image1.Width = Image1.Width * 1.1     '放人Image1的宽度
            Image1.Height = Image1.Height * 1.1   '放大Image1的高度
            StatusBar1.Panels(2).Text = "放大"    '设置状态栏窗格文本(左起第2个)
        Case "ZoomOut"                            '单击"缩小"按钮
            Image1.Width = Image1.Width / 1.1     '缩小Image1的宽度
            Image1.Height = Image1.Height / 1.1   '缩小Image1的高度
            StatusBar1.Panels(2).Text = "缩小"    '设置状态栏窗格文本(左起第2个)
        Case "Fill"                               '单击"填充"按钮
            Image1.Height = Picture1.Height - 280
            Image1.Width = Picture1.Width - 280
            Image1.Top = 0
            Image1.Left = 0
            StatusBar1.Panels(2).Text = "填充"    '设置状态栏窗格文本(左起第2个)
        Case "Quit"
            End
    End Select
End Sub
```

思考与练习8-2

1. 填空题

（1）在建立菜单时，如果在"菜单编辑器"对话框的"标题"文本框中输入一个_____，则运行程序后菜单中会显示一条水平分隔线；输入一个_____符号，表示选择该菜单选项将弹出一个对话框；在字母前输入一个_____符号，该字母就成了热键字母。

（2）工具栏控件的英文名称是_____，图像列表控件的英文名称是_____，状态栏控件的英文名称是_____。

（3）菜单实质上是一个_____，所以它也可以组成_____。

（4）要设计弹出式菜单，可以先利用菜单编辑器设计一个普通的菜单，然后在程序中，使用_____。

（5）ToolBar（工具栏）控件▦不属于_____，使用工具栏控件可采用_____种方法。

（6）"属性页"（按钮）对话框内的"图像"文本框对应_____属性，其内的数值应该与按钮上图像的_____一样。

（7）工具栏的 ImageList 属性是用来设置与工具栏相关联的_____对象。

2. 操作题

（1）设计一个"菜单调外部程序 1"程序，该程序运行后的 2 幅画面如图 8-2-12 所示。单击"游戏"菜单标题下的"游戏 1"等菜单命令或按相应的快捷键，可调出相应的游戏程序。单击"工具"菜单标题下的 "记事本"、"画图" 或 "WORD XP" 菜单命令，可调出相应的程序。单击 "退出" 菜单命令或按 Alt+Q 键，可退出程序的运行。按 Alt+Y 键，可下拉出 "游戏" 菜单下的子菜单；按 Alt+G 键，可下拉出 "工具" 菜单的子菜单。

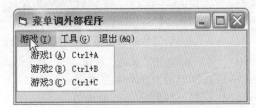 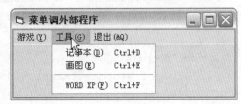

图8-2-12　"菜单调外部程序1"程序运行后的2幅画面

（2）在菜单栏内创建一个名称为"工具与游戏"菜单标题，它的子菜单是"工具"和"游戏"，"工具"菜单下又有"记事本"、"Photoshop CS3"和"Visual Basic 6.0"菜单选项，"游戏"菜单下又有"游戏 1"和"游戏 2"菜单选项。单击菜单命令后，会执行相应的应用程序。

（3）"菜单调外部程序 2"程序运行后的画面如图 8-2-13(a)所示。将鼠标指针移到窗体之上，右击鼠标，即可弹出一个快捷菜单，如图 8-2-13（a）所示。单击其中的菜单命令，可使菜单栏中隐藏的菜单标题显示出来，使无效的菜单标题和菜单选项变为有效。例如：单击快捷菜单中的"使 [退出] 菜单标题显示"菜单命令后，窗体如图 8-2-13（b）所示。

（4）创建一个窗体的快捷菜单，菜单内有第 1 题中提到的所有菜单命令。

（5）使第 2 题菜单中的"游戏"子菜单一开始是不可见的，执行"记事本"、"Photoshop CS3"和"Visual Basic 6.0"中的任意一个菜单命令后它才变为可见。

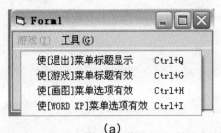 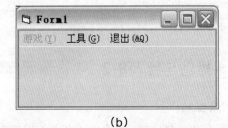

(a)　　　　　　　　　　　　　　　　(b)

图8-2-13　"菜单调外部程序2"程序运行后的2幅画面

（6）创建一个工具条，其内有"记事本"、"画图"、"扑克牌游戏"和"扫雷游戏"4 个图标按钮，每个按钮有图像，有提示信息。单击这 4 个按钮可调出相应的程序并打开相应的文件。

（7）创建一个状态栏，它有 4 个窗格，分别用来显示当前日期、时间、大小写控制键的状态和插入键的状态。

第9章　多媒体和数据库程序设计

本章主要介绍多媒体控件的应用，以及数据库的基本概念和基本使用。

9.1　多媒体控件简介和Multimedia MCI多媒体控件

9.1.1　多媒体控件简介

1. 多媒体控件基础

多媒体控件的图标、控件名称、所在的部件名称和文件名称如表 9-1-1 所示。

表9-1-1　多媒体控件的图标、控件名称、所在的部件名称和文件名称

图　标	控件名称	所在部件名称	文件名称
	Animation	Microsoft Windows Common Controls － 2 6.0	MSCOMCT2.OCX
	ActiveMovie	Microsoft ActiveMovie Control	AMOVIE.OCX
	MMControl（也叫 Multimedia MCI）	Microsoft MultiMedia Control 8.0	MCI32.OCX
	MediaPlayer 或 Windows Media Play	Media Player 或 Windows Media Play	MSDXM.OCX

> **注　意**
>
> ActiveMovie 控件由于存在兼容性问题，在某些不同版本的操作系统下无法正确执行。MediaPlayer 控件是由 Windows 的媒体播放机（Windows MediaPlayer）所提供，并随 Windows 的版本更新而更新。

2. 寻找多媒体控件文件的方法

使用多媒体控件制作多媒体播放器程序，需要寻找要播放的多媒体文件。寻找多媒体文件的方法有以下 3 种。

（1）直接在命令中给出文件的路径和文件名称。这种方法比较简单，文件不可选择。

（2）使用通用对话框中的"打开"对话框。这种方法设计时比较方便，搜索和打开文件的对话框的形式比较规范和通用。

（3）使用驱动器列表框、目录列表框、文件列表框和组合框 4 个控件对象设计的文件管理器。这种方法使用时比较有利于浏览多媒体文件，速度快且直观。

9.1.2　Multimedia MCI多媒体控件

1. Multimedia MCI 多媒体控件特点

Multimedia MCI 多媒体控件通常也叫 MMControl 多媒体控件。它用于管理媒体控制接口（MCI）设备上的多媒体文件的录制和播放。这个控件就是一组按钮，它用来向声卡、MIDI 序列发生器、CD-ROM 驱动器、视频 VCD 播放器等设备发出 MCI 命令。

使用 Multimedia MCI 控件制作的多媒体播放器，在播放时会自动打开另一个播放窗口，只有当使用了关闭设备菜单命令 Close 时，窗口才会关闭。在用鼠标调整播放窗口大小时，播放窗口中的内容会自动随之改变，可以很方便地调整播放画面的大小。

Multimedia MCI 多媒体控件可以播放 WAV、MP3、MIDI、MOV、AVI、MPEG 和 CD 等多媒体文件，而且还可以播放带声音的 Windows 视频（AVI）文件。

在设计时，将 Multimedia MCI 控件添加到一个窗体上后，其外观是一组按钮，如图 9-1-1 所示。这些按钮类似于通常的 DVD 机上的按键，可以对这些设备进行常规的启动、播放、前进、后退和停止等操作，其按钮图标、名称和功能如表 9-1-2 所示。

图9-1-1　Multimedia MCI 控件添加到窗体上时的外观

表9-1-2　Multimedia MCI 控件按钮的图标、名称和功能

按钮图标	按钮名称	按钮功能
◄	Prev（前一个）	回到当前轨迹的起点处
►|	Next（下一个）	到下一个轨迹的起点处
►	Play（播放）	播放多媒体
‖	Pause（暂停）	使播放的多媒体暂停播放
◄	Back（向后步进）	向后退一步（对于视频动画是向后退一帧）
►	Step（向前步进）	向前进一步（对于视频动画是向前进一帧）
■	Stop（停止）	使播放的多媒体停止播放
●	Record（录制）	对多媒体进行录制
▲	Eject（弹出）	弹出光驱，退出光盘

2．Multimedia MCI 控件常用的属性

除了一些控件通用的属性、方法与事件外，Multimedia MCI 控件还具有众多的特性，限于篇幅，下面仅介绍其最常用的部分，其他未介绍部分，请参考 MSDN 文档。

（1）ButtonEnabled 属性：它决定了是否启用或禁用控件中的某个按钮，禁用按钮以淡化形式显示。当其值为 True 时，则启用指定的按钮；当其值为 False 时，不启用指定的按钮。

对于这种属性，Button 部分可以是以下任意一种：Back、Eject、Next、Pause、Play、Prev、Record、Step 或 Stop。也就是说，该属性是由 9 个属性组成的，它们分别是：BackEnabled 属性、PlayEnabled 属性、NextEnabled 属性、StopEnabled 属性等。

例如，为了禁用 Stop 按钮，可以使用的语句如下：

```
[Form.]MMControl. StopEnabled = False
```

（2）AutoEnable 属性：它决定了 Multimedia MCI 控件是否能够自动启动或关闭控件中的某个按钮。当其值为 True 时，Multimedia MCI 控件就启用指定 MCI 设备类型在当前模式下所支持的全部按钮；当其值为 False 时，不能启用或禁用按钮。这一属性还会禁用那些 MCI 设备类型在当前模式下不支持的按钮。

AutoEnable 属性可以替代 ButtonEnabled 属性。当 Enabled 和 AutoEnable 属性同时为 True 时，ButtonEnabled 属性就不起作用。

（3）ButtonVisible 属性：该属性决定是否显示控件中的某个按钮。当其值为 True 时，则显示指定的按钮；当其值为 False 时，则隐藏指定的按钮。同 ButtonEnabled 属性类似，ButtonVisible 属性中的 Button 部分也是由前述 9 个部分构成。

例如，为了隐藏 Step 按钮，可以使用的语句如下：

```
[Form.]MMControl.StepVisible= False
```

（4）DeviceType 属性：该属性用来指定要打开的 MCI 设备的类型。

Multimedia MCI 控件可以播放的媒体类型取决于所使用的计算机中所具有的 MCI 设备，在使用该控件前，需要先为其指定所使用的 MCI 设备类型，可用的类型如表 9-1-3 所示。

表9-1-3　MCI 设备所支持的类型（DeviceType属性的值）

设备类型	字 符 串	文件类型	设 备 名 称
Cdaudio	Cdaudio		音频 CD 播放器
Digital Audio Tape	Dat		数字音频磁带播放器
Digital video（notGDI-based）	DigitalVideo		窗口中的数字视频
Other	Other		未定义 MCI 设备
Overlay	Overlay		覆盖设备
Scanner	Scanner		图像扫描仪
Sequencer	Sequencer	.MID	音响设备数字接口（MIDI）序列发生器
Vcr	VCR		视频磁带录放器
AVI	AVIVideo	.AVI	视频文件
Videodisc	Videodisc		视盘播放器
Waveaudio	Waveaudio	.WAV	播放数字波形文件的音频设备
VCD	MpegvIDEO	.MPEG	播放 VCD

（5）FileName 属性：该属性用于指定要播放的多媒体文件，其值为包含文件目录和文件名称的字符串。

（6）Notify 属性：它决定了下一条 MCI 菜单命令是否使用 MCI 通知服务。如其值为 True，则 Notify 属性在下一条 MCI 菜单命令完成时，会触发一个回调事件（Done）；如其值为 False（默认值），则下一条 MCI 菜单命令完成时，不触发 Done 事件。在设计时该属性不可使用。

（7）Orientation 属性：它决定了 MMControl 控件中的按钮是水平还是垂直排列。其值为 0（mciOrientHorz）时，按钮水平排列；其值为 1（mciOrientVert）时，按钮垂直排列。

（8）Wait 属性：它决定 Multimedia MCI 控件是否要等到下一条 MCI 菜单命令完成，才能将控件返回应用程序。在设计时，该属性不可以用。

如果其值为 True，则 Multimedia MCI 控件必须等到下一个 MCI 菜单命令完成后才能将控件返回应用程序；如果其值为 False，则 Multimedia MCI 控件不需要等到 MCI 菜单命令完成就可将控件返回应用程序。赋给该属性的值只对下一条 MCI 菜单命令有效。后面的 MCI 菜单命令会一直忽略 Wait 属性，除非赋给它另外一个值。

3. Multimedia MCI 控件的常用命令

MMControl 控件的 Command 属性指定了要执行的 MCI 命令。该属性的格式及功能如下：

【格式】MMControl.Command[= "cmdstring"]

【功能】参数 cmdstring 给出了将要执行的 MCI 命令的名称：Open，Close，Play，Pause，Stop，Back，Step，Prev，Next，Seek，Record，Eject，Sound 或 Save。这些命令将被立即执行，并将错误代码存放在 Error 属性中。表 9-1-4 列出了这些命令的名称和它们所用的属性。

表9-1-4　MMControl控件的Command属性中的命令及其需要的属性

命 令	命令的含义及其属性
Open	打开一个 MCI 设备。所用属性：Notify(False)、Wait(True)、Sharable、DeviceType、FileName
Close	关闭一个 MCI 设备。所用属性：Notify(False)、Wait(True)
Play	使用 MCI 设备播放一个多媒体文件。所用属性：Notify(False)、Wait(False)、From、To
Pause	暂停 MCI 设备的播放或记录。如果在 MCI 设备已经暂停时执行这一命令，则重新开始播放或记录。所用属性：Notify(False)、Wait(True)
Stop	停止 MCI 设备的播放或记录。所用属性：Notify(False)、Wait(True)
Back	将 MCI 设备的轨道后退一步，即向后单步。所用属性：Notify(False)、Wait(True)、Frames
Step	将 MCI 设备的轨道向前一步，向前单步。所用属性：Notify(False)、Wait(True)、Frames

续表

命　令	命令的含义及其属性
Prev	回到当前轨迹的起点，即定位到当前曲目的开始处。如果在上一次执行 Prev 命令之后的 3 秒内再次执行了这一命令，则回到前一个轨道的起点处，即定位到上一个曲目的开始处。如果当前轨道是第一个，即在第一个曲目内，则回到第一个轨道的起点处，即定位到第一个曲目的开始处。所用属性：Notify(False)、Wait(True)
Next	定位到下一个轨道的起点处，即定位到下一个曲目的开始处，如果已经处在最后一个轨道，即最后一个曲目内，则定位到最后一个轨道起点处，即曲目的开始处。所用属性：Notify(False)、Wait(True)
Seek	如果没有进行播放，则搜索一个位置（位置由 To 属性给出）；如果播放正在进行，则从给定位置开始继续播放。所用属性：Notify(False)、Wait(True)、To
Record	使用 MCI 设备进行记录。所用属性：Notify(True)、Wait(False)、From、To、Recordmode(0-Insert)
Eject	将媒体弹出，即将光驱弹出。所用属性：Notify(False)、Wait(True)
Sound	播放声音。所用属性：Notify(False)、Wait(True)、FileName
Save	保存一份打开的设备文件。所用属性：Notify(False)、Wait(True)、FileName

在使用命令之前，如果没有对某个属性进行设置，那么它可以使用默认值（在属性名后面的括号中给出），也有可能不使用该属性（如果没有默认值的话）。

4. 使用 Multimedia MCI 控件时的注意事项

Multimedia MCI 控件是一个比较特殊的控件，在执行时是对计算机中的 MCI 设备进行调用以完成任务，因此在编程时需要注意以下几点。

（1）在允许用户从 Multimedia MCI 控件选取按钮之前，应用程序必须先将 MCI 设备打开（使用 Open 命令），并在 Multimedia MCI 控件上启用适当的按钮。在使用 Multimedia MCI 控件记录音频信号之前，应打开一个新的文件。这样就可以保证记录声音的数据文件格式与系统记录格式完全兼容。在关闭 MCI 设备之前，还应该发出 MCI Save 命令，把记录的数据保存到文件中去。而当程序运行结束，还要关闭 MCI 设备（使用 Close 命令）。

（2）Muldmedia 控件从本质上来说是 Win32 API 中 MCI 命令的 VB 可视化接口，如 Open、Close 等命令，在 Win32 API 的 MCI 中都有对应的 MCI_PLAY、MCI_CLOSE 等命令。

（3）要正确地管理多媒体和系统资源，就必须在退出应用程序或更换文件时，将打开的 MCI 设备关闭。可在窗体的 Form_Unload 过程中使用下面的语句，关闭打开的 MCI 设备。

```
Forml.MMConntroll.Command="Close"
```

（4）将 MMControl 控件放置到窗体内后，不管它被设置为可见的还是不可见的，第一步都是要访问 MCI 设备。为做到这一点，需要设置一些必要的属性，如下所示。

```
MMControl.Notify=False          '使Multimedia MCI控件不触发回调事件
MMControl.Wait=True             '在前一个MCI命令完成之前，控件不可用
MMControl.Shareable=False       '指定多个程序不能共享
MMControl.DeviceType="CDAudio"  '指定MCI设备的类型
```

（5）Multimedia MCI 控件可以在运行时设置成控件可见或不可见，可以增加或完全重新定义控件中按钮的功能。

（6）MCI 能在单个窗体中支持多个 Multimedia MCI 控件对象，这样就可以同时控制多台 MCI 设备。需要注意的是每台设备都需要一个独立的控件。

（7）由于 Multimedia MCI 控件不是 VB 的内部控件，在不同操作系统中的使用也不尽相同，在创建和发布使用 Multimedia MCI 控件的应用程序时，应该在用户的 Microsoft Windows System 或 System32 目录中安装并注册相应的文件。

案例54 视频播放器

设计一个"视频播放器"程序，该程序运行后的画面如图9-1-2（a）所示。单击"打开视频文件"按钮，调出"打开"对话框，利用该对话框可以选择 AVI 视频文件，单击"打开"对话框中的"打开"按钮，导入选择的视频文件。此时的播放窗体和视频播放器如图 9-1-2（b）所示。单击视频播放器的按钮，可实现各种视频播放功能（可以同时播放视频中的声音）。如果拖曳 AVI 动画的播放窗口，播放的画面也会随之变大或变小。该程序的设计方法如下：

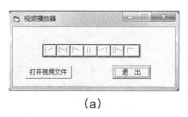　

<table>
<tr><td>（a）</td><td>（b）</td></tr>
</table>

图9-1-2　"视频播放器"程序运行后的2幅画面

（1）在窗体中添加 1 个通用对话框控件，它的名称为 CommonDialog1；1 个 Multimedia 控件，它的名称为 MMControl1；2 个命令按钮，它们的名称分别为 Command1 和 Command2。

（2）右击 Multimedia MCI 控件对象，调出它的快捷菜单，单击该菜单中的"属性"命令，调出"属性页"对话框，利用它设置 Multimedia 控件的按钮（取消录音和弹出按钮），如图 9-1-3 所示。Multimedia 控件的 Visible 属性值为 False，不可见。

<table>
<tr><td>（a）</td><td>（b）</td></tr>
</table>

图9-1-3　MCI控件"属性页"对话框

（3）在"代码"窗口中输入如下程序代码。

```
Rem 单击"打开视频文件"按钮后产生的事件
Private Sub Command1_Click()
    Rem "打开"对话框的初始化设置设置
    CommonDialog1.Filter = "全部文件(*.*)|*.*|视频文件(.AVI)|.avi" '确定默认文件类型
    CommonDialog1.FileName = "BOOK.AVI"                     '确定默认文件
      CommonDialog1.InitDir = "C:\Users\Gracie\Desktop\VB6(2012)\VB6程序集
\【案例54】视频播放器\视频"                                '确定默认路径
    CommonDialog1.Action = 1                     '设置通用对话框为"打开"对话框
    MMControl1.Visible = True                    '使MMControl1控件对象可见
    MMControl1.Orientation = mciOrientHorz       '控件按钮水平排列
    MMControl1.DeviceType = "AVIVideo"           '指定MCI设备的类型为AVI的播放器
    MMControl1.Notify = False                    '使Multimedia MCI控件不发出回调信息
```

```
        MMControl1.Shareable = False          '指定多媒体设备不能共享
        MMControl1.Wait = True                '在前一命令完成之前，控件不可用
        MMControl1.FileName = CommonDialog1.FileName '设定播放文件和路径
        MMControl1.Command = "Open"           '激活Multimedia控件中的按钮
End Sub
Private Sub Command2_Click()
    End
End Sub
```

案例55 MIDI和CD播放器

设计一个"MIDI 和 CD 播放器"程序，该程序运行后的画面如图 9-1-4（a）所示。单击"选择 MIDI 文件"按钮后，调出"打开"对话框，选择要播放的 MIDI 文件后，单击"打开"按钮，即可调入 MIDI 文件。单击"选择 CD 文件"按钮后，也会调出"打开"对话框，可以选择 CD 文件，单击"打开"按钮，即可调入 CD 文件。此时的 MIDI 和 CD 播放器如图 9-1-4（b）所示。单击 MIDI 和 CD 播放器的按钮可以实现各种播放功能。该程序的设计方法如下：

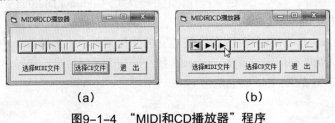

（a）   （b）

图9-1-4 "MIDI和CD播放器"程序

（1）在窗体中添加 1 个通用对话框控件、1 个 Multimedia 控件、3 个命令按钮。它们的名称属性均采用默认值。

（2）Multimedia MCI 控件对象"属性页"对话框设置如图 9-1-3 所示。在其中设置 Multimedia MCI 控件在初始化时的设备类型、文件名、方向、边框样式以及其中各个按钮的可视化和有效性等属性。此处各属性取默认值。

（3）在"代码"窗口中输入如下程序代码。

```
Rem 单击"选择MIDI文件"按钮后产生的事件
Private Sub Command1_Click()
    Rem "选择MIDI文件"对话框的初始化设置设置
    CommonDialog1.Filter = "全部文件（*.*）|*.*|MIDI(*.mid)|*.mid"
    CommonDialog1.FileName = "midi8.mid"
    CommonDialog1.InitDir = " C:\Users\Gracie\Desktop\VB6(2012)\VB6程序集\
【案例55】MIDI和CD播放器\"
    CommonDialog1.Action = 1                  '设置通用对话框为"打开"对话框
    MMControl1.Orientation = mciOrientHorz    '控件按钮水平排列
    MMControl1.DeviceType = "Sequencer"       '指定MCI设备的类型
    MMControl1.Notify = False                 '使Multimedia MCI控件不发出回调信息
    MMControl1.Shareable = False              '指定多媒体设备不能共享
    MMControl1.Wait = True                    '在前一命令完成之前，控件不可用
    MMControl1.FileName = CommonDialog1.FileName '设定播放文件和路径
    MMControl1.Command = "Open"               '激活Multimedia控件中的按钮
    'MMControl1.Command = "Play"
```

```
End Sub
Rem 单击"选择CD文件"按钮后产生的事件
Private Sub Command2_Click()
    Rem "选择CD曲目"对话框的初始化设置设置
    CommonDialog1.Filter = "全部文件（*.*）|*.*|"
    CommonDialog1.FileName = "Track01"              '设定默认的CD目录
    CommonDialog1.InitDir = "K:\"                    '设定默认的驱动器
    CommonDialog1.Action = 1                         '设置通用对话框为"打开"对话框
    MMControl1.Orientation = mciOrientHorz           '控件按钮水平排列
    MMControl1.DeviceType = "CDaudio"                '指定MCI设备的类型
    MMControl1.Notify = False                  '使Multimedia MCI控件不发出回调信息
    MMControl1.Shareable = False                     '指定多媒体设备不能共享
    MMControl1.Wait = True                           '在前一命令完成之前，控件不可用
    MMControl1.FileName = CommonDialog1.FileName '设定播放文件和路径
    MMControl1.Command = "Open"                      '激活Multimedia控件中的按钮
End Sub
Rem 单击"退出"按钮后，停止音乐的播放，退出程序运行
Private Sub Command3_Click()
    MMControl1.Command = "Stop"                      '停止播放MIDI音乐
    MMControl1.Command = "Close"                     '关闭设备
    End
End Sub
Rem 当窗体卸载时，停止音乐的播放
Private Sub Form_Unload(Cancel As Integer)
    MMControl1.Command = "Stop"                      '停止播放MIDI音乐
    MMControl1.Command = "Close"                     '关闭设备
End Sub
```

思考与练习9-1

1. 填空题

（1）VB 提供的 4 个多媒体播放控件是_____控件、_____控件、_____控件和_____控件，它们都属于_____控件。这 4 个多媒体播放控件的 OCX 文件都存放在_____目录下。

（2）寻找多媒体控件文件的方法有_____种。

（3）Multimedia MCI 多媒体控件可以播放_____、_____、_____、_____、_____、_____和_____等多媒体文件。

（4）Multimedia MCI 多媒体控件的 ButtonEnabled 属性决定了是否启用或禁用控件中的某个按钮。当其值为_____时，则启用指定的按钮；当其值为_____时，不启用指定的按钮。

（5）Multimedia MCI 多媒体控件的_____属性用来指定要打开的 MCI 设备的类型。

2. 操作题

（1）使用 Multimedia MCI 多媒体控件和通用对话框中的"打开"对话框，编写一个多功能的多媒体播放器，使它可以播放 MIDI、WAV、MP3、MOV 和 AVI 等格式文件。

（2）参考【案例55】"MIDI 和 CD 播放器"程序的设计方法，设计一个"DVD 播放器"程序，

该程序运行后，可以播放 DVD 光盘。

9.2 Animationk控件和MediaPlayer控件

9.2.1 Animation控件

Animation（动画）控件可以播放没有声音的 AVI 视频文件。该控件使用简单，功能简单，只能播放未压缩的或已用 RLE（行程编码）压缩的 AVI 文件，因此它只用于简单的动画演示。

1. Animation 控件的属性

除了一些控件通用的属性、方法与事件外，Animation 控件还具有它自身的一些特性。

（1）AutoPlav 属性：在将 AVI 文件加载到控件时，返回或设置一个逻辑值，该值确定 Animation 控件是否开始播放 AVI 文件。其值为 True 时，一旦将 AVI 文件加载到 Animation 控件中，则 AVI 文件将连续循环地自动播放，直到 Autoplay 的值为 False 时止。其值为 False 时，一旦加载了 AVI 文件，则必须使用 Play 方法才能播放它。

（2）BackStyle 属性：返回或设置一个值，该值确定了 Animation 控件是在透明的背景上还是在动画剪辑中所指定的背景颜色上绘制动画。在运行时为只读。设置该属性值为 0 时，表示透明；设置该属性值为 1 时，表示不透明。

（3）Center 属性：在 Animation 控件内确定动画是否居中。当该属性设置为 True 时，在控件对象中心播放 AVl。当属性设置为 False 时，则 AVl 定位在控件对象内的（0,0）处。

2. Animation 控件的方法

1）Open 方法

【格式】object.Open file

【功能】打开一个 AVI 文件。如果 AutoPlay 属性设置为 True，则只要加载了该文件，动画就开始播放它。在关闭 AVI 文件或设置 Autoplay 属性为 False 之前，它将不断重复播放。

【说明】object 参数是 Animation 控件对象的名称，file 参数是要播放的 AVI 文件名字。

2）Play 方法

【格式】object.Play[=repeat[，start][，end]]

【功能】在 Animation 控件中播放 AVI 文件。

【说明】repeat 参数用来指定重复播放的次数，默认值是 -1，表示重复播放的次数不限。start 参数用来指定开始播放的帧，默认值是 0，表示从第 1 帧上开始播放，其最大值是 65 535。end 参数用来指定播放结束的帧，默认值是 -1，表示上一次播放的帧，最大值是 65 535。

3）Stop 方法

【格式】object.Stop

【功能】用来终止 Animation 控件播放的 AVI 文件。

【说明】Stop 方法仅能终止那些用 Play 方法启动的动画。当设置 Autoplay 属性为 True 时，使用 Stop 方法会失败。此时，可以将 Autoplay 属性的值设置为 False，来停播 AVI 文件。

4）Close 方法

【格式】object.Close

【功能】使 Animation 控件关闭当前打开的 AVI 文件。

【说明】如果没有加载任何文件，则 Close 不执行任何操作，也不会产生任何错误。

9.2.2 MediaPlayer控件

1. MediaPlayer（多媒体）控件的特点

MediaPlayer 控件▣或 WindowsMediaPlayer ▣（文件名为：MSDXM.OCX）可以播放 WAV、MP3、MIDI、MOV、AVI 和 MPEG 等多媒体文件，还能播放 VCD，不能直接播放 CD。用 MediaPlayer 播放动画文件时，可以显示当前播放的时间，还可以改变播放画面的大小。该控件还提供了一个播放控制面板，其内有控制播放的各种按钮和轨迹条。MediaPlayer 控件是由 Windows 的媒体播放机（Windows MediaPlayer）所提供，并随 Windows 的版本更新而更新，现在已更新到第 12 版。随着控件版本的升级，其用法也不相同，表 9-1-1 中图标▣为低版本的 MediaPlayer 控件的图标，图标▣为高版本的 WindowsMediaPlayer 控件的图标。

程序运行时，可以通过单击按钮来控制多媒体的播放、暂停和停止等。在多媒体视频播放的情况下，拖曳播放控制面板中轨迹条内的滑块，可快速调整多媒体播放的当前帧。

2. MediaPlayer 控件的常用属性和方法

（1）EnableContexMenu 属性：用来设置是否可以在多媒体播放时通过右击鼠标，弹出控制菜单。EnableContexMenu 控件的控制菜单如图 9-2-1 所示。

利用该菜单中的菜单命令，可以控制多媒体的播放、暂停和停止，可以显示关于 MediaPlayer 多媒体控件的有关信息和多媒体文件的有关信息，可以调整播放画面的大小，可以全屏显示。单击"选项"菜单命令，可以调出 MediaPlayer 多媒体控件的"选项"对话框，如图 9-2-2 所示。在"选项"对话框中，可以调整多媒体播放的音量、立体声左右平衡度、缩放比例，以及其他各种属性。

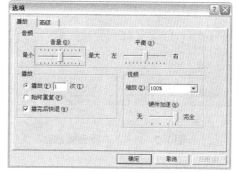

图9-2-1 播放器的控制菜单　图9-2-2 MediaPlayer控件的"选项"对话框

单击"属性"菜单命令，可以调出 MediaPlayer 多媒体控件的"属性"对话框，该对话框提供了有关多媒体文件的更多信息。

（2）ShowPositionControls 属性：用来设置是否可以在控制面板中显示位置控制按钮。

（3）ShowStatusBar 属性：用来设置是否可以在控制面板中显示信息条。信息条内会显示文件播放的时间和当前时间等信息。

（4）AutoRewind 属性：用来设置在多媒体播放时是否可以用鼠标拖曳控制面板中的滑块，以快速调整多媒体播放的画面。

（5）EnablePositionControls 属性：用来设置控制面板中的 4 个位置控制按钮是否有效。

（6）DisplaySize 属性：用来设置影视画面的大小，该属性共有 8 个属性值。DisplaySize 属性值及其含义如表 9-2-1 所示。

表9-2-1　DisplaySize属性的取值及其含义

属性值	常　数	含　义
0	mpDefaultSize	表示电影和图像播放窗口为原电影播放窗口大小
1	mpHalfSize	表示电影和图像播放窗口为屏幕的 1/2 大小
2	mpDoubleSize	表示电影和图像播放窗口为原电影播放窗口的 2 倍
3	mpFullScreen	表示电影和图像播放窗口为全屏幕显示
4	mpFitToSize	表示电影和图像播放窗口大小由控件高度和宽度来决定
5	mpOneSixteenthScreen	表示电影播放窗口为屏幕的 1/16 大小
6	mpOneFourthScreen	表示电影播放窗口为屏幕的 1/4 大小
7	mpOneHalfScreen	表示电影播放窗口为屏幕的 1/2 大小

（7）EnableTracker 属性：用来设置是否可用鼠标拖曳播放控制面板中轨迹条内的滑块。

（8）Duration 方法：可以获得播放多媒体文件所用的时间（单位 s）。

（9）Play 方法：开始播放多媒体文件。

案例56 AVI视频播放器

设计一个"AVI 视频播放器"程序，该程序运行后的画面如图 9-2-3（a）所示，单击"打开文件"按钮，调出"打开"对话框，利用该对话框打开一个 AVI 文件。单击"播放"按钮，AVI 视频开始播放，如图 9-2-3（b）所示。单击"停止"按钮，可使 AVI 视频停止播放。再单击"播放"按钮，AVI 视频从停止状态继续播放。该程序的设计方法如下：

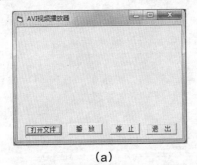
（a）

（b）

图9-2-3　"AVI视频播放器"程序运行后的2幅画面

（1）在工具栏中右击鼠标调出快捷菜单，然后单击"部件"菜单命令，调出"部件"对话框（"控件"选项卡）。然后选中"Microsoft Windows Common Controls － 2 6.0"复选框，单击"确定"按钮，将 Animation 控件添加到工具箱中。

（2）在窗体内创建 4 个命令按钮控件对象，名称分别为"cmdOpen"（打开文件）、"cmdPlay"（播放）、"cmdStop"（停止）和"cmdExit"（退出）；1 个名称为"Animation1"的 Animation 控件对象，用来加载 AVI 视频，它 Autoplay 属性值为 False。

（3）在"代码"窗口内输入如下程序代码。

```
Private Sub cmdOpen_Click()
    CommonDialog1.Filter = "AVI影片|*.avi|*.*|*.*"
    CommonDialog1.ShowOpen
    Animation1.Open CommonDialog1.FileName   '打开动画文件
End Sub
Private Sub cmdPlay_Click()
```

```
        Animation1.Play      '播放动画
    End Sub
    Private Sub cmdStop_Click()
        Animation1.Stop      '停止播放
    End Sub
    Private Sub cmdExit_Click()
        Animation1.Close     '关闭动画
        End
    End Sub
```

案例57 多媒体播放器

设计一个"多媒体播放器"程序,该程序运行后的画面如图 9-2-4 所示(未播放视频右边为黑屏)。选择驱动器、文件夹后,单击选中文件列表框中的文件名称,即可开始播放多媒体。双击视频画面,可以全屏播放,按 Esc 键可退出全屏播放。另外还可以利用播放器进行音量调整、显示进度、暂停/重新播放等操作。该程序的设计方法如下:

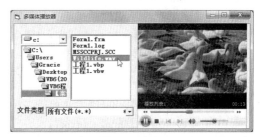

图9-2-4 "多媒体播放器"程序运行后的1幅画面

> **注 意**
>
> 本例将使用新版本的 WindowsMediaPlayer 控件 ▶ 来制作多媒体播放器,Windows MediaPlayer 控件对象的名称为 WindowsMediaPlayer1。该控件与低版本的 MediaPlayer 控件在属性和方法等方面有许多不同。如果使用的是其他版本的控件,需自行修改相关代码。

(1)在工具栏中右击鼠标调出快捷菜单,然后单击"部件"菜单命令,调出"部件"对话框("控件"选项卡)。然后选中"Windows Media Player"复选框,单击"确定"按钮,将 WindowsMediaPlayer 控件添加到工具箱中。

(2)参看第 6 章的【案例 34】照片浏览器程序的设计方法,制作多媒体播放器的文件搜索部分。然后,在窗体右边添加一个新版本的 WindowsMediaPlayer 多媒体控件对象 Windows MediaPlayer1。

(3)在"代码"窗口中输入如下程序代码。

```
Dim INS As String
Private Sub Form_Load()
    Drive1.Drive = "C:\"                          '设置驱动器列表框的默认项
    Dir1.Path = "C:\Users\Gracie\Desktop\VB6(2012)\VB6程序集\【案例57】多媒
    体播放器"                                       '设置目录列表框的默认项
    INS = "所有文件(*.*)"
    Combo1.AddItem INS + Space(18 - Len(INS)) + "*.*", 0
                                                  '给文件列表框第1项添加内容
    INS = "WAV文件(*.wav)"
    Combo1.AddItem INS + Space(18 - Len(INS)) + "*.wav", 1
                                                  '给文件列表框第3项添加内容
```

```
        INS = "MIDI文件(*.mid)"
        Combo1.AddItem INS + Space(18 - Len(INS)) + "*.mid", 2  '给文件列表框第4项添加内容
        INS = "MP3文件(*.mp3)"
        Combo1.AddItem INS + Space(18 - Len(INS)) + "*.mp3", 3  '给文件列表框第4项添加内容
        INS = "AVI文件(*.avi)"
        Combo1.AddItem INS + Space(18 - Len(INS)) + "*.avi", 4  '给文件列表框第4项添加内容
        INS = "MPEG文件(*.mpg)"
        Combo1.AddItem INS + Space(18 - Len(INS)) + "*.mpg", 5  '给文件列表框第4项添加内容
        INS = "位图文件(*.bmp)"
        Combo1.AddItem INS + Space(18 - Len(INS)) + "*.bmp", 6  '给文件列表框第2项添加内容
        INS = "JPG文件(*.jpg)"
        Combo1.AddItem INS + Space(18 - Len(INS)) + "*.jpg", 7  '给文件列表框第3项添加内容
        INS = "GIF文件(*.gif)"
        Combo1.AddItem INS + Space(18 - Len(INS)) + "*.gif", 8  '给文件列表框第4项添加内容
        Combo1.ListIndex = 0                    '确定选中第1个列表项（序号为0）
        'MediaPlayer1.AutoSize = False
End Sub
Rem 在单击组合列表框后产生事件
Private Sub Combo1_Click()
        File1.Pattern = Mid$(Combo1.Text, 19, 5)    '截取文件列表框第19个字符以后的内容
End Sub
Rem 在驱动器列表框变化后产生事件
Private Sub Drive1_Change()
    Dir1.Path = Drive1.Drive     '将驱动器列表框的驱动器号赋给目录列表框，实现同步连接
End Sub
Rem 在目录列表框变化后产生事件
Private Sub Dir1_Change()
    File1.Path = Dir1.Path     '将目录列表框的路径赋给文件列表框，实现同步连接
End Sub
Rem 单击文件列表框中的文件名称后产生事件
Private Sub File1_Click()
    WindowsMediaPlayer1.URL = Dir1.Path + "\" + File1.FileName     '加载选定的文件
End Sub
```

思考与练习9-2

1. 填空题

（1）Animation 控件的 AutoPlay 属性值为_____时，一旦将 AVI 文件加载到 Animation 控件中，则 AVI 文件将连续循环地自动播放，直到 Autoplay 的值为_____时止。

（2）MediaPlayer 控件的_____方法可以获得播放多媒体文件所用的时间（单位 s）。

（3）MediaPlayer 控件的 AutoRewind 属性是用来设置_____以快速调整播放的画面。

2. 判断题

（1）Animation（动画）控件可以播放各种 AVI 视频文件。   （   ）

（2）MediaPlayer 控件的版本很多，它们的用法相同。   （   ）

（3）MediaPlayer 控件或 Windows MediaPlayer 可以播放 WAV、MP3、MIDI、MOV、AVI、MPEG 等多媒体文件，还能播放 VCD 和 CD。　　　　　　　　　　　　　　　（　）

（4）MediaPlayer 控件或 Windows MediaPlayer 控件的文件名为 MSDXM.OCX。　（　）

（5）MediaPlayer 控件的 ShowStatusBar 属性是用来设置是否可以在控制面板中显示信息条，信息条内会显示文件播放的时间和当前时间等信息。　　　　　　　　　　　　（　）

3．操作题

（1）使用 MediaPlayer 多媒体控件和通用对话框中的"打开"对话框，编写一个多功能的多媒体播放器，使它可以播放 MIDI、WAV 音乐，MOV 、MP3、AVI 和 MPEG 格式文件，还可以播放 CD 音乐和 VCD 光盘。

（2）使用 WindowsMediaPlayer 多媒体控件，设计一个"自认光驱的 DCD 播放器"程序。

9.3　数据库的基本概念

9.3.1　数据库应用程序的组成和VB 6.0访问的数据库类型

1．数据库应用程序

VB 6.0 的数据库应用程序由用户界面、数据库引擎和数据库 3 部分组成。

（1）用户界面：它包括用于与用户交互的所有界面和 VB 代码。界面是由窗体和各种控件对象组成的；VB 代码是程序设计人员为了完成查询、插入、追加、删除、更新数据表中的记录而编写的程序，该程序只是用来请求数据库引擎来完成对物理数据库文件的操作，而并不是直接对数据库进行操作。

（2）数据库引擎：它是一组动态链接库 (DLL)，是应用程序与物理数据库之间的桥梁，应用程序通过数据库引擎来完成对物理数据库文件的操作。数据库引擎用来解释应用程序的请求并形成对数据库的物理操作，管理对数据库的物理操作，维护数据库的完整性和安全性，处理结构化查询语言 (SQL) 查询，实现对数据库的查询、插入、追加、删除、更新，管理查询所返回的结果。在数据库应用程序运行时，VB 程序通过这些动态链接库来实现其功能。

在 VB 6.0 中，数据库引擎的接口有 3 种：DAO（数据访问对象）、RDO（远程数据对象）和 ADO（活动数据控件）。这 3 种接口分别代表了该技术的不同发展阶段，最新的是 ADO，它比 RDO 和 DAO 使用起来更简单和灵活。对于新工程，应该使用 ADO 作为数据访问接口。

（3）数据库：用来存放数据的文件。它是由若干个数据表文件组成的。数据库只包含数据，对数据进行的各种操作是由数据库引擎来完成。

2．VB 6.0 能够访问的数据库类型

（1）内部数据库：又称 Jet 数据库，由 Jet 引擎直接创建和操作这些数据库。它使用了与 Microsoft Access 相同的格式，也称为本地数据库，可以提供最大程度的灵活性。

（2）外部数据库：VB 6.0 可以访问 dBASE、FoxPro 2.5 和 Paradox 3.0，以及文本文件、Microsoft Excel 和 Lotusl-2-3 电子表格等

（3）ODBC 数据库：可以使用 ODBCD 驱动程序直接把命令传递给服务器处理，以创建真正的客户 / 服务器程序。VB 6.0 可以访问 ODBC 标准的客户 / 服务器数据库，例如 Microsoft SQL Server、Oracle、Sybase 等。

3．结构化查询语言 SQL 简介

SQL（Structured Query Language，结构化查询语言）是一种数据查询和编程语言。SQL 语

言于1990年经国际标准化组织（ISO）确认为国际标准。VB数据库访问全面支持SQL语言。

作为一种特殊用途的语言，SQL特别设计用来生成和维护关系数据库的数据，并保证关系数据库的安全。SQL语言包括了对数据库的设计、查询、维护、控制、保护等全方位的功能。SQL中用以生成数据库的部分称为DDL（数据定义语言）；完成数据库维护的部分称为DML（数据操作语言）；而安全性则由DCL（数据控制语言）完成。

在DDL中，提供了定义数据库，以及数据库生成后的结构修改和删除功能等。

在DML中，提供了对数据库中的数据输入、修改和提取的有力工具，其功能允许精确地指定用户所要实现的一切操作。DCL提供的防护措施是保护数据库不被损害所必需的。

在SQL语言中，指定要做什么而不是怎么做，不需要告诉SQL如何访问数据库，只要告诉SQL需要数据库做什么。利用SQL可以指定想要检索的记录以及按什么顺序检索。可以在设计或运行时对数据控件使用SQL语句。一条SQL语句可以替代许多条数据库命令。从而使得数据的查询功能更加强大、灵活和快速。本书不对SQL进行深入的探讨。

9.3.2 关系型数据库

学习过数据库基本理论的用户都了解，一般来说，数据库按其结构划分主要有层次型、网络型和关系型三类。目前在PC上广泛使用的是关系型数据库。

1. 关系型数据库的特点

关系型数据库（Database）通常由许多二维关系的数据表（DataTable）集合而成，它通过建立数据表（简称"表"）之间的相互连接关系来定义数据库结构。在关系型数据库中，一组数据可以由一个m行n列的二维表来表示。二维表中的一行称为元组，一列称为属性，不同的列有不同的属性。通常把元组称为"记录"（Record）；把属性称为"字段"（Field）。数据库是数据表的集合，数据表由一系列记录组成，记录构成数据表中真实的数据项。

字段是具有相同数据类型的数据集合。字段的值是表中可以选择数据的最小单位，也是可以更新数据的最小单位。记录中的每个字段的取值，称为字段值或数据项，字段的取值范围称为域。记录中的数据随着每一行记录的不同而变化。

表9-3-1和表9-3-2给出了两个数据表，它们构成了一个关系型数据库。表中的一行为一条记录，一列为一个字段，每个字段的数据都具有相同的数据类型，如表9-3-3所示。

表9-3-1　学　生　档　案

学　号	姓　名	性　别	年　龄	出生日期	籍　贯	电　话	家庭地址
1001	赵明远	男	23	1985-08-09	成都	53375810	北京大街21号
1002	王美琦	男	22	1986-12-23	新疆	58679232	新华十条10号
1003	薛丽丽	女	22	1986-10-16	吉林	67360569	王府大街43号
1004	郝尚斌	男	23	1985-11-08	桂林	56783214	东安大街21号
1005	丰金茹	女	22	1986-05-28	北京	81477788	前门西大街12号
1006	沈芳林	女	24	1984-11-07	北京	81477568	新港庄园15号楼

表9-3-2　学　生　成　绩

学　号	数　学	语　文	外　语	物　理	化　学	生　物	政　治	计算机	总　分	平均分
0101	85	65	70	95	85	80	86	90	656	82
0102	90	90	90	90	85	85	100	100	720	90
0103	75	75	75	75	85	85	70	70	600	75
0104	90	67	80	85	90	85	80	95	672	84
0105	85	85	85	85	85	90	90	90	685	85
0106	80	60	70	90	80	80	100	80	640	80

表9-3-3 数据表结构

学生档案				学生成绩			
字段名称	类 型	长 度	索 引	字段名称	类 型	长 度	索 引
学号	整型	4	主索引	学号	字符	4	主索引
姓名	字符型	8		数学	整型		
性别	字符型	2					
年龄	整型	4					
出生日期	日期型	4					
籍贯	字符型	8		计算机	整型		
电话	字符型	16		总分	整型		
家庭地址	字符型	30		平均分	单精度型		

2. 数据表中的关键字

如果数据表中某个字段值能唯一地确定一个记录，用以区分不同的记录，则称该字段名为关键字。一个表中可以存在多个关键字，选定其中一个关键字作为主关键字。主关键字可以是数据表的一个字段或字段的组合，且对表中的每一行都唯一。如表 9-3-1 和表 9-3-2 中的"学号"是唯一标识了一个且只有一个学生，因此可以选择"学号"为主关键字。

3. 关系型数据库的关联

在关系型数据库中，数据表与数据表之间可以通过关键字来相互关联，如表 9-3-1 和表 9-3-2 之间通过"学号"关键字关联。这种用来联系两个数据表的字段称为关键字段。根据一个表与另一个表中记录之间的数量关系，可分为"一对一"、"一对多"和"多对多"关联。

（1）"一对一"关联：它是指两个数据表之间记录的数目相等，并且必须有某一字段中的字段值（即数据项）相同。"一对一"关联可看成是"一对多"关联的特例。

（2）"一对多"关联：它是指两个数据表之间数据记录的数目并不相等，通过其中一个数据表中的某一条记录对应另一个数据表中的多条记录，而且后一个数据表中的记录只能被前一个数据表中的一条记录对应。具有这种关系的数据表称为"一对多"关系表。

（3）"多对多"关联：它是指一个数据表中的某一条记录可以对应另一个数据表中的多条记录，反之亦然。

4. 索引

一个数据表可以按照某种特定的顺序进行排列。例如：表 9-3-2 所示的数据表可以按照"总分"字段的数值进行升序或降序排列，这样可以给数据表设置索引，通过这些索引，数据库引擎就能迅速地查找到某个特定的记录。这与一本书的目录索引很相似。

用户可以通过用不同的分类和过滤条件将多个记录组成一个集合。通常，数据表是经过分类排序和建立索引后的记录的集合表。对一个集合表进行的修改会自动更新相应的数据表，同样，对数据表所做修改会自动更新以该数据表为基础建立的所有集合表。

9.3.3 数据库管理窗口的工具栏

可视化数据库管理器（Visual Data Manager）是 VB 提供的一个非常实用的、可视化的数据库管理工具。使用它可以非常方便地完成创建数据库、建立数据表、数据库查询等工作。可视化的工作界面为用户带来了极大的方便。单击"外接程序"→"可视化数据库管理器"菜单命令，可调出"VisData"（可视化数据库管理器）窗口，如图 9-3-1 所示。数据库管理窗口的工具栏由以下 3 个按钮组成。

图9-3-1 "VisData"（可视化数据库管理器）窗口

1．"记录集类型"按钮组

（1）"表类型记录集"按钮▦：单击按下该按钮，在这种方式下，打开数据表中的记录时，所进行的增加、删除、修改和查询等操作都将直接更新数据表中的数据。

（2）"动态集类型记录集"按钮▦：单击按下该按钮，在这种方式下，可打开数据表或由查询返回的数据，所进行的增加、删除、修改和查询等操作都先在内存中进行，速度较快。

（3）"快照类型记录集"按钮▦：单击按下该按钮，在这种方式下，打开的数据表或由查询返回的数据仅供读取，不可以修改，因此只适用于进行查询操作。

2．"数据显示"按钮组

（1）"在窗体上使用 Data 控件"按钮▦：单击按下该按钮，在显示数据表的窗口中，可以使用 Data 控件来控制记录的滚动。

（2）"在窗体上不使用 Data 控件"按钮▦：单击按下该按钮，在显示数据表的窗口中，不可以使用 Data 控件，但可以使用水平滚动条来控制记录的滚动。

（3）"在窗体上使用 DBGrid 控件"按钮▦：单击按下该按钮，在显示数据表的窗口中，可使用 DBGrid 控件。

3．"事务方式"按钮组

事务方式按钮组在打开数据表时才有效，否则会出现错误。

（1）"开始事务"按钮▦：单击该按钮，开始将数据写入内存数据表中。

（2）"回滚当前事务"按钮▦：单击该按钮，取消由"开始事务"的写入操作。

（3）"提交当前事务"按钮▦：单击该按钮，确认数据写入的操作，将数据表数据更新，原有数据不可以恢复。

案例58 学生学籍管理

本案例是创建一个"学生学籍管理"数据库，并在该数据库内创建一个"学生档案"数据表。创建的数据库的方法很多，本案例介绍使用可视化数据库管理器（Visual Data Manager）来创建"学生学籍管理"数据库（Access 数据库）的方法。

1．在可视化数据管理器中创建数据库

（1）单击"外接程序"→"可视化数据库管理器"菜单命令，调出"VisData"（可视化数据库管理器）窗口，如图 9-3-1 所示。再单击"VisData"窗口内的"文件"→"新建"→"Microsoft Access"→"Version 7.0 MDB（7）"菜单命令，如图 9-3-2 所示。

此时会调出"选择要创建的 Microsoft Access 数据库"对话框，在该对话框中选择保存数据库文件的目录，在"文件名"文本框内输入数据库文件的名称"学生学籍管理"，单击"保存"按钮，即可新建一个数据库，如图 9-3-3 所示。可以看到，新建的数据库中包括两个窗口，左边是"数据库窗口"，用于显示数据库、表及字段；右边是"SQL 语句"窗口，用于创建查询数据库内容的所用 SQL 语句。

图9-3-2　数据库类型选择菜单

图9-3-3　创建"学生学籍管理"数据库

（2）在"数据库窗口"中，右击鼠标，调出它的快捷菜单，单击该菜单内的"新建表"命令，调出"表结构"对话框。在"表结构"对话框中可以添加新的字段、修改字段内容和删除字段。在该对话框的"表名称"文本框中输入表的名称"学生档案"，如图9-3-4所示。

（3）单击"添加字段"按钮，将调出图9-3-5所示的"添加字段"对话框。

图9-3-4 "表结构"对话框　　　　图9-3-5 "添加字段"对话框

"添加字段"对话框中各选项的作用如下：

◎ 名称：要添加的字段名。

◎ 顺序位置：输入字段的相对位置。

◎ 类型：用来选择字段的操作或数据类型。

◎ 验证文本：如果用户输入的字段值无效，应用程序显示该文本框内输入的信息。

◎ 大小：确定字段的最大尺寸，以字节为单位。

◎ 固定字段：选中后，字段的尺寸不变。

◎ 可变字段：选中后，用户可以用鼠标拖曳字段的边界，来改变字段的尺寸。

◎ 验证规则：用来确定字段中可以添加什么样的数据。

◎ 缺省值：用来输入字段的默认值。

◎ 自动添加字段：选中后，如果正处在表的末尾，则字段添加下一个字段。

◎ 允许零长度：选中后，将允许零长度字符串为有效字符串。

◎ 必要的：指示字段是否可以为 Null（空）值。

◎ "确定"按钮：单击该按钮，在当前表追加当前字段定义。

◎ "关闭"按钮：单击该按钮，在完成添加字段的情况下关闭"添加字段"对话框。

（4）在"添加字段"对话框中的"名称"文本框内输入"学号"，在"类型"下拉列表框内选择"Integer"选项，在"顺序位置"文本框内输入"1"，选中"必要的"复选框，"缺省值"文本框中输入"1001"。单击"确定"按钮，在"表结构"对话框内添加一个"学号"字段。接着再依次添加"姓名"、"性别"等其他字段，各字段的内容如表9-3-4所示。创建完所有字段后，单击"添加字段"对话框中"关闭"按钮，关闭"添加字段"对话框，回到"表结构"对话框。

表9-3-4 学生档案表的各字段属性

字段名	字段类型	长度	是否必要	缺省值	顺序位置
学号	Integer		必要的	1001	1
姓名	Text	10	必要的		2
性别	Text	2	必要的	男	3
年龄	Integer		必要的	16	4
出生日期	Date/Time	8	必要的		5
籍贯	Text	8	必要的	北京	6

续表

字段名	字段类型	长　度	是否必要	缺　省　值	顺序位置
电话	Text	16	必要的		7
家庭地址	Text	30	必要的		8

（5）单击"表结构"对话框中的"添加索引"按钮，调出"添加索引"对话框，在"名称"文本框和"索引的字段"列表框内分别输入"学号"，如图 9-3-6 所示。再单击"添加索引"对话框内的"确定"按钮，在"表结构"对话框内添加一个"学号"索引。

（6）单击"添加索引"对话框内的"关闭"按钮，关闭"添加索引"对话框，回到"表结构"对话框，此时的"表结构"对话框如图 9-3-7 所示。

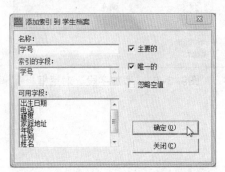 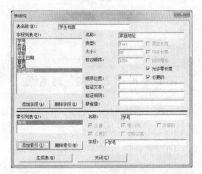

图9-3-6　"添加索引"对话框　　　图9-3-7　添加字段和索引后的"表结构"对话框

（7）单击"表结构"对话框内的"生成表"按钮，即可建立数据库表，回到"VisData"（可视化数据库管理器）窗口。展开"数据库窗口"窗口内表和字段各选项，如图 9-3-8 所示。图中可以看到"学生学籍管理"的属性、"学生档案"数据表的字段名称、索引和数据表属性。

图9-3-8　"VisData"（可视化数据库管理器）窗口

（8）如果要修改数据表的结构，可以将鼠标指针移到图 9-3-8 所示的"数据库窗口"窗口内"学生档案"数据表项目图标▦之上，右击鼠标，调出其快捷菜单，单击该菜单中的"设计"命令，调出"表结构"对话框，即可进行数据表结构的修改。

注　意

　　修改数据表后，返回"VisData"（可视化数据库管理器）窗口，对应的字段可能没有立即更新，要立即更新数据表中字段，只要右击鼠标，调出其快捷菜单，再单击该快捷菜单中的"刷新列表"命令即可。

2．输入与修改数据表中的记录数据

（1）在打开的"VisData"窗口内的"数据库窗口"窗口中，单击"在新窗体上使用 Data 控件"按钮▣，使其处于按下状态，然后双击"数据库窗口"窗口内"学生档案"数据表项目图标▦，调出"Dynaset: 学生档案"对话框, 如图 9-3-9 (a) 所示。另外, 右击"数据库窗口"窗口内"学生档案"数据表项目图标▦, 调出它的快捷菜单, 单击该菜单内的"打开"菜单命令, 也可以调出"Dynaset: 学生档案"对话框。

如果"在窗体上使用 Data 控件"按钮▧处于按下状态的情况下, 则双击"数据库窗口"窗口内"学生档案"数据表项目图标▦, 则会调出如图 9-3-9 (b) 所示的"Dynaset: 学生档案"对话框。会出现其他一些"过滤器"、"编辑"等不同功能的新按钮。

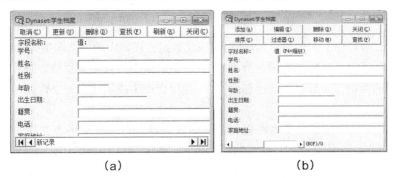

(a)　　　　　　　　　　　　(b)

图9-3-9　使用和不使用Data控件的"Dynaset:学生档案"对话框

如果在"在新窗体上使用 DBGrid 控件"按钮▦处于按下状态的情况下, 双击"数据库窗口"窗口内"学生档案"数据表项目图标▦, 则会出现如图 9-3-10 所示的"Dynaset: 学生档案"对话框。这 3 种对话框都能实现记录的添加、浏览、查询、修改及删除等操作。

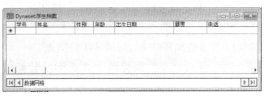

图9-3-10　使用DBGrid控件的"Dynaset：学生档案"对话框

（2）添加新记录：如果是新建的空数据表, 可以直接在图 9-3-9 所示对话框中输入第 1 条记录；对于非空的数据表, 则可以单击对话框中的"添加"按钮, 即可切换到该对话框的输入记录状态, 再在各字段对应的文本框中输入记录内容, 如图 9-3-11 (a) 所示。

输入完一条记录内容后, 单击"更新"按钮, 即可对新记录进行存储, 然后再单击该对话框中的"添加"按钮, 再输入下一条记录的内容。添加完成后, 单击"关闭"按钮, 即可关闭"学生档案"对话框, 回到数据库管理窗口。

对于图 9-3-10 所示的对话框, 单击▶按钮可以增加一个记录, 再单击下方空白记录, 可以输入相应的新记录, 如图 9-3-11 (b) 所示。

（3）修改和删除记录：要修改或删除已有的记录, 可以按下面两种方法进行。

按前面的方法调出图 9-3-11 (a) 所示的"学生档案"对话框。在对话框中, 单击下方的滚动记录按钮, 移动到需要修改的记录, 修改完记录内容后, 单击"更新"按钮。单击"删除"按钮可删除当前的记录。

也可以调出图 9-3-11 (b) 所示的窗口, 利用该窗口进行修改和删除数据表记录。修改时先单击要改变数据的表格, 输入数据即可。删除时单击左方的指示表格（带小黑三角形的那列）, 选中一行记录后, 按 Delete 键, 即可删除选中的记录。

3. 数据库记录的查询

在可视化数据管理器的主窗体中, 右边是"SQL 语句"窗口。如果已经很熟习 SQL 语句, 则可以直接在这个窗口中输入 SQL 语句, 对数据库内容进行查询。

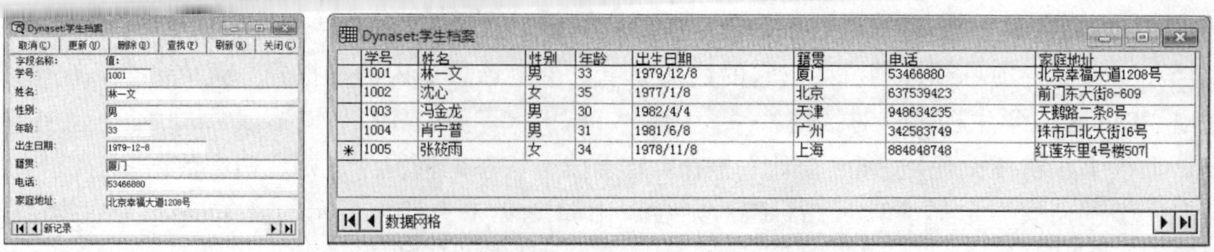

（a）　　　　　　　　　　　　　　　　（b）

图9-3-11　添加新记录和删除记录

如果对 SQL 语句还不太熟习，可以使用可视化数据管理器中的"查询生成器"来建立查询，动态地创建 SQL 语句来对数据库进行查询。"查询生成器"可以用来生成、查看、执行和保存 SQL 查询，生成的查询作为数据库的一部分保存。使用查询生成器建立一个查询（创建 SQL 语句）的步骤如下：

（1）打开内部数据库：单击"可视化数据库管理器"对话框中的"文件"→"打开数据库"→"Microsoft Access"→"Version 7.0 MDB"菜单命令，调出一个选择数据库文件对话框，选择对应的数据文件"学生学籍管理 .MDB"，单击"打开"按钮，即可打开一个数据库的"VisData"（可视化数据库管理器）窗口，如图 9-3-8 所示。

（2）单击"实用程序"→"查询生成器"菜单命令，调出"查询生成器"对话框。在该对话框的"表"列表框中列出了该数据库中包含的所有数据表。

（3）单击"表"列表框中要查询的数据表名称"学生档案"，此时"查询生成器"对话框如图 9-3-12 所示。该表中所有的字段将出现在"要显示的字段"列表框中。单击选中所有需要在查询时显示的字段。

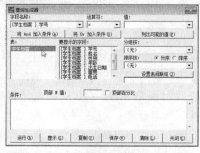

图9-3-12　"查询生成器"对话框

（4）在对话框上部有"字段名称"、"运算符"和"值"等 3 个下拉列表框，它们用于构成一个查询数据表的关系表达式。在"字段名称"中选择"学生档案 .学号"字段，在"运算符"中选中关系运算符"＞"，在"值"中输入待查询的值"1002"。这样就生成了"学生档案 .学号 ＞1002"的关系表达式。在选值时，可以单击"列出可能的值"按钮，选择字段的取值添加到"值"下拉列表中。

（5）在建立了上述关系表达式后，单击"将 And 加入条件"按钮或"将 Or 加入条件"按钮，即可将关系表达式以 And 或 Or 方式加入到"条件"列表框中。此处，单击"将 And 加入条件"按钮，"学生档案 .学号 ＞1002"关系表达式会在"条件"列表框内显示出来。

（6）在"字段名称"中选择"学生档案 .性别"字段，在"运算符"中选中关系运算符"＝"，在"值"下拉列表框中输入待查询的值"女"。这样就生成了"学生档案 .性别＝' 女 '"的关系表达式。单击"将 And 加入条件"按钮，"学生档案 .学号 ＞ 1002 And 学生档案 .性别＝' 女 '"关系表达式会在"条件"列表框内显示出来。

可见，查询条件表达式可以是由多个条件组合而成的逻辑表达式。单击"将 And 加入条件"或"将 Or 加入条件"按钮，可以将新条件以"与"或"或"逻辑运算方式添加到"条件"列表框中。单击"清除"按钮可删除条件。

（7）在"排序按"栏内可以选择排序的方式"升序"或"降序"，此处选择"升序"单选按钮。

可以在它的下拉列表框内选择排序的字段名称，此处选择"学号"字段。设置好的"查询生成器"对话框如图 9-3-13 所示。

（8）单击"显示"按钮，将弹出"SQL 查询"对话框，如图 9-3-14 所示。可以看到上述操作所生成的 SQL 语句。

（9）查询条件设定后，可以单击"查询生成器"对话框中的"运行"按钮，会弹出"VisData"窗口，单击"否"按钮，会弹出"SQL 语句"窗口，显示出查询的结果，如图 9-3-15 所示。单击"VisData"（可视化数据库管理器）窗口内的"SQL 语句"窗口中的"执行"按钮，也可以显示查询的结果。

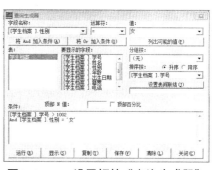

图9-3-13 设置好的"查询生成器"对话框

图9-3-14 "SQL查询"对话框

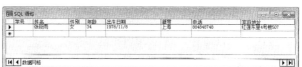

图9-3-15 "SQL语句"窗口给出了查询的结果

单击"复制"按钮，可以将 SQL 查询语句复制到"SQL 语句"窗口，如图 9-3-16 所示。

图9-3-16 复制SQL查询语句后的"SQL语句"窗口

（10）单击"查询生成器"对话框或"SQL 语句"窗口中的"保存"按钮，会弹出"VisData"对话框。在该对话框中输入查询定义的名称"查询学生档案"，再单击"确定"按钮，即可在"数据库管理窗口"中创建一个名为"查询学生档案"的查询，如图 9-3-17 所示。

图9-3-17 建立"查询学生档案"后的可视化数据库管理器

以后要执行"查询学生档案"，只需双击"数据库窗口"内的"查询学生档案"图标即可。单击"查询生成器"对话框中的"设置表间连接"按钮，可以在多个数据表之间创建连接。单击"关闭"按钮，可关闭"查询生成器"对话框。

思考与练习9-3

1. 填空题

（1）VB 6.0 的数据库应用程序由_____、_____和_____3 部分组成。

（2）数据库按其结构划分主要有_____、_____和_____3 类。

（3）VB 6.0 能够访问的数据库类型有_____、_____和_____3 类。

（4）关系型数据库 (Database) 通常由许多_____集合而成，它通过建立_____之间的相互连接关系来定义数据库结构。

（5）在关系型数据库中，二维表中的一行称为_____，也叫_____，一列称为_____，也叫_____。数据库是_____的集合，数据表由一系列_____组成。

（6）根据一个表中记录与另一个表中记录之间的数量关系，可分为_____、_____和_____关联。

（7）数据表设置索引后，通过这些索引，数据库引擎就能_____。

（8）在 VB 6.0 中，数据库引擎的接口有_____、_____和_____3 种。

2. 判断题

（1）在关系型数据库中，数据表与数据表之间可以通过关键字来相互关联。　　　（　　）

（2）在关系型数据库的二维表中，不同的列具有相同的属性。　　　　　　　　（　　）

（3）在关系型数据库中，常把关系称为"表"，元组称为"记录"，属性称为"字段"。

　　　　　　　　　　　　　　　　　　　　　　　　　　　　　　　　　　　（　　）

（4）数据库是数据表的集合，数据表由一系列记录组成。　　　　　　　　　　（　　）

（5）"一对多"的关联是指两个数据表之间记录的数目相等，并且须有某一字段中的数据项相同。　　　　　　　　　　　　　　　　　　　　　　　　　　　　　　　　　（　　）

（6）VB 6.0 通过数据库引擎可以识别 Jet、ISAM 和 ODBC 3 类数据库。　　　（　　）

3. 操作题

（1）在"学生学籍管理"数据库内创建一个"学生成绩"数据表。该数据表的数据表结构如表 9-3-3 所示，数据表的记录如表 9-3-2 所示。

（2）创建一个"通讯录"数据库，其内创建一个"通讯录"数据表。该数据表的数据表结构和记录由读者自己根据实际情况来确定。

（3）参考【案例58】"学生学籍管理"案例中创建数据库的方法，创建另外一个"学生管理"数据库，其内有"学生档案"和"学生成绩"两个数据表，数据表结构参考表 9-3-3，数据表的记录参考表 9-3-2，但是都有变化，记录完全不一样。

（4）参考【案例58】"学生学籍管理"案例中创建数据库的方法，创建另外一个"职工管理"数据库，其内有"职工档案"和"职工工资"两个数据表。